国家"十五"重点图书

数字地球基础丛书

数字高程模型

(第二版)   李志林 朱庆 著

武汉大学出版社

图书在版编目(CIP)数据

数字高程模型/李志林,朱庆著．—2 版．—武汉:武汉大学出版社,
2003.10(2018.7 重印)
国家"十五"重点图书
(数字地球基础丛书)
ISBN 978-7-307-03950-6

Ⅰ.数…　Ⅱ.①李…　②朱…　Ⅲ.高程系统—地形测量—数字模型
Ⅳ.P216

中国版本图书馆 CIP 数据核字(2003)第 059441 号

责任编辑:任　翔　　　　版式设计:支　笛

出版发行:**武汉大学出版社**　　(430072　武昌　珞珈山)
　　　　　(电子邮件:cbs22@whu.edu.cn　网址:www.wdp.com.cn)
印刷:武汉中远印务有限公司
开本:787×1092　1/16　印张:19.25　字数:405 千字　插页:3
版次:2000 年 3 月第 1 版　　2003 年 10 月第 2 版
　　　2018 年 7 月第 2 版第 8 次印刷
ISBN 978-7-307-03950-6/P·65　　　　定价:45.00 元

版权所有,不得翻印;凡购买我社的图书,如有质量问题,请与当地图书销售部门联系调换。

"数字地球"系列丛书
学术指导委员会

顾　问：徐冠华
主　任：李德仁
委　员：（按姓氏笔画排序）
　　　　宁津生　叶嘉安　刘先林
　　　　刘纪远　李　琦　林宗坚
　　　　陈　军　杨崇俊　周成虎
　　　　龚健雅　童庆禧

"数字地球"系列丛书
学术指导委员会

序　言

数字化是在本世纪 50 年代电子计算机出现后才提出的新概念,而数字高程模型(DEM)的概念在 1958 年就已经提出了。到了今天,数字高程模型作为地球表面地形的数字描述和模拟已成为空间数据基础设施和"数字地球"的重要组成部分。几十年来对数字高程模型的研究始终方兴未艾、十分活跃。从 1972 年起国际摄影测量与遥感学会(ISPRS)一直把 DEM 作为主题,组织工作组进行国际性合作研究。

尽管有关 DEM 的论著和论文非常之多,但是,当我读到由李志林和朱庆写的这本书时,我仍然激动不已,一口气把它读完。我为这本书中的理论创造性、方法的实用性和对数字化生产的指导性而兴奋,中国的地球空间信息学后继有人!

本书用简洁的语言,有条理地、系统而全面地论述了数字高程模型的概念、数据获取、建模方法、精度分析模型等。书中对由格网数据建立 DEM 的表面精度所作的深入分析和对 DEM 精度与格网间隔及等高距关系的分析具有理论创造性,是本书的一闪光点。

为了推动 DEM 数据库的建立,作者集中力量对数字高程模型生产的质量控制、数据组织和高程内插方法进行了深入分析,并介绍了生产中的项目设计和数据库建库方法,这些叙述是基于作者在"九五"国家测绘局重点科技攻关项目中的实际工作和调查研究得到的结果,具有实际推广应用价值。

对于 DEM 的应用,本书侧重介绍了数字地形分析、可视化和在土木工程、水利工程、环境工程及 GIS 中的应用。这些论述对推动 DEM 在各领域的应用,乃至在"数字地球"中的应用有实际意义。

可喜的是本书的主要研究成果已在吉奥之星(GeoStar)GIS 软件中得以实现,相应的软件模块 GeoTIN 和 GeoGrid 已在我国"七大江河"1:10000 DEM 和全国

1∶50000 DEM数据库建立中立下功劳,成为1999年国家科技部的推荐软件。

　　基于以上的理由,我愿向广大读者,包括科研、教学、生产和管理方面的读者推荐这本书。长江后浪推前浪,江山代有才人出!也希望本书的作者们不断努力,创造更大的辉煌!

李德仁 于武汉
1999.12.5

前　言

　　数字地形模拟是针对地形地貌的一种数字建模过程,这种建模的结果通常就是一个数字高程模型(DEM)。自 20 世纪 50 年代后期开始被用于公路设计以来,DEM 受到了极大的关注,并在测绘、土木工程、地质、矿山工程、景观建筑、道路设计、防洪、农业、规划、军事工程、飞行器与战场仿真等领域得到了广泛应用。

　　随着科学技术特别是计算技术和空间技术的迅速发展,在 DEM 的数据获取方法、数据存储和数据处理速度等方面已经取得突破性进展,数字地形模拟已经成为地球科学重要的分支之一。实际上,由于地理信息系统(GIS)的普及,DEM 作为数字地形模拟的重要成果已经成为国家空间数据基础设施(NSDI)的基本内容之一,并被纳入数字化空间数据框架(DGDF)进行规模化生产。今天,数字高程模型 DEMs 已经成为独立的标准的基础产品,并越来越广泛地被用来代替传统地形图中等高线对地形的描述。显然,跟过去提供等高线地形图一样,提供 DEMs 也已成为各勘测部门的基本任务和日常工作之一。全国范围内的 DEMs 等价于中小比例尺的基本地形图,而其他大比例尺、高精度的 DEMs 则与更大比例尺的地形图相当。这些高精度 DEMs 无疑将由更多的地方或专业部门提供。随着各种精度级别 DEMs 的普遍获得,过去许多潜在的应用领域现在已经变成十分重要的用户。DEMs 作为地球空间框架数据的基本内容,是各种地理信息的载体,在国家空间数据基础设施的建设和数字地球战略的实施进程中都具有十分重要的作用。为了推动 DEMs 的生产和应用,有必要推出一本内容翔实涉及面广的著作。换句话说,经过四十来年的发展,DEMs 的理论基础和涉及的主要技术方法都已经成熟,这些理论与技术应该被归纳总结到这样的书中,这也是作者致力于该项工程的主要原因。

　　综合作者十多年来在该领域的研究开发成果、汇集国内外最新的理论与技术成就,我们推出了这本著作。本书首次系统全面地论述了 DEMs 的概念、数据源、数据获取、建模方法、精度模型、质量控制、数字分析、可视化与应用等基本理论与关键技术,并介绍了实用的生产项目设计和数据库建设的方法。其中,绝大部分内容都是经过作者实际工作考察和对比分析后取得的成果,具有较强的针对性和应用参考价值,许多先进的技术方法都已体现在吉奥之星(GeoStar)地理信息系统系列软件中,并在生产实践中得到了广泛采用。本书力求能为与地学相关学科的各类专业技术(管理)人员进行科学研究、教学、生产和管理等工作提供较完整实用的理论依据与技术参考。

  本书是在中国科学院和中国工程院院士、测绘遥感信息工程国家重点实验室主任李德仁教授的热情鼓励和指导下完成的。承蒙他在百忙中审阅全书并作序,特此表示深深的敬意和感谢。感谢测绘遥感信息工程国家重点实验室常务副主任、首批"长江学者奖励计划"特聘教授龚健雅博士审阅全书并提出宝贵意见。同时,作者十分感谢眭海刚、黄铎和张珊珊同学在课题研究和资料整理过程中付出的大量艰辛劳动,没有他们的努力,本书很难及时完成。对于国家自然科学基金项目——"三维数字景观模型研究(周启鸣、李志林、陈军)"的资助表示诚挚的谢意。我们也非常感谢武汉大学出版社把本书作为"数字地球基础丛书"之一跟读者见面。

作 者

2002 年 11 月于武汉珞珈山

修 订 说 明

　　承蒙读者厚爱,本书自 2000 年第一次由原武汉测绘科技大学出版社出版以来,虽然经由武汉大学出版社于 2001 年再次印刷,仍不能满足广大读者日益增长的需求。特别是本书在 2002 年荣获国家教育部全国普通高等学校优秀教材二等奖之后,越来越多的读者和专家建议作者进一步充实有关内容以使其更加完善。在第二次印刷时所作适当修改的基础上,这次修订则在内容的完整性和技术的先进性方面作了较大的改进。比如,在原来的基础上特别增加了摄影测量、GPS、合成孔径雷达干涉测量和激光扫描等方法采集 DEM 数据的原理,充实了数字高程模型的多尺度表达和从数字高程模型内插等高线等新内容。缩减了大量综述性内容,增加了更多作者的实际研究成果,比如第五章"不规则三角网(TIN)生成的算法"。对章节编排进行的调整也使得本书可读性更强。在这次修订过程中,研究生周艳、高玉荣和王丽园等同学在资料翻译与整理过程中付出了大量艰辛的劳动,在此表示感谢。

作　者

2003 年 5 月 武汉·珞珈山

目　　录

第一章　概　述 ……………………………………………………… 1
1.1 数字地形的表达 …………………………………………………… 1
1.2 数字地面模型 ……………………………………………………… 4
1.3 数字高程模型的概念 ……………………………………………… 6
1.4 数字高程模型的实践 ……………………………………………… 9
1.5 数字高程模型与其他学科的关系 ………………………………… 12

第二章　数字高程模型的采样理论 ………………………………… 14
2.1 地面形状的几何特征 ……………………………………………… 14
2.2 地面的复杂度描述 ………………………………………………… 15
2.3 根据坡度的地面分类 ……………………………………………… 19
2.4 地面采样的理论基础 ……………………………………………… 21
2.5 数据采样策略与采集方式 ………………………………………… 22
2.6 数字高程模型源数据的三大属性 ………………………………… 24

第三章　数字高程模型的数据获取方法 …………………………… 28
3.1 数字高程模型的数据来源 ………………………………………… 28
3.2 摄影测量数据采集方法 …………………………………………… 30
3.3 利用合成孔径雷达干涉测量采集数据的方法 …………………… 35
3.4 机载激光扫描数据采集方法 ……………………………………… 44
3.5 从地形图采集数据的方法 ………………………………………… 48
3.6 从地面直接采集数据的方法 ……………………………………… 51
3.7 数字高程模型各种数据源对比 …………………………………… 53
3.8 数字高程模型数据采集的项目计划 ……………………………… 54

第四章 数字高程模型之表面建模 59
4.1 表面建模的基本概念 59
4.2 建立数字地形表面模型的各种方法 60
4.3 三角网的基本概念及生成方法 64
4.4 格网的基本概念与生成方法 71

第五章 不规则三角网(TIN)生成的算法 78
5.1 三角网生长算法 78
5.2 数据逐点插入法 81
5.3 带约束条件的 Delaunay 三角网 82
5.4 基于栅格的三角网生成算法 89

第六章 数字高程模型内插 93
6.1 内插方法的分类 93
6.2 整体内插 94
6.3 分块内插 94
6.4 逐点内插法 102
6.5 关于内插方法的探讨 108

第七章 数字高程模型生产的质量控制 110
7.1 数字高程模型生产的质量控制:概念与策略 110
7.2 摄影测量法采集数据的在线质量控制 111
7.3 原始数据之随机误差的滤波 112
7.4 基于趋势面及三维可视化的粗差检测与剔除 117
7.5 基于坡度信息的格网数据粗差检测与剔除 119
7.6 检测不规则分布数据中单个粗差的算法(算法1) 124
7.7 检测粗差簇群的算法(算法2) 129
7.8 基于等高线拓扑关系的粗差检测与剔除 131
7.9 数字高程模型的精度实验评定方法 134
7.10 数字高程模型的生产过程的质量检查 136

第八章 数字高程模型精度的数学模型 140
8.1 数字高程模型精度的数学模型:问题与对策 140

- 8.2 数字高程模型精度的影响因子 …… 142
- 8.3 数字高程模型精度与格网间距的关系:经验模型 …… 144
- 8.4 根据格网数据建立的数字高程模型表面的精度:理论模型 …… 150
- 8.5 根据三角网数据建立的数字高程模型表面精度 …… 160
- 8.6 数字高程模型精度与等高距的关系 …… 162
- 8.7 与其他理论模型的比较 …… 166

第九章 数字高程模型的多尺度表达 …… 172
- 9.1 多尺度的概念与理论 …… 172
- 9.2 多尺度数字高程模型的表达方法:层次结构 …… 176
- 9.3 多尺度数字高程模型的表达方法:表面综合 …… 179
- 9.4 全国的多尺度数字高程模型 …… 182

第十章 数字高程模型的数据组织与管理 …… 186
- 10.1 数据组织与数据库管理概述 …… 186
- 10.2 数字高程模型的数据结构 …… 187
- 10.3 数字高程模型的数据库结构 …… 190
- 10.4 数字高程模型数据库管理 …… 194
- 10.5 吉奥之星数字高程模型数据库系统 …… 197
- 10.6 数字高程模型数据的数据交换标准 …… 200

第十一章 从数字高程模型内插等高线 …… 203
- 11.1 从格网式数字高程模型用矢量法内插等高线 …… 203
- 11.2 从格网式数字高程模型用栅格法内插等高线 …… 207
- 11.3 从三角网式数字高程模型用矢量法跟踪等高线 …… 211
- 11.4 从格网式数字高程模型产生立体等高线匹配图 …… 212

第十二章 数字地形分析 …… 216
- 12.1 基本地形因子计算 …… 216
- 12.2 地形特征提取 …… 220
- 12.3 水文分析 …… 226
- 12.4 可视性分析 …… 233

第十三章 数字高程模型的可视化 240
13.1 可视化的原理与方法 240
13.2 高度真实感图形的生成 245
13.3 虚拟景观 252
13.4 大范围数字高程模型的三维交互式动态可视化 256

第十四章 数字高程模型的应用 260
14.1 在工程中的应用 260
14.2 在军事中的应用 263
14.3 在遥感与制图中的应用 265
14.4 在地理分析中的应用 268
14.5 其他应用 270

第十五章 数字高程模型与地理信息系统(GIS)的集成 272
15.1 结合 GIS 功能的数字高程模型应用 272
15.2 数字高程模型数据与矢量数据和影像的集成应用 276
15.3 在 GIS 中作为背景叠加各种专题信息 279
15.4 数字高程模型作为数字地球的载体 279

附录 术语汇编 281

第一章 概　　述

1.1 数字地形的表达

人们生活在地球上并与地球表层处处发生联系：工程师在地表设计、构筑楼房；地质学家研究地表结构；地貌学家想了解地表形态和地物形成的过程；而测绘工作者则对地形起伏进行各种测量，并用各种方式如地图和正射影像等描述地形。尽管专业领域不同，研究的侧重点各异，但他们有着共同的希望：用一种既方便又准确的方法来表达实际的地表现象。

1.1.1 地形的表达

人类在很早以前就开始想方设法来描述自己所熟悉的各种地表现象，绘画可以说是最古老的一种。用图画可以粗略地反映所见到的地形景观，但这些信息反映的主要是对象的形态特征和色彩特性，而定量的描述则非常有限。

另外一种古老而有效并一直沿用至今的精确表达地表现象的方式是地图。在人类文明发展的历史长河中，人们对自身生存环境的认识和表示可以从地图上得到集中体现。地图对人类社会发展的作用，如同语言和文字对社会发展的作用一样，具有不言而喻的重要性。地图是记录和传达关于社会、人文和自然世界的位置与空间特性信息最卓越的工具。早期的原始地图用半符号、半写景的绘制方法来表示地形，实现了在各种二维介质平面上对实际三维地形表面的表示和描述。现代地图按照一定的数学法则，运用符号系统概括地将地面上各种自然和社会现象表示在平面上。地图具有三个基本的特性：数学法则带来的可量测性；制图综合产生的一览性；内容符号引起的直观性。

在各种地图中，用来准确描述地貌形态的是等高线地形图。用等高线来表达地形表面起伏可以追溯到18世纪，它的方便性和直观性使得人们认为在制图学的历史上等高线是一项最重要的发明。在等高线地形图上，所有的地形信息都正交地投影在水平面上。用线划或符号表示成比例缩小后的地物，而地物高度和地形起伏的信息则有选择地用等高线进行表达。图1.1.1是等高线图的一例。

从本质上讲，地图是对客观存在的特征和变化规则的一种科学的概括(综合)和抽象。对于地图中最典型也是最重要的地形图而言，由于其描述的客观世界是丰富多彩、千姿百态的三维空间实体，其二维空间的表达与所表示的三维现实世界之间，有着不可逾越的鸿沟。正因为如此，千百年来地图学者们一直致力于地形图的立体表示，试图寻求到一种能既符合人们的视觉生理习惯，又能恢复真实地形世界的表示方法。在此过程中曾先后出现过写景法(scenography)、地貌晕缮法(hachure)、地貌晕渲法(hill shading)、分层设色法(layer tinting)等地图表示方法。图1.1.2是带地貌晕渲的一幅地形图。但这些方法由于缺乏严密的数学理论以及绘制复杂等缺陷而使其应用受到很大局限。

与各种线划图形相比，影像无疑具有更大的优点，如细节丰富、成像快速、直观逼真等，因此摄影术一出现就被广泛用于记录我们生活的这个绚丽多彩的世界。从1849

图1.1.1 一个小岛的等高线图

图1.1.2 带地貌晕渲的香港岛地形图(1∶200 000)(香港地政署制)

年开始，就出现了利用地面摄影像片进行地形图的编绘，而航空摄影由于周期短、覆盖面广、现势性强而被广泛采用。利用多张具有一定重叠度的像片还能够重建实际地形的立体模型，并可以进行精确的三维量测。

20世纪60年代初期，遥感(remote sensing)技术随着空间科学的发展而兴起。70年代，美国地球资源卫星(LANDSAT)上天后，遥感技术获得了极为广泛的应用。在遥感技术中，除了使用对可见光摄影的框幅式黑白摄影机外，还使用彩色或彩红外摄影机、全景摄影机、红外扫描仪、多光谱扫描仪、雷达、CCD推扫式行扫描和矩阵数字摄影机等，它们能提供比原先黑白像片更丰富的影像信息(包括几何信息和物理信息)。图1.1.3是卫星影像的一例。

1.1.2 数字地形的表达

进入20世纪中叶后，伴随着计算机科学、现代数学和计算机图形学等的发展，各种数字的地形表达方式也得到了迅猛的发展。电子计算机为自然科学的发展提供了能够进行严密计算

图 1.1.3　4m 分辨率的 IKONOS 多光谱影像(九龙和香港岛)

和快速演绎的工具。使用计算机和计算技术是当今信息时代的一个重要标志,其在测绘方面的应用使得测绘学科逐步向数字化与自动化、实时处理与多用途的方向发展。计算机技术在很大程度上改变了地图制图的生产方式,同时也改变着地图产品的样式和用图概念。借助于数字地形表达,现实世界的三维特征能够得到充分而真实的再现。

总之,数字地形表达的方式可以分为两大类,即数学描述和图形描述。使用傅立叶级数和多项式函数来描述地形是常用的数学描述方法。规则格网、不规则格网、等高线、剖面等则是图形描述的常用方式。图 1.1.4 是数字地形表达方式的分类示意图。

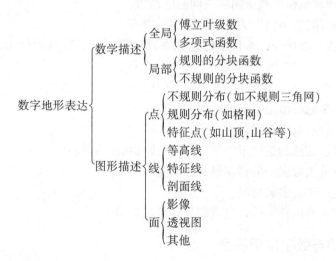

图 1.1.4　数字地形表达方式

1.2 数字地面模型

在数学地形描述中,最重要的便是一个地表的数学模型。本节将从一般的模型概念谈到数字地面模型。

1.2.1 模型的概念

模型(model)是指用来表现其他事物的一个对象或概念,是按比例缩减并转变到我们能够理解的形式的事物本体(Meyer,1985)。建立模型可以有许多特定的目的,如预测、控制等。在这种情况下,模型只需要具备足够重要的细节以满足需要即可。同时,模型也可以被用来表现系统或现象的最初状态,或者用来表现某些假定或预测的情形等。一般说来,模型可以分为三种不同的层次,即概念模型、物质模型和数学模型。概念模型是基于个人的经验与知识在大脑中形成的关于状况或对象的模型,它往往也形成了建模的初级阶段。然而,如果事物非常复杂难于描述,则建模也许只能停留在概念的形式上。物质模型通常是一个模拟的模型,如用橡胶、塑料或泥土制成的地形模型等。在摄影测量中广泛使用的基于光学或机械投影原理的三维立体模型也属于这类。物质模型的大小通常要比实际的小一些。数学模型一般是基于数字系统的定量模型。根据问题的确定性和随机性,数学模型又有函数模型和随机模型之分。采用数学模型具有以下明显的优点:

(1)它是理解现实世界和发现自然规律的工具;
(2)提供了考虑所有可能性、评价选择性和排除不可能性的机会;
(3)帮助在其他领域推广或应用解决问题的结果;
(4)帮助明确思路,集中精力关注问题重要的方面;
(5)使得问题的主要成分能够被更好地观察,同时确保交流,减少模糊,并改进关于问题一致性看法的机会。

对于模型的评价,Meyer(1985)提出了如下的标准:
(1)精确性:模型的输出是正确的或非常接近正确;
(2)描述的现实性:基于正确的假设;
(3)准确性:模型的预测是确定的数字、函数或几何图表等;
(4)可靠性:对输入数据中的错误具有相对免疫力;
(5)一般性:适用于大多数情况;
(6)成效性:结论有用并可以启发或指导其他好的模型。

1.2.2 地形模型与数字地面模型

地形模型总是军事人员、规划人员、景观建筑师、土木工程师和地球科学等许多学科的专家所要求的。过去,地形模型都是物质的。如在第二次世界大战中,美国海军制作的许多模型都是用橡皮制作而成的。1982 年在英国同阿根廷的福克兰岛的战争中,英军大量使用由沙和泥制作而成的地形模型来研究作战方案。

数字的技术被引入到地形建模主要应归功于土木工程领域的摄影测量专家。20 世纪 50 年代摄影测量学被广泛应用到高速公路设计中以收集数据。Roberts(1957)第一次提出了将数字计算机应用到摄影测量中,以获取高速公路规划和设计的数据。1955~1960 年,美国麻省理工学院摄影测量实验室主任 Chaires. L. Miller 教授最先将计算机与摄影测量技术结合在一起,比较成功地解决了道路工程的计算机辅助设计问题。他在用立体测图仪建立的光学立体模型上,量取沿待选公路两侧规则分布的大量样点的三维空间直角坐标,输入到计算机中,由计算机取代人工执行土方估算、分析比较和选线等繁重的手工作业,大量缩减了工时和费用,取得了明显的经济效益。由于计算机只认识数字,惟有将直观描述地表形态的光学立体模型或地形图数字化,才能借助计算机解决道路工程的设计问题。

Miller 和 LaFlamme(1958)在解决道路计算机辅助设计这一特殊工程课题的同时,提出了一个一般性的概念和理论:数字地面模型(DTM:Digital Terrain Model),即使用采样数据来表达地形表面。他们的原始定义如下:

数字地面模型是利用一个任意坐标场中大量选择的已知 X,Y,Z 的坐标点对连续地面的一个简单的统计表示,或者说,DTM 就是地形表面简单的数字表示。

1.2.3 数字地面模型含义的扩展

"地面"一词对不同领域的人士有不同的含义,因此数字地面模型也是如此。测绘学从地形测绘的角度来研究数字地面模型,一般仅把基本地形图中的地理要素,特别是高程信息作为数字地面模型的内容。测绘学家心目中的数字地面模型是新一代的地形图,地貌和地物不再用直观的等高线和图例符号在纸上表达,而是通过储存在磁性介质中的大量密集的(一般是规则的)地面点的空间坐标和地形属性编码,以数字的形式描述。正因为如此,很多测绘学家把"terrain"一词理解为地形,称 DTM 为数字地形模型。

其他非测绘应用的课题,通常都根据各自的具体需要,将某些非地形的特性信息与地形信息结合在一起,构成数字地面模型。例如,Miller 一开始便打算在他为公路机助设计而研制的数字地面模型中,纳入公路条形地带内各个规则格网点的土壤力学特性信息。上世纪 60 年代开始出现的地理信息系统,由于具有为众多用户共享的特点,它的数字地面模型中所包含的地面特性信息类型就更加丰富了,它们一般可分为下列四组:

(1)地貌信息,如高程、坡度、坡向、坡面形态以及其他描述地表起伏情况的更为复杂的地貌因子;

(2)基本地物信息,如水系、交通网、居民点和工矿企业以及境界线等;

(3)主要的自然资源和环境信息,如土壤、植被、地质、气候等;

(4) 主要的社会经济信息，如一个地区的人口分布、工农业产值、国民收入等。

其中(1)、(2)两组是测绘部门关心的地形信息，(3)、(4)两组是其他各相关部门所需要的非地形地面特性信息。例如，某土地利用图地块图斑的土地类型为水田，其编码为"11"，假定该图斑由带有不同二维地理坐标的 n 个微小等边方格拼合而成，则每个方格的土地利用取值也是"11"；又如，从统计报表中得知某村的人口总数为 A，假定由该村行政境界围成的区域含有 L 个带不同二维地理坐标的微小等边方格，则任一方格的人口可取值为 A/L。综上所述，包括地理信息系统在内的不同领域按自身需要建立的数字地面模型，虽各具特色，但都遵从一条基本原则，即所有这些数字地面模型所包含的任何一个可转换为数字的地面特性数据，都与特定的二维地理坐标数值相结合。

数字地形建模也是一个数学模拟的过程，在此过程中形成地形表面的大量采样点将按一定精度进行观测，这时地形表面被一组数字数据所表达。如果需要该数字表面上其他位置处的属性，则应用一种内插方法来处理该组观测数据。在内插过程中，数学模型被用来建立基于数字观测数据的地形表面模型即数字地面模型——DTM，从 DTM 便可以得到任何位置处的属性值。

数字地面模型更通用的定义是描述地球表面形态多种信息空间分布的有序数值阵列，从数学的角度，可以用下述二维函数系列取值的有序集合来概括地表示数字地面模型的丰富内容和多样形式：

$$K_P = f_k(u_P, v_P), \quad k=1,2,3,\cdots,m; \quad P=1,2,3,\cdots,n \tag{1.2.1}$$

式中，K_P 为第 P 号地面点(可以是单一的点，但一般是某点及其微小邻域所划定的一个地表面元)上的第 k 类地面特性信息的取值；(u_P, v_P) 为第 P 号地面点的二维坐标，可以是采用任一地图投影的平面坐标，或者是经纬度和矩阵的行列号等；m(m 大于等于 1) 为地面特性信息类型的数目；n 为地面点的个数。当上述函数的定义域为二维地理空间上的面域、线段或网络时，n 趋于正无穷大；当定义域为离散点集时，n 一般为有限正整数。例如，假定将土壤类型编作第 i 类地面特性信息，则数字地面模型的第 i 个组成部分为：

$$I_P = f_i(u_P, v_P), \quad P=1,2,3,\cdots,n \tag{1.2.2}$$

地理空间实质上是三维的，但人们往往在二维地理空间上描述并分析地面特性的空间分布，如专题图大多是平面地图。数字地面模型是对某一种或多种地面特性空间分布的数字描述，是叠加在二维地理空间上的一维或多维地面特性向量空间，是地理信息系统(GIS)空间数据库的某类实体或所有这些实体的总和。数字地面模型的本质共性是二维地理空间定位和数字描述。

1.3 数字高程模型的概念

自从 DTM 的概念被提出以后，又相继出现了许多其他相近的术语。如在德国使用的

DHM(Digital Height Model)、英国使用的 DGM(Digital Ground Model)、美国地质测量局 USGS 使用的 DTEM(Digital Terrain Elevation Model)、DEM(Digital Elevation Model)等。这些术语在使用上可能有些限制,但实质上差别很小。比如 Height 和 Elevation 本来就是同义词。当然,DTM 趋向于表达比 DEM 和 DHM 更广意义上的内容。

1.3.1 数字高程模型的含义

在式(1.2.1)中,当 $m=1$ 且 f_1 为对地面高程的映射,(u_p,v_p) 为矩阵行列号时,式(1.2.1)表达的数字地面模型即所谓的数字高程模型(Digital Elevation Model,简称 DEM)。显然,DEM 是 DTM 的一个子集。实际上,DEM 是 DTM 中最基本的部分,它是对地球表面地形地貌的一种离散的数字表达。

总之,数字高程模型 DEM 是表示区域 D 上的三维向量有限序列,用函数的形式描述为:

$$V_i = (X_i, Y_i, Z_i); \quad i = 1, 2, \cdots, n \tag{1.3.1}$$

式(1.3.1)中,X_i, Y_i 是平面坐标,Z_i 是 (X_i, Y_i) 对应的高程。当该序列中各平面向量的平面位置呈规则格网排列时,其平面坐标可省略,此时 DEM 就简化为一维向量序列 $\{Z_i, i=1,2,\cdots,n\}$。

1.3.2 数字高程模型的特点

与传统地形图比较,DEM 作为地形表面的一种数字表达形式有如下特点:

(1)易以多种形式显示地形信息。地形数据经过计算机软件处理后,产生多种比例尺的地形图、纵横断面图和立体图;而常规地形图一经制作完成后,比例尺不容易改变,如需改变或者要绘制其他形式的地形图,则需要人工处理。

(2)精度不会损失。常规地图随着时间的推移,图纸将会变形,失掉原有的精度,DEM 因采用数字媒介而能保持精度不变。另外,由常规的地图用人工的方法制作其他种类的图,精度会受到损失。而由 DEM 直接输出,精度可得到控制。

(3)容易实现自动化、实时化。常规地图信息的增加和修改都必须重复相同的工序,劳动强度大而且周期长,不利于地图的实时更新;而 DEM 由于是数字形式的,所以增加或改变地形信息只需将修改信息直接输入到计算机,经软件处理后即可产生实时化的各种地形图。

(4)具有多比例尺特性。如 1m 分辨率的 DEM 自动涵盖了更小分辨率如 10m 和 100m 的 DEM 内容。

1.3.3 数字高程模型的分类

数字高程模型可以根据不同的标准进行分类,如根据大小和覆盖范围可将其简单地分为三种:

(1)局部的 DEMs(local):建立局部的模型往往源于这样的前提,即待建模的区域非常复杂,只能对一个个局部的范围进行处理。

(2) 全局的 DEMs(global):全局性的模型一般包含大量的数据并覆盖一个很大的区域,并且该区域通常具有简单、规则的地形特征。或者为了一些特殊的目的如侦察,只需要使用地形表面最一般的信息。

(3) 地区的 DEMs(regional):界于局部和全局两种模型之间的情况。

还有一个十分有用的分类标准就是模型的连续性。据此,数字高程模型又可以分为以下三类:

(1) 不连续的 DEMs(discontinuous):一个不连续的模型表面源于这样的考虑,即每一个观测点的高程都代表了其邻域范围内的值。基于这样的观点,任何待内插的点的高程都可以利用最邻近的参考点近似。这时,一系列局部的表面被用来表示整个地形(如图 1.3.1 所示)。

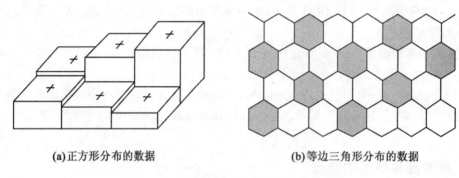

(a)正方形分布的数据　　　　　　　(b)等边三角形分布的数据

图 1.3.1　根据不同模式构建的不连续表面

(2) 连续的 DEMs(continuous):与不连续的 DEMs 相反,连续的模型表面基于这样的思想,即每个数据点代表的只是连续表面上的一个采样值,而表面的一阶导数可以是连续的,也可以是不连续的。但这里的定义还是限定于一阶导数不连续的情况,因为任何一阶导数或更高阶导数连续的表面将被定义为光滑表面。如图 1.3.2 所示,连续的 DEMs 包含的是相互连

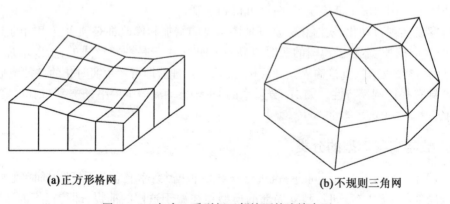

(a)正方形格网　　　　　　　　　(b)不规则三角网

图 1.3.2　包含一系列相互邻接面的连续表面

在一起的一系列局部表面或面片，从而形成地形整体的一个连续表面。

（3）光滑的 DEMs(smooth)：光滑的 DEMs 指的是一阶导数或更高阶导数连续的表面,通常是在区域或全局的尺度上实现。创建这种模型一般基于以下假设：模型表面不必经过所有原始观测点,待构建的表面应该比原始观测数据所反映的变化要平滑得多。图 1.3.3 显示了光滑表面的例子。

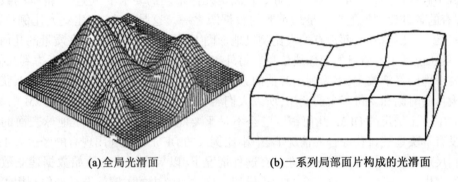

(a)全局光滑面　　　　(b)一系列局部面片构成的光滑面

图 1.3.3　光滑的表面

1.4　数字高程模型的实践

1.4.1　数字高程模型的发展

数字高程模型的理论与技术由数据采集、数据处理与应用三部分组成。对它的研究经历了四个时期(王家耀,空间信息系统原理,2001)。

20 世纪 50 年代末为初始阶段,Miller 和 Laflamme 除了将 DTM 引入土木工程和计算外,还用于监视地球表面的变化(如下沉、侵蚀和冰川等)、地球表面的分析(如发射台覆盖范围和功率分析等)或军事应用。他们提出采用自动化方法和利用航空像片的立体像对全自动化扫描的方法获取数据。当时的设想和目标至今还适用,有些问题还没有解决,至少还没有完全解决。

60 年代,人们致力于发展地形高程的存储和插值方法。Schuts(1976)对内插方法作了全面回顾。大部分科技工作者通过研究数学插值方法来提高模型的精度。

70 年代初,人们渐渐认识到：模型的精度并不能靠内插方法提高多少;采样时失去的精度可能永远得不到弥补。从此,优化采样成了主流,并延续到 90 年代初。其中代表性成果有 Makarovic(1973)提出的渐进采样 PROSA(progressive sampling)及后来的混合采样。该时期主要研究利用离散点或断面线高程数据自动绘制等高线图(如 Yeoli,1973)。离散点高程数据主要由全站仪获取;沿断面线的高程数据采用航测内业的方法获取。

80年代以来,对DEM的研究已涉及DEM系统的各个环节,其中包括用DEM表示地形的精度、地形分类、数据采集、DEM的粗差探测、质量控制、DEM数据压缩、DEM应用以及不规则三角网TIN的建立与应用等。

进入90年代,随着地理信息系统(GIS)的发展,DEM成为空间信息系统的一个重要组成部分,是工程建设、战场环境仿真等许多领域最为重要的基础数据之一。因此,系统地建立大区域的数字高程模型是当前的迫切任务。在满足几何精度的要求下,建立大范围的数字高程模型,现有的各种比例尺地形图是最重要的数据源之一。这是因为:在建立大比例尺的DEM时,一般强调其几何精度,而现有的大比例尺地形图上的等高线不仅具有高质量的几何及高程信息,而且还包含了高质量的地性线信息。另外,建立大比例尺DEM不仅要考虑到几何精度,而且还要考虑到经济效益,因为利用其他的方法(如实地测量和航空摄影测量)重新获取数据要消耗大量的时间和支付很大的费用,所以人们希望利用现有的地形图作为DEM的数据源。对于建立中小比例尺的DEM,几何精度已经不是重要问题,着重强调的是地球表面的完整形态。在没有解决地貌自动综合的情况下,中小比例尺的DEM也是利用现有的经过人工综合的中小比例尺地形图上的等高线来建立。在这种情况下,以等高线作为原始数据建立数字高程模型的最大优点是可获得经过综合的高程模型。这时要解决的关键问题是如何利用等高线来建立一个既能满足几何精度要求又能保持地貌形态的高质量DEM。随着数据库和环境遥感技术的迅速发展,一些发达国家在机助制图的基础上,逐步建立起国家范围和区域范围的地理信息系统,DEM作为标准的基础地理信息产品也开始大规模生产。如加拿大环境部的"加拿大地理信息系统(CGIS)",美国地质调查局的"地理信息检索和分析系统(GIRAS)"。数字高程模型开始作为空间数据库的实体,为地理信息系统进行空间分析和辅助决策提供充实而便于操作的数据基础,同时与地理信息系统的结合也愈来愈紧密。近年来,随着空间数据基础设施的建设和"数字地球"(Digital Earth)战略的实施,更加快了DEM与地理信息系统、遥感等的一体化进程,为DEM的应用开辟了更广阔的天地。

1.4.2 数字高程模型的应用范畴

数字高程模型既然是地理空间定位的数据集合,因此凡涉及到地理空间定位,在研究过程中又依靠计算机系统支持的课题,一般都要建立数字高程模型。从这个角度看,建立数字高程模型是对地面特性进行空间描述的一种数字方法途径,数字高程模型的应用可遍及整个地学领域。在测绘中可用于绘制等高线、坡度、坡向图、立体透视图、立体景观图,制作正射影像图、立体匹配片、立体地形模型及地图的修测;在各种工程中可用于体积、面积的计算、各种剖面图的绘制及线路的设计;军事上可用于导航(包括导弹及飞机的导航)、精确打击、作战任务的计划等;在遥感中可作为分类的辅助数据;在环境与规划中可用于土地现状的分析、各种规划及洪水险情预报等。

一般而言,可将DEM的主要应用归纳为:

(1)作为国家地理信息的基础数据:DTM是国家空间数据基础设施(NSDI)的框架数据;

(2) 土木工程、景观建筑与矿山工程的规划与设计;
(3) 为军事目的(军事模拟等)而进行的地表三维显示以及景观设计与城市规划;
(4) 流水线分析、可视性分析;
(5) 交通路线的规划与大坝的选址;
(6) 不同地表的统计分析与比较;
(7) 生成坡度图、坡向图、剖面图,辅助地貌分析,估计侵蚀和径流等;
(8) 作为背景叠加各种专题信息(如土壤、土地利用及植被等)进行显示与分析;
(9) 为遥感及环境规划中的处理提供数据;
(10) 辅助影像解译、遥感图像分类;
(11) 将DEM概念扩充到表示与地表相关的各种属性,如人口、交通、旅行时间等;
(12) 与GIS联合进行空间分析;
(13) 虚拟地理环境。

1.4.3 数字高程模型的生命周期

近年来,数字高程模型受到了普遍关注,其在许多与地学相关学科领域的应用得到了迅速发展。为了更好地理解与此有关的问题,图1.4.1概略地描述了DEM的生命周期。从中可见

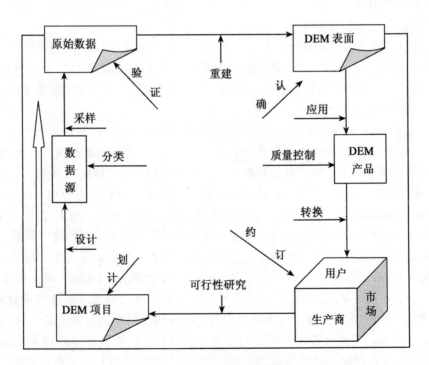

图 1.4.1 DEM 的生命周期

DEM数据流有六个不同的阶段,而在每一个阶段又需要一项或多项工作用以推进其到另外一个阶段。尽管图中列出了12项不同的工作,但实际上一个专门的DEM项目也许并不需要所有这些工作流程。然而,从各种数据源获取原始数据和从原始数据建立DEM表面却是必要的。

1.5 数字高程模型与其他学科的关系

正如前面提到的,DEM是作为道路辅助设计而发展起来的,因此,它首先是工程技术的一部分。但是自20世纪60年代起,DEM成为了测绘学科的一个重要分支,尤其是摄影测量领域。国际摄影测量与遥感学会一直将它作为一个重要的研究领域。欧洲实验摄影测量组织(OEEPE)在很长时间内一直有一个委员会来负责DEM方面的研究工作。摄影测量界在DEM方面的主要研究方向是:

(1)有效的、高精度的数据采集;
(2)高逼真的地形建模;
(3)快速的内插算法;
(4)高质量的DEM产品;
(5)严格的评估和质量控制。

的确,数字高程模型的原始数据采集主要依靠测绘学科的支持。对于不同的数据源,可分别借助摄影测量与遥感(RS)、GPS、机助地图制图的图形数字化输入和编辑以及野外数字测图等技术,进行数字高程模型原始数据的采集工作。特别是在摄影测量领域,DEM已经成为主要的产品形式和正射影像生产的基础。

地理学也对DEM的发展有极大的推进作用。它研究用DEM作各种地学分析,如地形因子的提取、可视度分析、汇水面积的分析、地貌特性分析等。当然,DEM跟其他所有的地学领域都有着密切的关系。因为地形是它们的一个载体,所以DEM是这些领域的一个工具。

DEM的理论基本是采样理论、数学建模、数值内插及地形分析。它吸取了统计学、应用数学、几何学及地形学的一些理论而形成了一个自成一体的科学分支。数值逼近、计算几何、图论和数学形态学等数学分支的有关理论和方法则奠定了数字高程模型的数学基础。内插的数学基础主要是数值逼近、计算几何、图论和数学形态学等数学分支的有关理论和方法。

进入90年代后,空间信息也成了信息技术的一个重要部分。DEM被列为国家空间数据基本设施的一种产品。从此,DEM与计算机科学有了更紧密的联系。各种数字技术如编码、数据压缩、数据结构和数据库技术等则是组织数字高程模型数据的技术支持。地形的三维逼真显示(仿真)技术一直是计算机图形学的重要研究内容。计算机科学的技术突破必将对数字高程模型的技术理论体系产生深远的影响。数字高程模型的可视表达更是依托于计算机图形学的发展。

地理信息系统(Geographical Information System,简称 GIS)开始出现于 20 世纪 60 年代,它是在计算机软、硬件支持下,对空间信息进行管理、分析、表示和应用的技术系统或系统实体。DEM 作为地球空间框架数据的基本内容和其他各种地理信息的载体,是各种地学分析的基础数据,自然也是 GIS 的基本内容。特别是 GIS 中的三维可视化和虚拟现实更是离不开 DEM。

参考文献

Makarovic, B., 1973. Progressive sampling for DTMs. *ITC Journal*, 4: 397~416

Meyer, W., 1985, Concepts of mathematical modelling. Mcgraw-Hill Book Company.

Miller, C. and Laflamme, 1958, The digital terrain model—theory and applications, *Photogrammetric Engineering*, 24: 433~442

Roberts, R., 1957, Using new methods in highway location. *Photogrammetric Engineering*, 23: 563~569

Schuts, G., 1976. Review of interpolation methods for digital terrain models. *International Archives of Photogrammetry*, 21(3)

Yeoli, P., 1977. Computer executed interpolation of contours into arrays of randomly distributed height points. *The Cartographic Journal*, 14: 103~108

第二章 数字高程模型的采样理论

采样是数字高程模型建模的最重要一环,本章主要介绍数字高程模型的采样理论。为了确定最佳的数据采样密度和最好的地表重建方法,以及准确地估计 DEM 的精度,首先应该对地形表面有一定的了解。地形有多种多样的描述方法,在这里,我们将给出不同的描述地形的方法,这些方法对于地形表面建模是非常重要的。

2.1 地面形状的几何特征

从地形学观点来看,地球表面是由有限的地形要素组成的。各个地形要素由于其在地表上的位置不同而具有不同的地形信息。地形要素分为两类:一类是具有特征信息的地形要素,即特征点、特征线;另一类是一般要素,例如随机点、随机线。

特征点也就是地形表面的局部极值点,如山顶点、谷底点和鞍部点等。这些点不仅能够表示出自己的高程值信息,也能够给予它周围点更多的地形信息,因而具有更多地形信息内容。山顶点就是山的最高点,即在它周围的点的高程都比它低。相应的,谷底点就是谷底的最低点,它周围的点的高程都比它高。特征点的连线就是特征线,像山脊线、谷底线等。山脊线就是山峰表面上局部最高点的连线,谷底线就是谷地中局部最低点的连线(如图 2.1.1)。

地形可以通过地表坡度来描述。坡度是表示地表面在该点倾斜程度的一个量,如图 2.1.2 所示。α 是坡度角,h 是高差,d 是水平距离,则地表坡度用式(2.1.1)表达。从数学上来讲,坡度等于地表曲面函数在该点的切平面与水平面夹角的正切,即

$$\tan\alpha = \frac{h}{d} \tag{2.1.1}$$

坡度发生变化的点称之为变坡点,变坡点也是一种特征点。在有些地形特征点上地表坡度不仅可以改变大小也可以改变方向。例如,山顶点坡度的变化是从正到负,而谷底点是从负到正的变化。

还有两种类型的点,它们是以直角的坡度来变化的,像凸点、凹点。如果在特殊情况下坡度突然变化,那么这种线就称为断裂线。

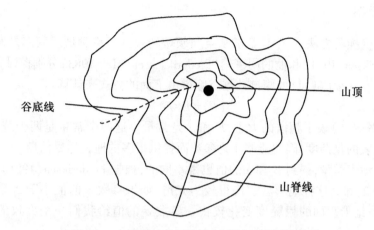

图 2.1.1　地形的几何特性：山顶点、山脊线、底线

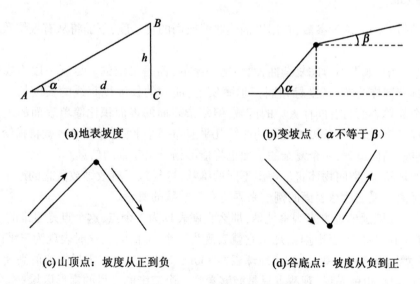

图 2.1.2　地表坡度及变坡点

2.2　地面的复杂度描述

　　地面的复杂度可用粗糙度和不规则性来描述,可用不同的参数来表达。这些参数能够描述出地形表面的总体特征。

2.2.1 光谱频率

通过傅立叶变换的方法,一个面能够从空间领域转换到频率领域。频率是通过光谱频率来描述的,Frederiksen(1981)和他的同事们(Frederiksen et. al., 1983)分别探讨和估计了这种来自同样空间的非连续(剖面)的频谱数据。频谱由下面的公式来计算:

$$S(F) = E \times F^a \tag{2.2.1}$$

这里,F 代表频率,$S(F)$ 表示频谱的大小,E 和 a 是常量。这两个常量是两个统计数字,它们能够用以表达地表的复杂度,因此能够作为参数而提供很多的地表详尽信息。

对于不同的地表类型,得到 E 和 a 的值也是不同的,根据 Frederiksen(1981)的研究,如果参数 a 的值大于2,那么这种地形就表现得较为光滑;如果参数 a 的值小于2,那么就说明这种地形比较粗糙,地形表面的粗糙度变化较快。参数 a 的值给我们一个大致的总体地形信息。

2.2.2 分数维

分数维是另外一个统计参数,它用以描述曲线或面的复杂度,下面将从有效维数的概念来进行描述。

在欧氏几何中,如果不考虑复杂性,曲线是一维的,面是二维的。尽管一段不规则的曲线和一段直线具有同样的端点(坐标相同),但事实上,曲线的长度比直线的长度长。一个复杂的表面和一个简单表面占有同样大小的区域,但复杂表面的表面积比简单表面的表面积大很多。在很大程度上,如果一条极不规则的曲线几乎遍布一个平面,那么曲线就将描绘出一个二维平面的信息。同样道理,一个复杂的平面也将能够描绘出三维的信息。

在不同的环境里,空间物体将呈现出不同的维数,这导致了有效维数概念的产生。我们通过从不同的距离来观测地球表面的例子来弄清有效维数的概念。

(1)如果从无限远的地方来观察地球,那么它就表现为一个点,这个点是零维的;

(2)如果站在月球上观测地球,那么它就表现为一个小球体,它这时表现为三维的;

(3)如果观测者走近一些,假如离地球表面830km的地方(人造卫星轨道的高度),可以得到粗略地形的信息,也就是说,观测者只是能够看到一个二维的光滑的扁形区域;

(4)如果站在地球表面上观测,那么粗糙的地形表面将一览无余,因此这时表面的有效维数大于二。

Mandelbrot 在1967年引进了有效维数的概念,创立了分数维几何学(Mandelbrot,1982)。在分数维几何里,有效维数就是一个分数,它称为分数维或分数的。例如,曲线的有效维数在1~2之间变化(图2.2.1),面的有效维数在2~3之间变化。最简单的分数维的计算方法如式(2.2.2a):

$$L = C \times r^{1-D} \tag{2.2.2a}$$

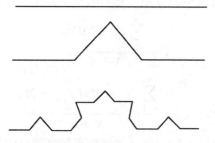

图 2.2.1 线条的复杂度与分数维的关系

其中,r 是用于量测的尺度(基本单位),L 是量测得的线长度,C 是一个常数,D 为该线的分数维。在计算面的分数维时,用面积 A 来取代 L,而 r 则是用于量测的基本面单位:

$$A = C \times r^{2-D} \tag{2.2.2b}$$

2.2.3 曲率

地表可以通过合并具有相同正侧面曲率地表单元的方法来综合表示。假设剖面用 $y = f(x)$ 表示,那么在 x 处的曲率用下式来计算:

$$c = \frac{d^2y/dx^2}{[1+(dy/dx)^2]^{3/2}} \tag{2.2.3}$$

在这个表达式里,曲率 c 和半径成反比,即曲率越大,半径越小(图 2.2.2)。因此,曲率越大,地表越粗糙,所以从曲率值的大小可以得到表面粗糙度的信息。这个规律已经在地形分析中得到应用。

这对于描述地形表面复杂度是一种比较好的方法。但是,用这种方法将会为获取曲率值而不断地进行计算,显然这将会带来工作效率的降低。

图 2.2.2 曲率与复杂度的关系

2.2.4 相似性

地形点之间的相似性可以通过协方差或自相关函数来描述。自相关函数的数学表达式为:

$$R(d) = \frac{Cov(d)}{V} \tag{2.2.4}$$

其中,$R(d)$ 是间距为 d 的所有地面点之间的相关系数;$Cov(d)$ 是间距为 d 的所有地面点之间

的协方差;V是用所有地面点计算得的方差。它们的数学表达式为:

$$V = \frac{\sum_{i=1}^{N}(Z_i - M)^2}{N-1} \quad (2.2.5)$$

$$Cov(d) = \frac{\sum_{i=1}^{N}(Z_i - M)(Z_{i+d} - M)}{N-1} \quad (2.2.6)$$

其中,Z_i为i点的高程;Z_{i+d}是与i点间距为d的地面点的高程;M是用所有地面点计算得的均值,N为计算时用的总点数。

如果d值不同,则计算得的$Cov(d)$和$R(d)$就会不同,因为具有不同间距的两点之间的高差会不同。通常是:d越大,$Cov(d)$和$R(d)$越小。把用不同间距点d算得的$Cov(d)$或$R(d)$值连在一起便成一条协方差或相关系数曲线。这条曲线通常用幂函数或高斯函数来描述。

$$Cov(d) = V \times e^{-\frac{2d}{c}} \quad (2.2.7)$$

$$Cov(d) = V \times e^{-\frac{2d^2}{c^2}} \quad (2.2.8)$$

其中,c为一表示$Cov(d)$接近零时的相关间距。图2.2.3是相关系数曲线的一个示意图。协方差函数和自相关函数能够对地形表面进行总体的描述。它们表示所有数据点的平均相似程度。相似性值的大小决定了地表的复杂性程度,两者之间的关系表现为:相似性越小,地形表面越复杂。

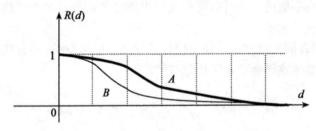

图2.2.3 自相关与地形复杂度的关系

另一个跟方差或协方差很相似的量度为Variogram。其数学表达式为:

$$2h(d) = \frac{\sum_{i=1}^{N}(Z_i - Z_{i+d})^2}{N} \quad (2.2.9)$$

同样地,如果d值不同,则计算得的$h(d)$就会不同。$h(d)$曲线通常用指数函数来描述,即:

$$h(d) = A \times h^B \tag{2.2.10}$$

其中，A 和 B 是两常数(对一给定地形来说)。

2.2.5 坡度

地形表面的粗糙度或者复杂度是不能用任何单个参数完整定义的。其中,地形起伏用来描述垂直维数或者说地形幅度,波长描述水平的变化,而坡度则很好地把这两维空间参数联系起来。许多情况下,坡度与波长的组合被作为 DEM 主要的地形描述算子。特别的,通过以下几点理由能够更清楚地理解使用坡度的有效性。

(1)长期以来,在地貌学中坡度都被认为是最重要且十分有效的地形描述算子。正如 Evans(1972)和 Strahler(1956)指出的那样,坡度也许是表面形态最重要的因子,因为根据坡度角便可以完整地形成表面。

(2)坡度也是地形表面上高度的一阶差分,表达了地形表面高度随距离变化的比率。

(3)在地图制图领域,坡度传统上也被认为是一个足够的地形描述算子并广泛用于制图实践。比如在世界范围内,等高线地图的精度说明都是根据坡度角给出的。

(4)更重要的是在数字高程模型实践中,Ackermann(1979)和 Ley(1986)发现在区域 DEM 的高程精度与平均坡度值之间存在强相关。因此,Ley 的结论是仅分析模型的平均坡度就可能预测 DEM 的高程精度。

通过坡度(如图 2.1.2)可以来描述地面的复杂度,因为坡度描述的是地形表面在某一点的倾斜程度,并且是通过垂直和水平两个方向来描述,事实上也就是通过地形表面的凸面和凹面来描述地形表面的特性,即地表的陡峭方向和大小,所以说坡度是描述地表复杂度的基本方法。坡度的计算公式如式(2.1.1)。

2.3 根据坡度的地面分类

地表形态可以根据不同的指标进行分类。例如,在地貌学中有黄土地貌、风成地貌、喀斯特地貌等。在地理学中,人们通常根据地表绝对高程、相对高程来进行分类,综合地将地形分为平原、高原、丘陵、低山、中山、高山、极高山等。但是这些分类比较宏观,对具体的 DEM 项目而言,它们对采样的指导作用非常有限。

2.3.1 根据坡度的地面的分类方法

在测绘学中,人们常用地形的坡度和高差对地形进行分类。所有地形图的等高距便是根据这种分类来决定的。表 2.3.1 便是国家测绘局对 1:5 万地形图测图所采用的地形分类。这种分类对 DEM 的采样也具有特别的指导意义。也就是说,可以对整个 DEM 采样区域根据坡度值来决定采样的密度。

表 2.3.1　根据坡度和高差的地形分类

地形类别	基本等高距/m	地形坡度/°	高差/m
平地	10(5)	2°以下	<80
丘陵地	10	2°~6°	80~300
山地	20	6°~25°	300~600
高山地	20	25°以上	>600

2.3.2　坡度的估算方法

我们可以从航空影像或等高线上选择一些点计算其坡度值。Wentworth(1930)提出的方法被广泛用于从等高线图上估计一个区域的平均坡度。根据 Turner(1997)提出的方法,如果没有该地区的等高线图,坡度也可以由航空影像获得。获得坡度以后,就可以根据坡度对地面进行分类。

如果已经建立了该地区的 DEM 模型,我们可以根据 DEM 数据进行地表分类。其基本方法是(祝国瑞等,1999):

(1) 将研究区域划分为若干格网(如三角网、四边形等);

(2) 根据 DEM 分别计算各个格网的绝对高程值、相对高程值和地面坡度;

(3) 根据地表形态分类的方法和要求拟订地形分类方案;

(4) 根据地形分类表对 DEM 格网(或像元)进行分类,并赋予不同的颜色、灰度值或分类代码,即获得研究区域的地貌类型图或地表形态分类图。

地面坡度是地表形态分析的主要组成部分,军事上的战场分析,国民经济建设中农业生产条件分析、道路勘测、土地利用评价等都离不开地面坡度分析。地面坡度定义为:水平面与局部地表面之间的正切值。

基于 DEM 的地面坡度分类可按如下方法进行:

(1) 首先根据等高距的变化情况,将量算区域划分成若干块,保持同一块内的等高距不变;

(2) 对同一等高距区域,根据等高线的疏密程度和量算的精度要求进一步划分成若干子块;

(3) 按下式分别计算各个子块的地面坡度:

$$a_i = \arctan(h_i \times \sum L/P_i) \tag{2.3.1}$$

式中,h_i 为等高距,$\sum L$ 为测区等高线总长度,P_i 为测区面积;

(4) 按某一分级指标(等差,等比)对各个子块(或格网)的坡度值进行分级。

2.4 地面采样的理论基础

2.4.1 采样的理论背景

从理论上说,地表上的点维数为零,没有大小,因此地表包含有无穷多的点。如果要获取地表全部的几何信息,则需要测量无穷数量的点,从这一点来说,要获取地表的全部信息是不可能的。但从实践来看,特定区域的地表信息可通过 DEM 的重建完整表达出来。在大多数情况下,对一具体 DEM 项目来说,并不需要得到 DEM 表面所表达出来的全部信息,只需量测表达相应地表所需要的数据点以达到一定的地形表面精度和可信度即可。

现在的问题是,如何以有限的地面高程点来表达完整的地形表面。这个问题可以采样理论为基础来解决。被广泛应用于数学、统计学、工程学和其他相应学科的基本采样理论可表述如下:

"如果对某一函数 $g(x)$ 以间隔 D_x 进行抽样,则函数高于 $1/(2D_x)$ 的频率部分将不能通过对采样数据的重建而恢复。"

这就是说,当采样间隔能使在函数 $g(x)$ 中存在的最高频率中每周期取有两个样本时,则根据采样数据可以完全恢复原函数 $g(x)$。具体到地形建模,如果一地形剖面具有足够的长度来表达局部地形,那么此剖面可用一系列正弦波和余弦波的和来表示,假设波的数量有限,那么对这组波束来说存在一最大频率值 F,根据采样理论,如果沿剖面以小于 $1/(2F)$ 的间隔抽样,则此地形剖面可由采样数据完全恢复(图 2.4.1(a))。推而广之,采样定理同样适用于决定相邻剖面之间的采样间隔,从而得以获取由 DEM 所表示的地形表面的足够信息。反之,如果地形剖面的采样间隔是 D_x,那么波长小于 $2D_x$ 的地形信息将完全损失(图 2.4.1(b))。因此,正如 Peucker(1972)所指出的那样,"由采样数据而获得的格网点信息仅仅能表述那些波长大于等于 2 倍采样间隔的信息。"

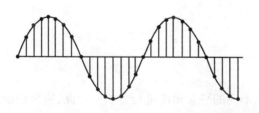
(a) 采样间隔小于函数频率的 1/2 周期

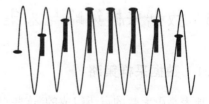
(b) 采样间隔大于函数频率的 1/2 周期

图 2.4.1 最小采样间隔与最大函数频率的关系

2.4.2 基于不同观点的采样

DEM 表面可被认为是由许多点排列而成的。如果从不同的角度对这些点进行观察,并根据其与统计学、几何学、地图学等的内在联系,可形成不同的采样观点。根据这些不同的观点,可以设计并评估不同的采样方法。归纳起来,有三种不同观点的采样方法(Li,1990):基于统计学观点的采样,基于几何学观点的采样,基于地形特征的采样。

以统计学的观点来看,DEM 表面可以看做是点的特定集合(或称采样空间),对集合的采样有随机和系统两种方法。对集合的研究,可转化为对采样数据的研究。在随机采样中,对各采样点以一定概率进行选择,各点被选中的概率各不相同。如果每一采样点被选取的概率相同,则称简单随机采样。在系统(规则)采样中,以预先设定的方式确定采样点,各采样点被选取的概率都为 100%。

从几何学观点来看,DEM 表面可通过不同的几何结构来表示,这些结构按其自身性质可分为规则和不规则两种形式,而前者能再细分为一维结构和二维结构。用于数据点采样的不规则结构比较典型的是不规则三角形或多边形。对规则结构来说,如果在一维空间中表现出规则的特征,则对应的采样方法称剖面法或等高线法。二维规则结构通常是正方形或矩形,也可能是一系列连续的等边三角形、六边形或其他规则的几何图形。

从基于地形特征的采样观点来看,DEM 表面由有限数量的点组成,每一点所包含的信息可能因点在 DEM 上的位置不同而变化。以这种观点来研究模型表面上的点,可将所有 DEM 表面上的点分为两组,一组由特征点(和线)组成,另一组则由随机点组成。特征点是指那种比一般地表点包含更多或更重要信息的地表点,如山顶点、谷底点等;特征线是由特征点连接而成的线条,如山脊线、山谷线、断裂线、构造线等。特征点、线不仅包含自身的坐标信息,也隐含地表达出了其周围特征的某些信息,更重要的是,如果对整个地表仅采集特征点、线,仍可获取地表的主要特征。从这个意义上说,可将采样方法划分为选择采样和非选择采样两种方法。

2.5 数据采样策略与采集方式

2.5.1 数据采样策略

地表是由无数的点所组成的,这些点可以从不同的科学角度进行分析。因此,应该根据不同的情况设计和采用不同的数据采集策略。下面将讨论几种不同的采集策略(Li,1990)。这些策略大多是基于摄影测量的数据采集方法(见第三章第二节)。在摄影测量中量测都基于由两张像片所形成的立体模型——缩小了的三维实地模型。

(1)沿等高线采样:正如在立体模型上直接量测等高线一样,在模型上沿等高线采集高程点。在地形复杂及陡峭地区,可采用沿等高线跟踪的方式进行数据采集;而在平坦地区,则不宜沿等高线采样。

(2)规则格网采样:正如其名称一样,规则格网采样能确保所采集数据的平面坐标具有规则的格网形式。通过规定 X 和 Y 轴方向的间距来形成平面格网,在立体模型上量测这些格网点的高程。

(3)剖面法:剖面法与规则格网法类似,它们之间的惟一区别是,在格网法中量测点是在格网的两个方向上都规则采样,而在剖面法中,只沿一个方向即剖面方向上采样。在剖面法中,通常情况下点以动态方式量测,而不像在规则采样中以静态方式进行。因此这种方法从速度方面来说具有较高的效率,但其精度将比以静态方式下量测的规则格网点的精度低。

(4)渐进采样(Makarovic,1973):为了使采样点分布合理,即平坦地区样点较少,地形复杂地区的样点较多,可采用渐进采样方法。在这种方法中,小区域的格网间距逐渐改变,而采样也由粗到精地逐渐进行。渐进采样能解决规则格网采样方法所固有的数据冗余问题,但这种方法仍然存在一些缺点:在地表突变邻近区域内的采样数据仍有较高的冗余度;有些相关特性在第一轮粗略采样中有可能丢失,并且不能在其后的任一轮采样中恢复;跟踪路径太长,导致时间效率降低。

(5)选择性采样:为了准确反映地形,可根据地形特征进行选择性的采样,例如沿山脊线、山谷线、断裂线以及离散特征点(如山顶点)等进行采集。这种方法的突出优点在于只需以少量的点便能使其所代表的地面具有足够的可信度。实际上,没有一种自动采样程序是基于这种采样策略的。也正因为这个原因,在一些需要快速获取数据的机构或组织(比如军事测绘单位),这种方法并不常见。

(6)混合采样:混合采样是一种将选择采样与规则格网采样相结合或者是选择采样与渐进采样相结合的采样方法。这种方法在地形突变处(如山脊线、断裂线等)以选择采样的方式进行,然后这些特征线和另外一些特征点,如山顶点、洞穴点等,被加入到规则格网数据中。实践证明,使用混合采样能解决很多在规则格网采样和渐进采样中遇到的问题。混合采样可建立附加地形特征的规则矩形格网 DEM,也可建立沿特征附加三角网混合形式的 DEM,但显然其数据的存储管理与应用均较复杂。

2.5.2 数据采集方式

采集的方法将在第三章中介绍,但为了对以上的数据采样策略做一些评价,在这里引入了本小节。根据自动化程度,采集的方式可以是全手工、半自动化或全自动化的。半自动化的方式在摄影测量中常称为交互式。

(1)交互式采集:上述的(1)、(3)、(5)和(6)等策略适合于利用解析测图仪或机助测图仪进行半自动化的交互式数据采集。特别是在数字摄影测量工作站中,混合采样的方法既可以达到较高的作业效率,也可取得较好的数据质量。这种方法首先使用计算机自动相关生成粗格网 DEM,然后在立体模型上加测地形特征线,在此基础上内插细格网 DEM。

(2)自动采集:这也是数字摄影测量系统最主要的特征。按照像片上的规则格网利用数字影像匹配进行数据采集;若利用高程直接求解的影像匹配方法,也可按模型上的规则格网进行数据采集。全数字化摄影测量系统在市场上已有比较成熟的产品,比如 Leica/Helava 的 HL、Zeiss/Intergraph 的 ZI、中国的 JX-4A 和 VirtuoZo 等。这种方法的优点是许多操作是自动化的,用户不需要作太多的干预。但是在自动相关生成 DEM 时仍需要采集地貌特征点、线才能保证 DEM 的高保真度。特别是在平坦地区、森林覆盖地区和房屋密集的城区,仍需要相当多的人工干预和图形数据编辑工作,否则,DEM 的精度将难以保证。

2.6 数字高程模型源数据的三大属性

就 DEM 而言,采样是一个确定在何处需要量测点的过程,这个过程由三个参数决定(Li,1990):点的分布(包括位置、结构)、密度和精度。一般地,可将此三参数称为数据的三大属性。

2.6.1 数据的分布

采样数据的分布通常由数据位置和图案来确定。位置可由地理坐标系统中的经纬度或格网坐标系统中的东北向坐标值决定。而图案则有较多的选择,比如规则或矩形格网。对采样数据分布结构的分类并无固定的方法,不同的人从不同的角度可以给出不同的分类。图 2.6.1 给出了其中一种分类方法。

规则二维数据由规则格网采样或渐进采样生成,其图案有矩形格网、正方形格网或由前面两种数据形成的分层结构等,其中正方形格网数据最为常用。分层结构数据由渐进采样方法生成,可分解为普通的方格网数据。

至于其他一些特殊的规则图案如等边三角形或六边形等,不管从哪一方面看,都没有剖面数据或规则格网数据在实际中使用得广泛。

如前所述,数据可分为规则和不规则两个类别。规则图案已在前面提及,至于不规则数据,通常可将其分为两组,一组为随机数据,另一组为链状数据。随机数据指量测的数据点呈随机分布,没有任何特定的形式;链状数据没有规则的图案,但它确实沿某一特征线(如断裂线)分布。所有沿河流、断裂线或地貌线等特征线采集的数据都可归于此类。实际上,这种数据并非一独立的类型,而是基于特征的一个补充。例如,混合采样所产生的数据通常就是链状数据与规则(矩形)格网数据的混合数据。

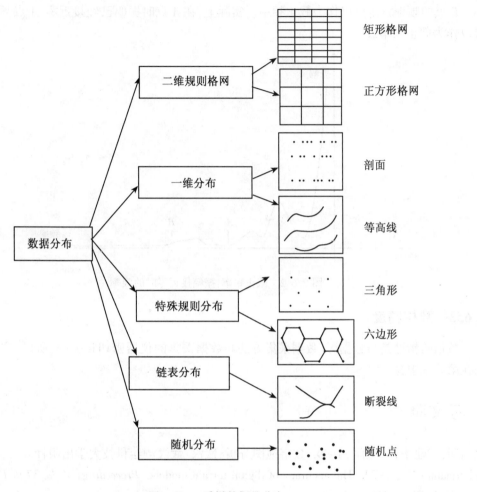

图 2.6.1 采样数据的分布

2.6.2 数据密度

密度是采样数据的另一属性,可以由几种方式指定,如相邻两点之间的距离、单元面积内的点数、截止频率等。

相邻两采样点之间的距离通常称为采样间隔(或采样距离)。如果采样间隔随位置变化,那么就应用平均值来代替。通常采样间隔以一个数字加单位组成,如 20m。另一种在 DEM 实践中可能使用的表示法是以单位面积内的点数来表示,如每平方千米 500 点。

如果采样间隔从空间域转换到频率域,则可获得截止频率(采样数据所能表示的最高频率),从这一点来说,截止频率也能作为数据密度的一种量度。图 2.6.2 为一曲线的频率示意图。B 点的频率肯定可以作为截止频率。实际上,在 A 点时振幅已经接近零,A 点频率基本上可以作为截止频率。

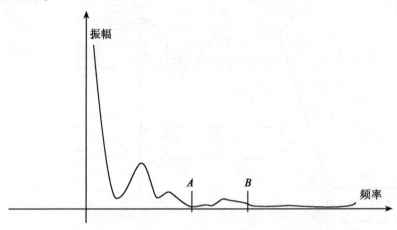

图 2.6.2 截止频率:振幅接近零时的频率

2.6.3 数据精度

数据的精度是与数据源、数据采集方法和数据采集的仪器密切相关的,所以,这个问题应该在第三章中介绍。

参考文献

祝国瑞,王建华,江文萍. 1999. 数字地图分析,武汉:武汉测绘科技大学出版社

Ackermann, F., 1979. The accuracy of digital terrain models. *Proceedings of the 37 th Photogrammetric Week*. University of Stuttgart, 113~143

Evans, I., 1972. General geomorphometry: Derivatives of altitude, and the descriptive statistics. In: Chorley, R. (ed.), *Spatial Analysis in Geomorphology*, Methuen & Co. Ltd., 17~90

Frederiksen, P., 1981. Terrain analysis and accuracy prediction by means of the Fourier transformation. *Photogrammetria*, 36:145~157

Frederiksen, P., Jacobi, O. and Kubik, K., 1983. Measuring terrain roughness by topographic dimension. *Proceedings of International Colloquium on mathematical Aspects of DEM*. Stockholm

Ley, R., 1986. Accuracy assessment of digital terrain models. Auto-Carto London, 1: 455~464

Li, Zhilin, 1990, *Sampling Strategy and Accuracy Assessment for Digital Terrain Modelling*, Ph. D. Thesis, The University of Glasgow, 298

Makarovic, B., 1973. Progressive sampling for DEMs. ITC Journal, 4: 397~416

Mandelbrot, B., 1976. How long is the coast of Britain. Science, 155, 636~638

Mandelbrot, B., 1981. *The Fractal Geometry of Nature*. W. H. Freeman and Company, San Francisco

Peucker, T., 1972. *Computer Cartography*. Association of American Geographer, Commission on College Geography. Washington DC. 75pp.

Strahler, A., 1956. Quantative slope analysis. *Bulletin of the Geological Society of Amertica*, 67: 571~596

Turner, H., 1997. A comparison of some methods of slope measurement from large scale air photos. *Photogrammetria*, 32: 209~237

Wentworth, C., 1930. A simplified method of determining the average slope of land surface. *American Journal of Science*, 20: 184~194

第三章 数字高程模型的数据获取方法

DEM 数据包括平面位置和高程两种信息,可以直接在野外通过全站仪或者 GPS、激光测距仪等进行测量,也可以间接地从航空影像或者遥感图像以及既有地形图上得到。具体采用何种数据源和相应的生产工艺,一方面取决于这些源数据的可获得性,另一方面也取决于 DEM 的分辨率、精度要求、数据量大小和技术条件等。

3.1 数字高程模型的数据来源

地球表面的陆地面积约为 15 000 万 km²,约占地球表面总面积的 29.2%。本书所述的 DEM 数据获取的各种方法,集中于对这部分地表的数据采集。常见的数据来源有以下几种:

3.1.1 影像

航空影像一直是地形图测绘和更新最有效也是最主要的手段,其获取的影像是高精度大范围 DEM 生产最有价值的数据源。利用该数据源,可以快速获取或更新大面积的 DEM 数据,从而满足对数据现势性的要求。

航天/航空遥感也是快速获取大范围 DEM 数据的一种有效方式。早期有些空间摄影系统如 SkyLab. S-190A 和 S-190B 以及宽幅照相机,曾经进行过 DEM 数据获取的实验。由于从这些系统所摄像片上获取的高程数据精度太低,因此仅能作粗略勘测之用。另外从一些卫星扫

(a) 实验地区的正射影像　　　　(b) 激光扫描得到的 DEM 产生的透视图

图 3.1.1　获取 DEM 数据新的数据源(引自 Fritsch and Spiller, 1999)

描系统如 LandSat 系列卫星上的 MSS 和 TM 传感器及 SPOT 卫星上的立体扫描仪所获取的遥感影像也能作为 DEM 的数据来源,但从实验结果来看,所获高程数据的相对精度和绝对精度都太低,只适合于小比例尺的 DEM,对大比例尺 DEM 生产并没有太多的价值。但是,近年来出现的高分辨率遥感图像如 1m 分辨率的 IKONOS 图像、合成孔径雷达技术和激光扫描仪等新型传感器数据被认为是快速获取高精度、高分辨率 DEM 最有希望的数据源(如图 3.1.1 所示)。

3.1.2 地形图

几乎世界上所有的国家都拥有地形图,这些地形图是 DEM 的另一主要数据源。对许多发展中国家来说,这些数据源可能由于地形图覆盖范围不够或因地形图高程数据的质量不高和等高线信息的不足而比较欠缺。但对大多数发达国家和某些发展中国家比如中国来说,其国土的大部分地区都有着包含等高线的高质量地形图,这些地形图无疑为地形建模提供了丰富、廉价的数据源。

从既有地形图上采集 DEM 涉及两个问题,一是地形图符号的数字化(等高线),再就是这些数字化数据往往不满足现势性要求。因为对于经济发达地区,由于土地开发利用使得地形地貌变化剧烈而且迅速,既有地形图往往也不宜作为 DEM 的数据源;但对于其他地形变化小的地区,既有地形图无疑是 DEM 物美价廉的数据源。

地形图的另一个问题是精度问题,它跟比例尺有关。比例尺越小,地形的综合程度越高,因而近似性就越大。表 3.1.1 列出了不同比例尺地形图的综合程度。有些(大)比例尺的地形图仅仅是地区性的(如城镇地形图),而有些则是全国性的。在覆盖全国范围的地形图中,比例尺最大的称之为基本比例尺。基本地形图的比例尺在不同国家可能有所不同:在英国,覆盖全国的基本地形图比例尺为 1:1 万,中国为 1:5 万,美国为 1:2.4 万。

表 3.1.1 不同比例尺的地形图和它们的地形综合特性

地形图	比例尺	特征
大比例尺地形图	>1:1 万	综合程度很低,较真实地反映地形
中比例尺地形图	1:2 万~1:7.5 万	作了一定程度的综合,近似地反映地形
小比例尺地形图	<1:10 万	综合程度很高,仅反映地形的大致特征

不同比例尺的地形图具有不同的等高线间距。等高线的密度及其本身的精度决定了地形表达的可信度。等高线密度由等高线间距表示。不同比例尺地图比较常用的等高线间距列于

表 3.1.2 中。

表 3.1.2 地形图比例尺与等高线间距的关系

地形图的比例尺	等高线间距/m
1:20 万	25~100
1:10 万	10~40
1:5 万	10~20
1:2.5 万	5~20
1:1 万	2.5~10

3.1.3 地面本身及其他数据源

用全球定位系统全站仪或经纬仪配合袖珍计算机在野外进行观测获取地面点数据,经过适当变换处理后建成数字高程模型,一般用于小范围大比例尺(如比例尺大于1:2 000)的DEM。以地面测量的方法直接获取的数据能够达到很高的精度,常常用于有限范围内各种大比例尺、高精度的地形建模,如土木工程中的道路、桥梁、隧道、房屋建筑等。然而,由于这种数据获取方法的工作量很大,效率不高,加之费用高昂,并不适合于大规模的数据采集任务,比如在采集覆盖一个地区、一个国家的数据时,就不可能使用这种方法。

用气压测高法、水文站、气象站、地质勘探和重力测量等获取的观测数据得到地面稀疏点集的高程数据,这样建立的数字高程模型主要用于大范围且高程精度要求较低的科学研究。

3.2 摄影测量数据采集方法

3.2.1 发展过程简述

摄影测量采集空间数据的方法是与摄影测量的发展过程紧密相关的。摄影测量的发展可划分为四个阶段,即模拟摄影测量、数值摄影测量、解析摄影测量与数字摄影测量。

表 3.2.1 摄影测量四个阶段的特性(Li, et al., 1993)

	模拟摄影测量	数值摄影测量	解析摄影测量	数字摄影测量
输入部分(影像)	模拟	模拟	模拟	数字
模型部分	模拟	模拟	解析	解析
输出部分	模拟	数字	数字	数字
困难度	3	2	1	0
灵活度	0	1	2	3

模拟摄影测量的发展可追溯到19世纪中叶。当时,劳塞达(A Laussedat,被认为是"摄影测量之父")利用所谓的"明箱"装置,测制了万森城堡图。当时一般采用图解法进行逐点测绘。直到20世纪初,才由维也纳军事地理研究所按奥雷尔(Orel)的思想制成了"自动立体测图仪"。后来由德国卡尔蔡司厂进一步发展,成功地制造了实用的"立体自动测图仪"。经过半个多世纪的发展,到60~70年代,这种类型的仪器发展到了顶峰。由于这些仪器均采用光学投影器或机械投影器或光学—机械投影器"模拟"摄影过程,用它们交会被摄物体的空间位置,所以称其为"模拟摄影测量仪器"。在模拟摄影测量的漫长发展阶段中,摄影测量科技的发展可以说基本上是围绕着十分昂贵的立体测图仪进行的,而且操作方式是全手工的,以沿等高线和剖面线采样为主(张祖勋、张剑清,1996)。

随着计算机的发展,人们对数字产品的需求不断增加。后来,人们尝试对模拟摄影测量仪器进行改造,让他们输出数字产品而并非原来的模拟地图。这就是所谓的数值摄影测量。后来,光学和机械的模拟投影被数学模型所代替,就产生了所谓的解析摄影测量(Helava,1958)。

数字摄影测量的发展起源于摄影测量自动化的实践,即利用相关技术实现真正的自动化测图。它的基本思想是将模拟的影像变成能为计算机处理的数字影像,然后使用计算机实现摄影测量的全过程(Sarjakoski,1981)。

总的来说,摄影测量是空间数据采集最有效的手段之一,它具有效率高、劳动强度低、精度高等优点。

3.2.2 摄影测量的基本原理

摄影测量的基本原理是:用立体像对来恢复三维物体的原始形状即形成所谓的立体模型,然后在立体模型上量测物体的三维空间坐标以代替野外的量测。所谓的立体像对就是在两个不同的地方摄取的且具有一定重叠度的同一景物的两张影像(图3.2.1)。实际上,只有在重叠的地方,我们才可以恢复三维物体的立体形状(模型)(图3.2.2)。

在航空摄影时,一般来说在飞行方向上的重叠度为60%,而航线间的重叠度为30%。任何两张在航线方向上的影像,都可用来形成一个立体模型,而能形成立体模型的范围大约为影像范围的60%。航天影像也是一样,不管是摄影(如spacelab camera)所得或扫描(如SPOT的黑白影像)所得,只要有重叠,便可用于建立立体模型。用摄影机所得的影像通常称为相片。

可以想像,如果把一个立体像对的左右像片放到同摄影机一模一样的两个投影机器中,并且左右两投影器的相对位置也恢复到摄影机摄影时的位置与姿态。这样,从左右两像片投下来的光束就会在空中交会而形成一个立体模型。但立体模型的比例尺当然不会是1∶1。实际工作中,可通过缩小基线(两投影器间的距离)的长度来把模型缩小到可以实现的程度。这样,作业员就可在立体模型上进行测量了。

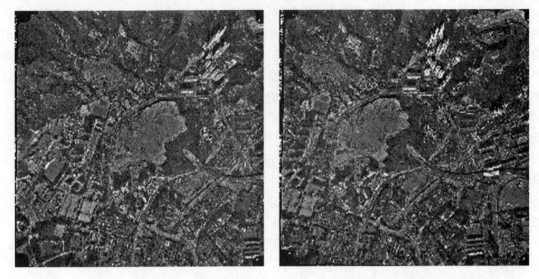

图 3.2.1 立体像对

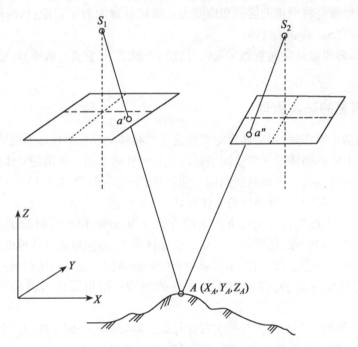

图 3.2.2 立体像对可用来恢复三维立体(模型)

这是模拟摄影测量的原理。解析摄影测量是利用摄影机(投影器)的中心、像点、物点之

间的共线关系(条件)来代替模拟投影,从而形成数学的模型。共线条件的形式如式(3.2.1):

$$x = -f\frac{a_1(X_A - X_S) + b_1(Y_A - Y_S) + c_1(Z_A - Z_S)}{a_3(X_A - X_S) + b_3(Y_A - Y_S) + c_3(Z_A - Z_S)}$$

$$y = -f\frac{a_2(X_A - X_S) + b_2(Y_A - Y_S) + c_2(Z_A - Z_S)}{a_3(X_A - X_S) + b_3(Y_A - Y_S) + c_3(Z_A - Z_S)}$$

(3.2.1)

式中的 a_i, b_i 和 $c_i(i=1,2,3)$ 为三个角方位元素的函数,其中,

$$a_1 = \cos\varphi\cos\kappa + \sin\varphi\sin\omega\sin\kappa$$
$$b_1 = \cos\varphi\sin\kappa + \sin\varphi\sin\omega\cos\kappa$$
$$c_1 = \sin\varphi\cos\omega$$
$$a_2 = -\cos\omega\sin\kappa$$
$$b_2 = \cos\omega\cos\kappa$$
$$c_2 = \sin\omega$$
$$a_3 = \sin\varphi\cos\kappa + \cos\varphi\sin\omega\sin\kappa$$
$$b_3 = \sin\varphi\sin\kappa - \cos\varphi\sin\omega\cos\kappa$$
$$c_3 = \cos\varphi\cos\omega$$

(3.2.2)

$\varphi、\omega、\kappa$ 是三个角方位元素,即水平的像片绕 $X、Y$ 和 Z 轴依次旋转 $\varphi、\omega、\kappa$ 时,便得到像片的现在位置。

XYZ 为大地坐标系,$S-xy$ 为像片坐标系,$x、y$ 为像点坐标,A 为地物点,S 为像机的凸透镜位置即投影中心,投影中心 S 在大地坐标系的位置为 $X_S、Y_S、Z_S$,地物点 A 在大地坐标系的位置为 $X_A、Y_A、Z_A$,f 为 S 到像片的距离,即焦距。$\varphi、\omega、\kappa$ 和 $X_S、Y_S、Z_S$ 通称为像片的方位元素。它们可以用仪器在飞机上直接测定,但由于精度不够,通常采用地面控制点用式(3.2.1)来解求。

也就是说,地面点 A 在左右像片上分别成像为 $a'、a''$。当我们知道左右像片各自的六个方位元素后,只要测得 $a'、a''$ 点的像点坐标,便可通过式(3.2.1)来解求 A 的地面坐标 $X_A、Y_A、Z_A$。

在解析量测中,像点坐标的量测仍然由作业员执行。但人们希望能实现量测自动化。全自动化意味着计算机要自动地找到左右像片上相应点(共轭点,如图 3.2.2 中的 $a'、a''$),并计算出它们的 $x、y$ 坐标。这样,计算机就可以用解析的方法来算出该点相应的地面坐标(如图 3.2.2 中的 $X_A、Y_A、Z_A$)。为达到这样的目的,影像必须数字化。所以这种影像数字化后的摄影量测在这里被称为数字摄影测量。整个数字摄影测量的关键在于找到左右像片上相应点(共轭点)。这样的数字摄影测量系统通常称为数字摄影测量工作站(DPW)。

3.2.3 基于数字摄影测量工作站的数据采集方法

利用数字摄影测量工作站(DPW)获取 DEM 数据的采集方法可以分为两大类。一类是全

数字自动摄影测量方法,另一类是交互式数字摄影测量方法。

全数字自动摄影测量方法使用沿规则格网采样策略。利用全数字摄影测量工作站,可快速获取 DEM。如果与 GPS 自动空中三角测量系统集成,则可以形成从外业控制到内业加密、DEM 生产高度自动化以及高效的作业流程,如图 3.2.3 所示。

根据欧洲实验摄影测量组织 OEEPE 关于"自动生产的 DTM 精度"的实验结果表明,DEM 的精度可以达到航高的 0.012%,而摄影胶片数字化扫描的分辨率在 $15\mu m$ 到 $30\mu m$ 之间没有什么差别。对于水域、森林覆盖和房屋密集的城区等特殊区域,还需要提供简便易行的人工干预和编辑功能。

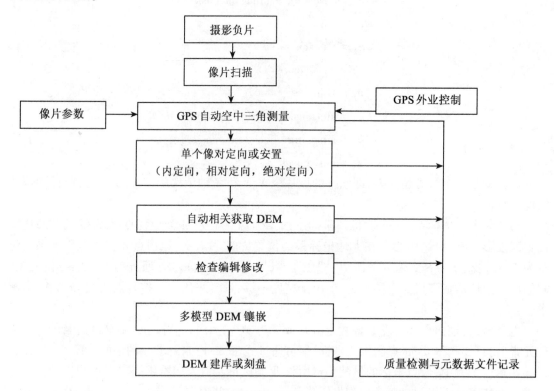

图 3.2.3　全数字自动摄影测量生产 DEM 的方法

利用数字摄影测量工作站也可以进行人机交互式的混合采样,比如在获取特殊地区的 DEM 时,也可能采取计算机自动相关和人工交互相结合的方案。这种方法由于增加了人工干预和编辑的功能,能够获得比较可靠、精度较好的 DEM。这种方案的工艺流程如图 3.2.4 所示。

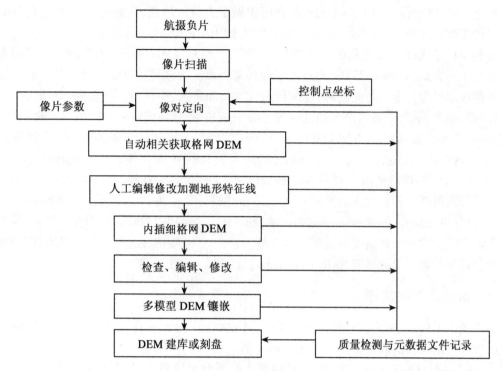

图 3.2.4　交互式数字摄影测量生产 DEM 的方法

3.3　利用合成孔径雷达干涉测量采集数据的方法

合成孔径雷达干涉测量学(Synthetic Aperture Radar Interferometry,简称为 InSAR)是近十年发展起来的空间遥感新技术,它是传统的微波遥感与射电天文干涉技术相结合的产物,它主要是针对机载或星载合成孔径雷达(SAR)所获取的多幅覆盖同一地区的雷达图像进行联合处理来提取地球表面信息,可应用于数字高程模型建立、地壳形变探测等(Massonnet and Feigl, 1998)。值得指出的是,目前 InSAR 技术仍处于发展时期。

3.3.1　合成孔径雷达干涉测量学的发展简述

1969 年,Rodgers 和 Ingalls 首次应用干涉技术对金星观测。1974 年,Graham 等首次提出用 InSAR 技术来制图的构想,然而接下来的十多年, InSAR 技术没有得到实质性的发展。直到 1986 年,美国喷气推动试验室(JPL)的 Zebker 和 Goldstein(1986)才首次发表了他们使用机载合成孔径雷达(Synthetic Aperture Radar,简称为 SAR)系统获取的数据生成 DEM 的实际结果。1989 年,美国的 Gabriel 等人首次使用 InSAR 技术监测地表形变(Gabriel et al., 1989)。

近十年来,一些欧美国家对 InSAR 的理论和应用做了大量的研究,商业星载 SAR 系统如欧洲空间局的 ERS-1、ERS-2、日本的 JERS-1 和加拿大的 RADARSAT-1 等陆续升空并获取了一些干涉数据。由于 ERS-1/2 卫星的定轨质量好、轨道数据精度相对较高、图像质量好且两者能构成联合飞行方式(Tandem Mode,相互重复通过某一地区的时间间隔仅一天),故它们获取的干涉图像应用最为普遍。与此同时,澳大利亚、巴西、加拿大、中国、丹麦、法国、德国、荷兰、挪威、俄罗斯、南非、瑞典和英国等都相继开展了各自的机载 SAR 成像试验。值得一提的是,美国宇航局/喷气推动试验室(NASA/JPL)自 1978 年以来,先后进行了多次短期的民用卫星或航天飞机 SAR 成像试验,如 SEATSAT SAR(1978 年)、SIR-A(1981 年)、SIR-B(1984 年)、SIR-C/X SAR(1994 年,同时使用 L、C 和 X 三种波段)等,特别地,2000 年 2 月,美国影像制图局和宇航局联合发射奋进号航天飞机携带 C/X 波段雷达进行了为期 11 天覆盖全球 80% 地区的制图任务飞行(Shuttle Radar Topography Mission,SRTM),且使用单轨双天线的操作模式,目的是运用干涉方法获取全球高精度的数字高程模型。在今后 10 年内,欧洲空间局、日本、美国和加拿大等仍将发射新一代的星载 SAR 干涉系统(引自 JPL InSAR 讲义)。

3.3.2 雷达成像的原理

如图 3.3.1 所示,雷达以主动发射微波(1~1 000GHz 的电磁波谱范围)并接收地面反射信号的方式对地球表面成像。图 3.3.2 显示了对地观测成像雷达的几何配置(Curlander and Mcdonough,1991;Chen et al.,2000)。搭载雷达的平台可以是飞机、卫星或航天飞机。雷达以一定的侧视角 θ_0 发射一个椭圆锥状的微波脉冲束,这个椭圆锥的轴垂直于平台飞行方向,在垂直于轨道面内的椭圆锥顶角即波束高度角 ω_v 与雷达天线的宽度 w 有关,即

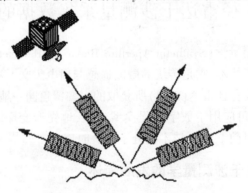

图 3.3.1 雷达波的发射和接收(引自美国 JPL InSAR 讲义)

$$\omega_v = \frac{\lambda}{w} \tag{3.3.1}$$

这里,λ 为雷达所采用的微波波长;而在平行于轨道面内的椭圆锥顶角 ω_h 与雷达天线的长度 L 有关,即

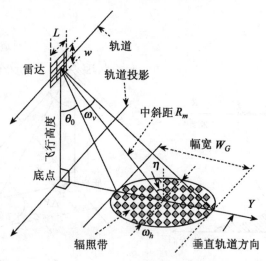

图 3.3.2　雷达成像几何

$$\omega_h = \frac{\lambda}{L} \tag{3.3.2}$$

这个椭圆锥状的微波脉冲束在地表形成一个辐照带(footprint),这个辐照带可看做由许多小的空间面元(cell)所组成,每一个面元将雷达脉冲后向散射(backscattering)回去,由雷达接收并作为一个像素记录下来。实际上,如图 3.3.3 所示,对于影像平面内某一行像素,不同雷达斜距 R 对应于不同的像素。这样,在雷达平台飞行的过程中,一定幅宽(swath)的地表被连续成像,幅宽 W_G 可如下近似确定:

$$W_G \approx \frac{\lambda R_m}{w \cos\eta} \tag{3.3.3}$$

这里,R_m 为雷达中心到椭圆锥状辐照带中心的斜距,η 为该中心点的雷达入射角。如 ERS-1/2 SAR 影像的幅宽大约是 100 km。

可区分两个相邻目标的最小距离称为雷达影像的空间分辨率。显然,这个距离越小,分辨率越高。如图 3.3.4 所示,沿雷达飞行方向即方位向和雷达斜距向的分辨率分别为 ΔX、ΔR,将斜距分辨率投影到水平面时,则变为斜距向的地面分辨率 ΔY。

雷达斜距向的地面分辨率是变化的,越靠近底点,斜距向地面分辨率越低,越远离底点,斜距向地面分辨率越高。如果雷达侧视角为零即正对底点成像,那么,靠近底点的地面分辨率将非常差,这正是为什么成像雷达一定要侧视的原因。

斜距分辨率和斜距向地面分辨率仅与雷达波特征和雷达侧视角有关系,而与雷达天线的大小无关;但是方位向分辨率主要由雷达天线的长度所决定。例如,若 ERS-1/2 卫星雷达(使用 C 波段,$\lambda = 5.7\text{cm}$)操作在真实孔径成像模式上,为了达到 10 m 方位向分辨率,将需要约

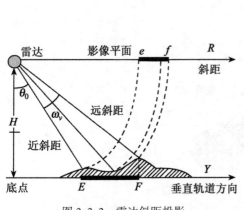

图 3.3.3　雷达斜距投影

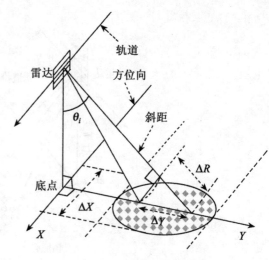

图 3.3.4　成像雷达分辨率

3 km长的雷达天线,这是一般飞行平台难以承受的。也就是说,常规真实孔径成像雷达系统不可能获得沿搭载平台飞行方向具有高分辨率的图像,而在合成孔径雷达成像模式下,这一问题得到了很好的解决。

3.3.3　合成孔径侧视雷达成像

合成孔径雷达(SAR)利用多普勒频移原理来改善雷达成像分辨率。图3.3.5显示了合成孔径侧视雷达的成像几何(Chen et al.,2000)。设一个具有长度为L的真实孔径雷达天线从点a移动到点b再到点c,则被成像的点O的雷达斜距会由大变小再变大,这样雷达接收从地面点O反射回来的脉冲频率会产生变化,即频率漂移由大变小。通过精确测定这些接收脉冲的雷达相位延迟并跟踪频率漂移,最后可相应地合成一个脉冲,使方位向的目标被锐化(sharpening)即提高方位向分辨率(如图3.3.5所示)。相对于真实孔径雷达方位向分辨率来说,合成孔径雷达的方位向分辨率被大大改善,此时的ΔX可近似表达为(Curlander and Mcdonough,1991):

$$\Delta X = \frac{L}{2} \quad (3.3.4)$$

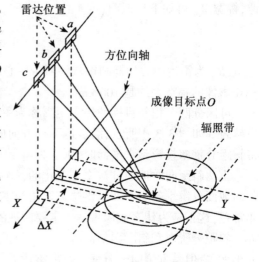

图 3.3.5　合成孔径雷达成像几何

这意味着方位向分辨率仅由雷达天线的长度所确定。比如,ERS-1/2 操作在合成孔径雷达成像模式下,使用长度为 20m 的天线,便可获得 10m 左右的方位向分辨率。

经过预处理后的雷达影像的每一像素不仅包含灰度值,而且还包含与雷达斜距(一般取样到垂直于平台飞行方向的斜距上)有关的相位值,这两个信息分量可用一个复数来表达,因此 SAR 影像又被称为雷达复数影像,图 3.3.6 展示了 SAR 影像的平面坐标系及像素的复数表达形式。图 3.3.7 所示的只是灰度分量信息,而相位分量信息未被显示出来。前已指出,InSAR 主要是基于这些相位数据的处理来提取有用信息的,下面将介绍 InSAR 的基本原理。

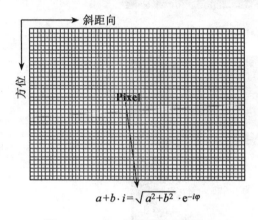

图 3.3.6 SAR 影像像素的复数表

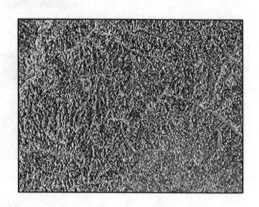

图 3.3.7 1998 年 8 月 9 日,ERS-1 在我国延安地区上空获取的一幅 C 波段 SAR 影像(灰度分量信息)的一部分

3.3.4 合成孔径雷达干涉测量生产数字高程模型的基本原理

1801 年,Thomas Young 通过一个简单的光学实验,发现了光波的干涉现象,这就是所谓的杨氏双狭缝光干涉实验,它是理解所有现代波的传播理论的基础。合成孔径雷达干涉测量学便使用了该原理。

显然,InSAR 至少需要联合从不同空间位置获取的两个 SAR 图像来进行处理。干涉系统可分为两类(Massonnet and Feigl,1998;刘国祥等,2000a,2000b):

(1)双天线干涉(图 3.3.8);

(2)单天线重复轨道干涉(图 3.3.9)。

如图 3.3.10 所示,雷达干涉的关键点是可用相位差来确定雷达斜距差 δR,因为雷达波长很短(几厘米至数十厘米),故雷达斜距差可以子波长级的精度来确定。覆盖相同地区的两个 SLC 影像分别称为主、从图像,为了提取相位差图即干涉图,须将它们做空间配准且将从图像取样到主图像空间(刘国祥等,2001)。设配准后的主、从影像对应像素分别以复数 $c_1(i)$ 和 c_2

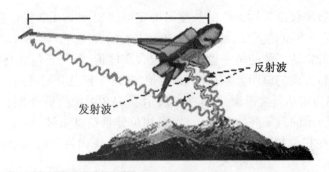

图 3.3.8 双天线干涉:美国 SRTM InSAR 系统(引自 JPL InSAR 讲义)

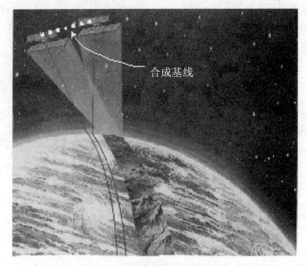

图 3.3.9 单天线重复轨道干涉系统(引自 JPL InSAR 讲义)

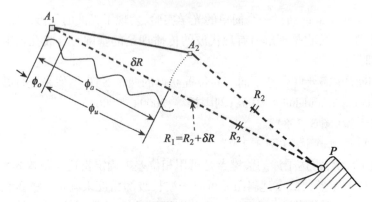

图 3.3.10 绝对相位差 ϕ_a、解缠相位差 ϕ_u 和观测相位差 ϕ_o 的关系

(i)表示,则干涉图的像素值可按下式计算得到:

$$G = \sum_{i}^{N} c_1(i) \cdot c_2^*(i) \tag{3.3.5}$$

这里,(*)表示复数共轭,N 表示平滑窗口像素总数,复数 G 的相位主值即为对应像素的相位差 $\phi_o(0 \leq \phi_o < 2\pi)$,以下简称为干涉相位。参照图 3.3.10,可以帮助理解这个相位差的意义。实际上,地面点 P 到两个雷达 A_1 和 A_2 的斜距差 δR 对应于雷达波长个数或总相位数 ϕ_a(称为绝对相位差),但 ϕ_o 仅代表了一个波长内的微小距离,而余下的相应于整波数的斜距差无法通过相位观测来确定,这就是所谓的干涉相位存在整周模糊度(ambiguity,如图 3.3.10 中的 ϕ_u)的问题。对于干涉图中的每一像素来说,均存在模糊度,这需要借助于一种称之为相位解缠(phase unwrapping)的处理算法来确定。其主要思想是利用相邻像素间的干涉相位差异值的相互关系来处理。它是干涉应用中非常重要的数据处理环节之一,这里不再作详细讨论。

图 3.3.11 给出了一个由香港理工大学 InSAR 研究组使用 ERS-1/2 Tandem SAR 数据(ERS-1:1996.3.15 ~ ERS-2:1996.3.16)处理得到的干涉相位图例子。其地面分辨率约为

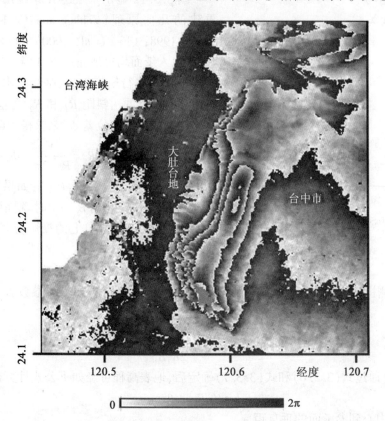

图 3.3.11 干涉相位图示例:台湾西部沿海地区,使用一对 ERS-1/2 Tandem SAR 影像数据生成

20m×20m,地理范围是台湾西部沿海地区的一部分,包括台中市和大肚山脉等在内。这种近似等高线的干涉相位变化实际上反映了地表起伏的变化,从 0 到 2π 的相位变化称为一个干涉条纹(fringe)。

这里暂且假设地表形变不存在,在干涉基线不为零的情况下,干涉相位的几何贡献包括两个方面(Small,1998):

(1)地球椭球面的贡献。我们知道,大地测量的几何基准是参考椭球面,即使被成像点在这个面上,从图 3.3.10 不难想像雷达斜距差依然存在,或者说干涉相位存在;从整体成像区域来看,这种干涉相位项的贡献是很显著的,这就是所谓的地球曲面相位趋势项。

(2)地形起伏的贡献。地形起伏变化也会改变干涉相位的变化。

在一般的干涉应用中,地球椭球面相位趋势项一般要去除(phase flattening)或分离出来。为突出地形起伏,图 3.3.11 中的地球椭球面相位趋势已被去除(Santitamnont,1998;Small,1998)。

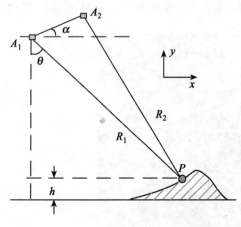

图 3.3.12 InSAR 系统的观测几何关系

图 3.3.12 显示了 InSAR 系统用于地表三维重建的几何原理(Zebker and Goldstein,1986;Small,1998;Chen et al,2000)。设两个 SAR A_1 和 A_2 飞入纸面均对地面点 P 成像,二者构成的基线向量 $\boldsymbol{B}$ 与飞行轨道垂直,基线与水平方向的夹角为 a。两个雷达斜距 R_1 和 R_2 之差 δR 可根据对应像素的绝对相位差 ϕ_a 来求得,其关系如下:

$$\delta R = R_1 - R_2 = \frac{\lambda}{P \cdot 2\pi} \cdot \phi_a \quad (3.3.6)$$

这里,如果是双天线系统,$P=1$;如果为星载重复单天线系统,$P=2$。当 $B \ll R_1$ 时,斜距差可近似为基线 $\boldsymbol{B}$ 在斜距 R_1 方向上的投影分量(常称为平行基线),即

$$\delta R \approx B_\parallel = B\sin(\theta - a) \quad (3.3.7)$$

这里,θ 为雷达侧视角。从图 3.3.12 不难发现,雷达侧视角 θ、斜距和基线参数 B、a 的严密三角函数关系为:

$$\sin(\theta + a) = \frac{R_1^2 + B^2 - R_2^2}{2R_1 B} \quad (3.3.8)$$

当雷达侧视角 θ 通过式(3.3.6)和式(3.3.7)确定后,地表高程可经如下公式计算得出:

$$h = H - R_1 \cos\theta \quad (3.3.9)$$

其中,H 为雷达中心到参考面的垂直距离。

使用 InSAR 建立 DEM 的主要数据处理过程如图 3.3.13 所示。其中,如何确定绝对干涉

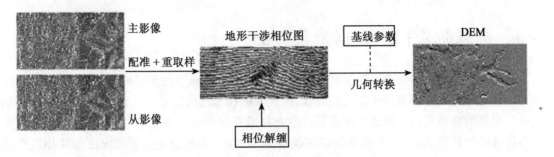

图 3.3.13 干涉 DEM 生成过程

相位差(即相位解缠)和基线参数是 InSAR 数据处理的关键所在。图 3.3.14 是由干涉图 3.3.11 生成的 DEM 实例。

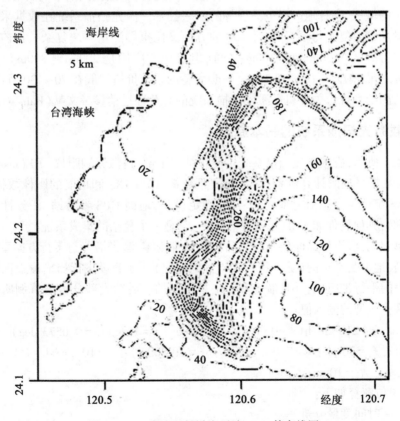

图 3.3.14 台湾西部沿海干涉 DEM 等高线图

3.4 机载激光扫描数据采集方法

尽管激光测高技术在20世纪70年代就已经存在并在地球科学领域有着广阔的用途,比如阿波罗登月计划中就采用了激光测高仪,但重要的技术进展还是发生在最近的十来年,特别是缘于可靠的高精度空间传感器的发展。激光扫描系统作为一种主动遥感系统,在生成真实世界物体的计算机3D模型方面变得越来越重要。因此,机载激光扫描系统往往又称机载激光雷达LIDAR(Light Detection and Ranging)。在这里,"主动"表示这些传感器能够自行发出必需的电磁能量,并且由物体表面散射回的能量能够被记录下来。与其他测量方法不同的是,激光扫描不需要反光镜。激光的波长位于或正好高于电磁光谱(1 040~1 060 nm波长范围),大概地说,肉眼能够看到的,激光也能"看到"。而且,激光还能够穿透玻璃或清水进行量测,雨中作业基本上也没有问题,但是下雪将会导致能见度迅速降低。激光扫描作业不依赖于日光的存在,扫描器可以在完全黑暗的情况下作业。因此,机载激光扫描系统成为测绘困难地区和物体如密集的城区、森林地区和电力线等的新兴技术。激光扫描系统在数据采集方面比传统的大地测量系统要复杂得多,而在数据处理方面又比摄影测量系统复杂。目前主要的机载扫描系统的飞行高度在20m到6 100m之间(但典型的应用是200m到300m),高程精度从10cm到60cm,平面精度从1mm到3cm。一套完整的系统价格一般在70~130万美元左右,仍然属于昂贵的测绘系统。关于机载激光扫描系统的有关综述请参考文献(Baltsavias,1999a)。

3.4.1 机载激光扫描系统的基本原理

如图3.4.1所示,机载激光扫描系统主要包括以下部分:激光测距仪LRF(laser range finder),控制在线数据采集的计算机系统,存储测距数据、GPS/INS和可能的影像数据的介质,扫描器、GPS/INS定位与姿态测定系统,平台和固定设备,地面GPS参考站,任务计划和后处理软件,GPS导航,其他选件如CCD相机等。可见,它是一个复杂的集成系统。

为了简单起见,假设旁向倾斜角和航向倾斜角都为零,激光沿着与飞行方向垂直的平面进行等距的扫描,地形是平坦的(除非特别指出其他情况)。还假设飞行扫描覆盖区域有 n 条等长的相互重叠的平行带组成,并且航速和航高是恒定的。后续大部分数值算例所描述的关系用到了以下这些典型的输入值:

$\Delta t = 0.1$ ns;$v = 216$ km/h($= 60$ m/s);$\theta = 30$ deg;$v = 1$ mrad($= 0.0573$ deg);
$F = 10$ kHz;$f_{sc} = 30$ Hz;$h = 750$ m;$T_f = 3$ h($= 10\ 800$ s);$W = 10$ km;$L = 15$km;
$Q = 15\%$;$t_{min} = t_p = 10$ ns;$t_{rise} = 1$ ns。

其中,算符与单位解释如下:

Δt(ns)——时间度量分辨率

v(km/h)——航速

第三章 数字高程模型的数据获取方法

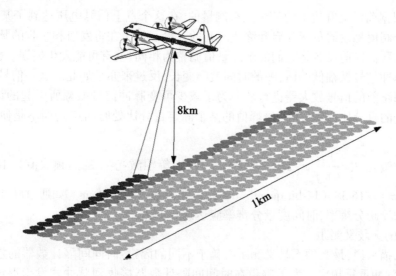

图 3.4.1 机载激光扫描系统

$\theta(\text{deg})$——激光扫描角(视角)

$v(\text{mrad})$——激光束发散度(千分之一弧度)

$F(\text{kHz})$——脉冲重复频率

$f_{sc}(\text{Hz})$——扫描频率(平均每分钟的扫描线数量)

$h(\text{m})$——平均飞行高度

$T_f(\text{h})$——Netto 飞行时间

$W(\text{km})$——矩形测绘区域的短边长度

$L(\text{km})$——矩形测绘区域的长边长度

$Q(\%)$——带区间覆盖度

$t_{\min}(\text{ns})$——两个接收到信号之间的最小时间差。为了将信号区分开,在这里假设 $t_{\min}$ 等于信号持续时长 t_p;或者 $t_{\min}=t_p/2$、$t_{\min}=t_p+t_{\text{rise}}$

$t_p(\text{ns})$——信号持续长或信号的宽度。激光脉冲持续时长,通常是用脉冲前沿上升边和后沿下降边的半高点之间的时间间隔来度量

$t_{\text{rise}}(\text{ns})$——脉冲信号增长所用的时间(光输出从其最大值的 10% 增长到 90% 所用的时间)

(1)距离和距离分辨率

对脉冲激光,$R=\dfrac{t}{2}c$;$\Delta R=\dfrac{\Delta t}{2}c$。时间 t 是由一个与脉冲上某个特定点相关的时间间隔计数器来度量的,例如,前沿上升边(脉冲升起边)。因为前沿上升边没有明确定义(不是矩形脉

冲),时间是根据前沿上升边上的某个点来测量的,在这个点上信号电压达到了某个预定义的阈值。由一个阈值触发器负责开启和终止时间的计量。如果在将发射和接收的脉冲信号发送到时间间隔计数器以前没有将它们的电压量值调整为相同,就有可能发生错误。也就是说,如果接收到的脉冲信号振幅低的话,测的时间就会变长,反过来亦是如此。这一信号调整过程是在阈值检测回路前的信号放大器进行的。为了减少可变脉冲信号振幅所引起的计时起伏,通常使用了固定的百分比(反映了信号峰值的某个固定百分比处时间点),而不是使用固定的阈值鉴别器。

对连续波激光,$R = \frac{1}{4\pi f} c \varphi, \Delta R = \frac{1}{4\pi f} c \Delta \varphi$。算例:等距激光:$f$的高频取值为 10 MHz,行为分辨率 $\Delta\phi/2\pi = 1/16\,384$(14-bit quantisation),测距分辨率为 0.9mm。如通过脉冲激光测距为了得到相同的测距分辨率,时间度量分辨率应达到 6.1 ps。

(2) 最大的无歧义测距

对激光扫描来说,最大的无歧义测距有赖于不同的因素:时间间隔计数器的最大间隔(二进制位数)和脉冲重复频率。为了避免在时间间隔计数器接收到脉冲式发生混淆,通常要求只有接收到在上一个脉冲的反射信号以后,才能发射下一个激光脉冲。例如,激光重复率为 25 kHz,则最大无歧义测量距离为 6 km。实际上,以上因素基本上不会限制最大测距(和飞行高度)。通常,限制最大测距的因素是其他因素,像激光强度、光束发散程度、大气透射性、目标反射性、探测器的敏感程度、飞行高度/姿态对 3D 位置精度的渐增影响等。例:具有两种频率:1 MHz 和 10 MHz 的激光。低频对应的波长为 300m,即最大无歧义测距为 150m。这并不意味着飞行高度将局限于 150m。最大无歧义测距可通过以下手段增大:(a) 由其他飞行传感器提供补充高度信息,只要它们所提供的高度信息的精度小于 150m;(b) 距离开关,即当预知到与目标的距离不会超过 150m;(c) 当在连续的测量点中没有大于 150m 的不连续测距出现,从测距小于 150m 的时候开始测量并进行跟踪测距。当其他条件不变时,最大测距与物体反射率的平方根成正比,与激光强度的平方根成正比。当大气冷、干燥、清晰时可以达到最好的测距效果。水蒸气(像雨水、雾气、潮湿等)和大气中的二氧化碳将严重削弱红外线能量的传播。为了避免这种影响,ALS 系统选择了大气透射性强的 IR 波长。灰尘微粒和烟雾同样会减弱检测距离。至于一天中时间的选择,晚上进行测量效果最好,而阳光明媚的白天效果最差。

(3) 测距精度

$$\sigma_R \sim \frac{1}{\sqrt{S/N}}$$

其中:σ_R 为测距精度,S/N 为信噪比。

脉冲激光:$\sigma_{R_{pulse}} \sim \frac{c}{2} t_{rise} \frac{\sqrt{B_{pulse}}}{P_{R\,peak}}$;

连续波激光:$\sigma_{R_{cw}} \sim \frac{\lambda_{short}}{4\pi} \frac{\sqrt{B_{cw}}}{P_{R_{av}}}$。

对于等距激光,测距精度与信号带宽(测定比率)的平方根成正比,因为后者与进行一次测定的平均周期数成反比。Gardner(1992)给出的以下公式说明了卫星激光测高仪的测距方差,经过一些修正也可用于机载激光扫描。注意等式的最后一项,与以上所列出的比例式不同,同时考虑了指示角的错误(对于扫描器,即瞬时扫描角)。

$$\sigma_R^2 = \left(\frac{F}{PE}\right)\sigma_w^2 + \left(\frac{4}{9}\right)\left(\frac{\sigma_w}{\Delta t}\right)\left(\frac{\sigma_w^2}{2^{NB}}\right) + \left(\frac{\Delta t^2}{12}\right) + \left[h\frac{\tan(\theta+i)\sigma_\theta}{\cos(\theta+i)}\right]^2$$

其中:F 为探测器噪声系数;PE 为接收到脉冲的信号光电子数量;σ_w 为接收脉冲宽度(脉冲持续时间)的均方根(接收脉冲宽度是被扫描物体表面入射角度、光束曲率、表面粗糙程度、发射激光脉冲宽度、接收器脉冲灵敏度的函数);NB 为数字转换器取样的振幅位数;h 为距离地面高度;u 为像对于最低点的指示角;i 为表面斜率;$\theta+i$ 为入射角;σ_θ 为指示角的均方根。

3.4.2 机载激光扫描系统获取 DEM 的数据处理方法

根据上述原理获得激光扫描数据以后,利用其他大地控制信息将其转换到局部参考坐标系统即得到局部坐标参考系统中的三维坐标数据(即数字表面模型 DSM)。进一步处理(后处理)激光扫描数据的目标是剔除不需要的数据,根据给定的模型进行建模。

其中,得到 DEM 要从地面上分离建筑物和植被,在这里称为滤波(filtering),在具体的应用中不需要的数据可以归为噪声。寻找特定的几何实体(例如建筑物和植被)的过程被称为分类(classification)。最后将分类后的实体进行一般化表达的过程称为建模(modelling)。这三种方法的区别是基于目标而不是基于所采用的技术手段来定义的。最普遍的任务还是求得地形表面即滤波。如图 3.4.2 所示分别为滤波前的 DSM 和滤波后的 DEM。

DSM

DEM

图 3.4.2 滤波前的 DSM 和滤波后的 DEM

利用激光扫描生成的数字表面模型 DSM 的高程精度可以达到 10cm,空间分辨率可以达到 1m(Ackermann, 1996; Axelsson, 1998; Lohr, 1998)。这种精度对房屋检测是可行的,并且如果将机载激光扫描仪与 CCD 阵列传感器结合起来,同时得到的 DSM 数据和影像可以用来自动生成正射影像,这对检测结果进行人工检查很有用。

3.5 从地形图采集数据的方法

从地形图上获取 DEM 是最基本的一种方法。这是因为采用这种方法所需的原始数据(地图)容易获取,对采集作业所需的仪器设备和作业人员的要求不太高,采集速度也比较快,易于进行大批量作业。

不论从哪种比例尺的地形图上采集高程数据,最基本的问题都是对地形图要素如等高线进行数字化处理,如手扶跟踪数字化或者半自动扫描数字化,然后再用某种数据建模方法内插 DEM。而关于地形图要素的数字化处理,特别是半自动扫描数字化技术已经很成熟,并已成为地图数字化的主流。数字化后的地图数据都是以数字化仪坐标系为基准的,因此,我们需要一个坐标转换的后处理,将这些数据转到大地坐标系中。

3.5.1 手扶跟踪数字化

将地图平放在数字化仪的台面上,用一个带有十字丝的游标,手扶跟踪等高线,并记录等高线的平面坐标,高程则需由人工按键输入。

数字化有两种基本方式:流方式和点方式。采用流方式数字化时,将十字丝置于曲线的起点并向计算机输入一个按流方式数字化的命令,让它以等时间间隔或等距离间隔开始记录坐标,操作员则小心地沿曲线移动十字丝并尽可能地让十字丝经过所有弯曲部分。在曲线的终点或连接点,用命令告诉计算机停止记录坐标。

流方式的缺点是:如果操作员未按希望的移动速率工作就会记录过于密集的点,后继处理必须删除多余点。无论十字丝是否偏离等高线,仪器始终记录十字丝的位置。采用等距离记录点的方式则不能正确地数字化尖锐的弯曲顶点,常常切割这类弯曲部分,误差较大。正因为这些原因,许多人特别是那些有丰富经验的人更喜欢用点方式来数字化。

点方式数字化时,操作员每按一下记录按钮,标示器所在点的 x,y 坐标就被输送到计算机。这是地图数字化最常用的记录方式,其优点是操作员可以控制采集特征点,因此可大大减少非特征点数据。

手扶跟踪数字化方法的优点是所获取的向量形式的数据在计算机中比较容易处理;缺点是速度慢、人工劳动强度大,所采集的数据精度也难以保证,特别是遇到线划稠密地区,几乎无法进行作业。显然采用该方法来完成大面积 DEM 数据的采集任务是不现实的。于是,扫描数字化应运而生。

3.5.2 扫描数字化和栅格矢量化

扫描数字化指的是利用扫描仪将地形图从模拟状态转换成一组阵列式排列的灰度数据(也就是数字影像)。栅格矢量化指的是将这些灰度数据转换成矢量数据。

扫描仪可分为平台式和滚筒式;也可以根据探测器的多少分为点阵式、线列式和阵列式。滚筒式扫描仪的示意图如图 3.5.1 所示。要扫描的地图被裹在滚筒上,滚筒的转动产生 Y 方向的运动。滚筒位于扫描头的下面,扫描头安装在一根带螺旋的导杆上。扫描头沿导杆的移动即产生 X 方向的运动。扫描时,滚筒不停地转动,当扫描头在某一位置时,滚筒转动一周便产生一扫描带的数据。扫第二带时,要自动将扫描头在 X 方向移动一像元的位置。第二带扫描结束后,扫描头又在 X 方向移动一像元。这样不停地扫,就能将一幅地图扫描完。

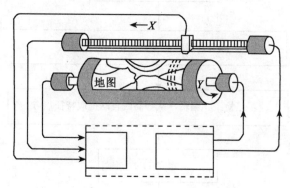

图 3.5.1　滚筒式扫描示意图(*Petrie*,1990)

平台式扫描示意图如图 3.5.2 所示,其原理与滚筒式扫描相类似。不同的是:
(1)扫描带是由扫描头沿导杆在 X 方向移动而成;
(2) Y 方向的运动是由导杆沿 Y 方向的两根滑杆移动。

栅格数据的矢量化可以是手工的、半自动的和全自动的。手工式的矢量化是将栅格数据显示在屏幕上,然后对显示在屏幕上的地物进行量测。半自动化矢量化是由计算机自动跟踪和识别,当出现错误或计算机无法完成的时候再进行人工干预,这样既可以减轻人工劳动强

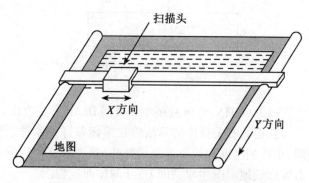

图 3.5.2　平台式扫描示意图(*Petrie*,1990)

度,又能使处理软件简单易实现。而全自动化是一种理想状态,不需要任何人工干预。目前主要采用半自动化跟踪的方法。

数字化后的等高线数据通过一定的处理如粗差的剔除,高程点的内插、高程特征的生成等便可产生最终的 DEM 数据。图 3.5.3 为根据一般数字线划图生产 DEM 的技术流程。

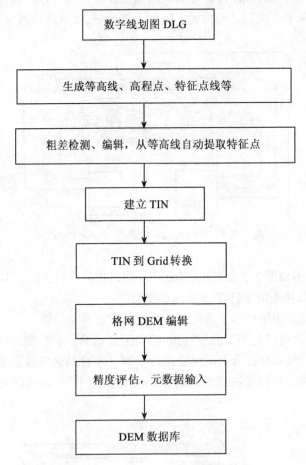

图 3.5.3 从 DLG 生产格网 DEM 的流程

从等高线数据可以直接生成 TIN,也可直接生成格网 DEM,另一方面,格网 DEM 也可由等高线先生成 TIN 再内插而获得。有关具体的算法将在第四章详细阐述。实践证明,由等高线先生成 TIN 再内插格网 DEM 的精度和效率都是最好的(精度的评估问题可参考第八章)。图 3.5.4 是 GeoTin 软件由等高线地形图生成格网 DEM 的作业流程图。

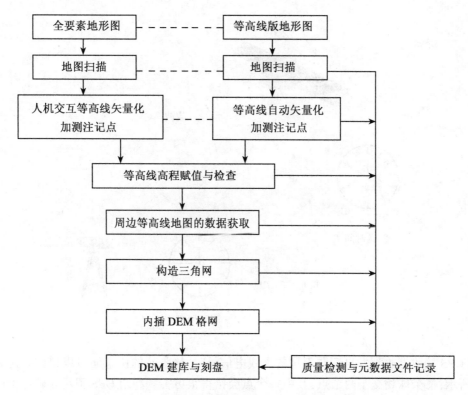

图 3.5.4　由等高线地形图生成格网 DEM 的作业流程

3.6　从地面直接采集数据的方法

3.6.1　GPS 测量的基本原理

　　从地面直接采集数据的方法有很多种,可以使用全球定位系统(GPS)、激光扫描、全站仪或经纬仪配合袖珍计算机在野外进行观测获取地面点数据。

　　利用全球定位系统可以直接从地面采集高精度的数据。GPS 系统包括三大部分:空间部分——GPS 卫星星座;地面控制部分——地面监控系统;用户设备部分——GPS 信号接收机。其定位原理是利用测距交会确定点位。

　　GPS 利用测量从卫星到接收站的时间来确定接收站距卫星的距离(图 3.6.1),其算式为:

$$D = c \times (T_s - T_r)$$

其中,c 表示光速,T_s 表示卫星发射信号的时间,T_r 表示接收器收到信号的时间。

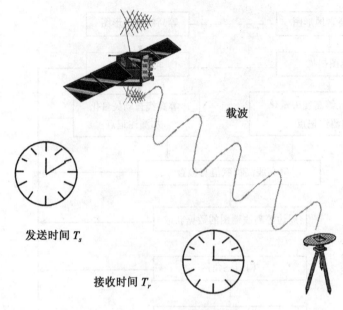

图 3.6.1　GPS 测距原理

当 GPS 接收器收到发自三颗卫星的无线电信号时,接收站的位置便可以得到确定。如图 3.6.2 所示,三个球相交于两个点,其中一个点会错得很厉害。利用 GPS 卫星在轨道上的已知位置,我们就可以确定接收站的位置。但实际上,由于微小的时间误差会引起巨大的距离误差,所以我们常将时间误差作为未知数来求解。因此,GPS 定位时至少要观测四颗卫星。

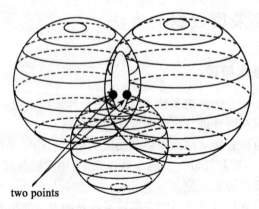

图 3.6.2　GPS 定位原理
(McElroy,1992)

3.6.2 普通测量的基本原理

用全站仪以及具有相应接口的便携机或微机从地面直接采集数据的方法,其基本过程是根据测量学原理,利用自动记录的测距经纬仪(常称为速测经纬仪或全站经纬仪)在野外实测,以获取数据点坐标值。该仪器配有微处理器,可自动记录和显示观测数据(角度、距离等),并进行大气折光差、地球曲率半径的改正,计算出高差、高程和平面直角坐标以及地物特性,然后将这些数据自动记录在盒式磁带上。为了确保地形数据的精度,总是选择地形特征点、线进行采样,以数字形式将其记录并存贮在计算机中。这种从地面直接采集数据的方法适用于大比例尺、精度要求高、采集面积范围较小的 DEM 数据获取。该方法的优点是可以获取高精度的 DEM 数据;其缺点是劳动强度较大,效率较低,仅适用于在小范围面积内作业。

随着无反射镜的激光扫描测距技术、惯性导航技术和 GPS 技术的发展,基于车载或机载平台的高精度、高分辨率 DEM 直接获取已经成为现实。截至 1999 年,已经有 40 多种类似的机载激光扫描系统问世。采用激光扫描技术获取 DEM 数据通常包括三个基本步骤(张钧屏等,2001):

(1) 机载或车载激光扫描采集数据;
(2) 原始数据在参考坐标系统中的变换;
(3) 后处理,如通过滤波从地面中区分建筑物和植被等。

3.7 数字高程模型各种数据源对比

对 DEM 的采集方法可以从性能、成本、时间、精度等方面进行评价。应当指出,各种采集方法都有各自的优点和缺点,因此选择 DEM 采集的方法要从目的需求、精度要求、设备条件、经费条件等方面考虑选择合适的采集方法。表 3.7.1 是 DEM 数据采集方法和各自特性的比较一览表。

野外测量的观测数据精度是最高的。通过野外测量设备获取的数据精度非常高,相应的误差非常小,同时它采样的都是表示地形特征的点,这对于地形建模而言,也是非常有意义的。但是,这种方法数据获取的作业量太大,只适用于工程中的大比例尺测图获取数据。

精度较高的数据源是摄影测量获取的数据。摄影测量是 DEM 重要的数据源,采用解析测图仪或经数字化改造的精密立体测图仪在使用摄影测量方法对 DEM 的采集中仍占有很重要的地位。由于交互式数字摄影测量自动化程度较高,并可顾及地形特征,同时生成的 DEM 精度也比较高,因此是进行数据库更新的最有效的方式之一。

现有地形图是 DEM 的另一重要数据源,由于地图数据一般都经过了制图综合,数字化等高线的精度相对而言较低。大量实践证明,从等高线地形图生产 DEM 的方法已经相当成熟,可以广泛应用于生产。使用全球定位系统 GPS、激光扫描、干涉雷达等新型技术对 DEM 进行采集是很有发展前景的 DEM 采集方式,也不应当忽视。

不论从何种数据源获取 DEM 数据,在采集等高线或规则格网点的同时采集重要的地形特征点、线是保证 DEM 质量和提高作业效率的重要的措施。利用基于不规则三角网 TIN 的方法进行数据建模和随机栅格转换,也是快速可靠地生产高精度格网 DEM 切实可行的方案。

表 3.7.1 DEM 的采集方法及各自特性比较一览表

获取方式	DEM 的精度	速度	成本	更新程度	应用范围
地面测量	非常高(cm)	耗时	很高	很困难	小范围区域,特别的工程项目
摄影测量	比较高(cm~m)	比较快	比较高	周期性	大的工程项目,国家范围的数据收集
立体遥感(SPOT)	低	很快	低	很容易	国家范围乃至全球范围内的数据收集
GPS	比较高(cm~m)	很快	比较高	容易	小范围,特别的项目
地形图手扶跟踪数字化	比较低(图上精度 0.2~0.4mm)	比较耗时	低	周期性	国家范围内以及军事上的数据采集,中小比例尺地形图的数据获取
地形图扫描	比较低(图上精度 0.1~0.3mm)	非常快	比较低		
激光扫描、干涉雷达	非常高(cm)	很快	非常高	容易	高分辨率、各种范围

3.8 数字高程模型数据采集的项目计划

数字高程模型作为地球空间数据框架的基本内容,将一直是有关生产单位进行规模化生产的主要任务之一。对于一个 DEM 项目,最终目标是要经济、快速地生产满足一定精度要求的 DEM 产品。换句话说,DEM 的生产涉及三个基本问题,即 DEM 的精度、生产成本和效率。精度也许是其中最重要的因素,因为数据源首先要有足够的精度和采样密度;其次,表面重建的方法或算法要完美。然而,随着采样密度的增加,成本自然也会提高,还会影响建模的效率。从效率和经济的角度来看,采样点的数量应尽量减少。为了能更好地完成 DEM 的生产任务,必须制定高效、规范化的生产工艺,这就是生产项目计划的主要内容。

3.8.1 数字高程模型生产技术设计

DEMs生产技术设计一般包括以下一些基本内容:

(1)项目情况归总:确定项目的内容、承担单位、负责人及项目所涉及的测区概况(如测区范围、地貌水系概况和地形类别等)。

(2)资料搜集与分析:收集生产DEMs所需的所有原始资料,如地形图、航片、图例簿、内外业控制点成果、图幅结合表、不同坐标系统之间的坐标改正量等,并对这些资料进行分类整理。

(3)确定作业依据与技术标准:明确所采用的生产技术规定、技术标准、图幅分幅和编号标准、地形图要素分类与代码标准等,还包括技术设计书以及其他各种规定。这是指导、监督和检查整个生产过程的基本依据。

(4)生产设备及技术力量(包括硬件、软件、技术力量等)的配置:硬件、软件和技术力量的合理配置,特别是技术力量应包括高级工程师、工程师、助理工程师、技术员和检查人员等各个层次的人员。

(5)制定技术路线与工艺流程:在整个DEMs的生产过程中,有三条主线贯穿其中,一条是数据流程主线,一条是作业流程主线,一条是质量控制主线。其中的数据流程主线与质量控制主线的成果构成了最终成果的主要内容,而这两项恰恰又是作业流程质量评定的依据。如图3.8.1所示为从既有地形图生产DEMs时根据工序划分的工艺流程。

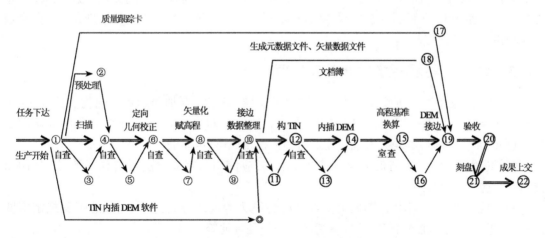

图3.8.1 根据工序划分的DEMs生产的工艺流程

(6)制定操作规程:对DEMs生产过程中影响生产效率和产品质量等关键问题的环节都应做出明确具体的规程,如数据预处理、相邻图幅的接边检查、水文观测值的收集与平差、高程检查点的收集、图纸扫描、定向与几何纠正、等高线矢量化的采样点分布与密度、数据查错与编辑、矢量接边、建立 TIN 和自动增加特征点、DEM 质量检查、元数据文件录入等。

（7）制定质量控制方案：对 DEMs 应采取多级检查和验收制度，并填写质量跟踪卡。在最低一级如室一级要进行 100%的检查，包括作业员自检。在上一级如队一级也要进行 100%的检查，由于这一级检查往往是作业单位对成果质量的最终控制，因此检查员要对交出的成果负责。再上一级的检查则由专门的质检部门如局一级组织验收，进行一般抽样（如 10%）调查。

（8）确定上交成果：包括数据文件、图文件和文档资料等。

（9）进度计划：为了保证能保质保量按期完成生产任务，一般要将组成整个系统的各项任务分解为各个阶段及先后顺序，运用网络技术对系统进行统筹安排，使进度、资源、人力、质量和风险等因素在系统进程中都得到充分考虑，达到合理的投入。

3.8.2　数字高程模型的生产工艺流程

根据不同的技术条件和不同的精度要求，可以有不同的 DEM 生产技术方案，比如：
（1）全数字自动摄影测量方法；
（2）交互式数字摄影测量方法；
（3）解析摄影测量方法；
（4）从数字线划图 DLG 到 DEM 的方法。

通过野外实测高程，对上述各种方法的精度进行了试验和比较。试验表明：解析摄影测量方法和扫描等高线内插得到 DEM 的方法精度最好，加测地形特征点线的交互式数字摄影测量方法要比不加测地形特征点线的全数字自动摄影测量方法精度要高。但效率最高的还是全数字自动摄影测量方法。

3.8.3　数字高程模型生产中的注意事项

（1）根据 DEM 生产项目所涉及的具体应用领域，确定需要加测的重要地物。比如，对于生产江河流域的 DEM，除了地形 DEM 外，大江大河两岸的主干堤、人工堤等对实际的防洪是很有意义的。这些必须加测，才能保证最后的数据是完整、可靠的。

（2）高程精度难以达到正常规定精度要求的，应使用一定的方法圈出其范围，作为 DEM 推测区。这些情况一般是：

——地形图上大范围内（图面上 $5cm^2$ 以上）既无等高线、高程注记点又达不到规定密度（一个公里格网内不足 5 个点）的城镇街区、沼泽、乱掘地等；

——草绘等高线的范围；

——一定树高的密林区；

——一定面积的陡石山；

——一定宽度的双线河水域。

(3) 由于 DEM 是由原始数据经过处理后形成的,因此,原始数据的质量必须予以保证。也就是说,应对原始数据作严格的检查,包括检测系统误差、偶然误差,以及对粗差的剔除,这实际上是 DEM 的测前处理。

(4) 不论使用何种工艺流程生产 DEM,对得到的 DEM 进行编辑修改是必要的。对于摄影测量的方法,可以在立体模型上进行编辑修改;对于地形图矢量化的方法,可将 DEM 叠加在原始的等高线地形图上进行检查等。质量检查的内容将在 DEM 质量控制一章详细讨论。

参考文献

刘国祥,丁晓利,陈永奇等.2000a. 极具潜力的空间对地观测新技术:合成孔径雷达干涉.地球科学进展,15(6):734~740

刘国祥,丁晓利,李志林等.2000b. InSAR DEM 质量评价. 遥感信息,60(4):7~10

刘国祥,丁晓利,李志林等.2001,星载 SAR 复数图像的配准,测绘学报,30(1):60~66

张钧屏,方艾里,万志龙.2001,对地观测与对空监视. 北京:科学出版社

张祖勋,张剑清.1996. 数字摄影测量学. 武汉:武汉测绘科技大学出版社

Ackermann, F., 1996. Airborne laser scanning for elevation models. GIM, Geomatics Info Magazine 10(10), 24~25

Axelsson, P., 1992. Minimum description length as an estimator with robust properties. In: Foerstner, W., Ruwiedel, S. Eds., Robust Computer Vision, Wichmann, Verlag, Karlsruhe, 137~150

Baltsavias E. P., 1999a, Airborne laser scanning: existing systems and firms and other resources, *ISPRS Journal of Photogrammetry & Remote Sensing*, 54(1):164~198

Baltsavias E. P., 1999b, Airborne laser scanning: basic relations and formulas, *ISPRS Journal of Photogrammetry & Remote Sensing*, 54(1):199~214

Chen Yongqi, Zhang Guobao, Ding Xiaoli and Li Zhilin. Monitoring earth surface deformations with InSAR technology: Principle and some critical issues. *Journal of Geospatial Engineering*, 2000, 2(1): 3~21

Curlander J C and Mcdonough R N. Synthetic Aperture Radar: Systems and Signal Processing [M]. New York: John Wiley & Sons Inc., 1991. 13~90

Fritsch, D. and Spiller, R. (eds.), 1999, *Photogrammetric Week'99*, Germany: Wichmann

Gabriel A K, Goldstein R M, and Zebker H A., 1989. Mapping small elevation changes over large areas: differential radar interferometry. Journal of Geophysical Research, 94: 9183~9191

Helava, U. V., 1958. New principles of photogrammetric plotters. *Photogrammetria*, 14(2): 89~96

Li, Zhilin, Hill, C., Azizi, A. and Clark, M. J., 1993. Exploring the potential benefits of digital photogrammetry: Some practical examples. *Photogrammetric Record*, 14(81): 469~475

Lohr, U., 1998. Laserscan DEM for various applications. International Archives of Photogrammetry and Remote Sensing, 32, 353~356, Part 4

Massonnet D and Feigl K., 1998. Radar interferometry and its application to changes in the Earth's surface, *Reviews of Geophysics*, 36: 441~500

McElroy, S., 1992. *Getting Started with GPS Surveying*. The Global Positioning System Consortium (GPSCO), Australia

Santitamnont P., 1998. *Interferometric SAR Processing for Topographic Mapping*. Doctoral Dissertation, Hannover University

Sarjakoski, T., 1981. Concept of a completely digital stereo plotter. *The Photogrammetric Journal of Finland*, 8(2): 95~100

Small D. 1998. *Generation of Digital Elevation Models through Spaceborne SAR Interferometry*. Zurich: University of Zurich, 3~50

Zebker H A and Goldstein R M. Topographic mapping from interferometric Synthetic Aperture Radar observations. *Journal of Geophysical Research*, 1986, 91: 4993~4999

第四章 数字高程模型之表面建模

4.1 表面建模的基本概念

4.1.1 内插与表面建模

DEM 是地形表面的一个数学(或数字)模型。根据不同数据集的不同方式,DEM 建模可以使用一个或多个数学函数来对地表进行表示。这样的数学函数通常被认为是内插函数。对地形表面进行表达的各种处理可称为表面重建或表面建模,重建的表面通常可认为是 DEM 表面。因此,地形表面重建实际上就是 DEM 表面重建或 DEM 表面生成。当 DEM 表面建模完成后,模型上任一点的高程信息就可以从 DEM 表面中获得。

DEM 内插的概念与 DEM 表面重建的概念有一些细微的差别。前者包括估计一个新点高程的整个过程,这个新点可能随后被用于表面重建。但后者强调重建表面的实际过程,这个过程或许并不包含内插的计算。为强调这一点,表面重建只涉及那些"如何重建表面以及哪一类表面将被建立"的问题,也即它是否为一连续曲面或是否包含了一系列相邻的面元。

与此相反,内插包含了更为广泛的内容。它可能包含了表面重建以及从重建表面提取高程信息的过程,也可能包含了根据随机分布数据点或从规则格网中获取的高程量测值生成等高线的过程。不管是表面重建还是等高线生成,量测值都首先用于生成 DEM 表面,然后使用内插方法获取表面上特定点的高程信息或构建等高线地图。

4.1.2 表面建模与数字高程模型网络

这里,网络指的是表面建模时的一种有特定结构的数据类型。这里需要强调的一点是,网络更多地涉及数据点在位置意义上的相互关系,而不一定涉及高程。DEM 表面根据网络建立,包含一系列一阶导数连续或不连续的子面,这是网络与 DEM 表面之间的主要区别。

表面建模方法从不同角度考虑可有不同的分类方法。从网络的形式看,表面的建模有四种主要的方法:基于点的建模方法、基于三角形的建模方法、基于格网的建模方法和将其中任意两种结合起来的混合方法。这些方法将在本章第二节中介绍。这四种建模方法分别对应于某一特定的数据结构。在实际应用中,由于基于点的建模并不实用,而混合表面往往也转换为三角形网络,因此基于三角形和格网的建模方法使用较多,被认为是两种基本的建模方法。三角网被视为最基本的一种网络,它既可适应规则分布数据,也可适应不规则分布数据;既可通过对三角网的内插生成规则格网网络,也可根据三角网建立连续或光滑表面。

由于规则格网本身所具有的独特性质,因而网络与 DEM 表面之间的主要区别在很多时候没有被很清晰地理解。与此相反,在基于三角形的建模情况下,这种区别非常清楚:数据点必须先生成确定的三角形网络,然后将第三维加于网络之上,便形成了包含连续三角形面元的连续表面。

实际上,从建立数字地形模型表面时的数据来源的角度而言,上述建模方法可区分为两种类型,即根据高程量测数据直接建立和根据派生数据间接建立。

DEM 表面可根据原始数据直接建立,也就是在数据为规则结构时使用规则格网网络或规则三角形网络。在数据随机分布的情况下,使用三角形建模方法建立网络或者使用混合建模方法。根据派生数据间接建立 DEM 表面的方法是首先根据原始量测数据内插高程点,然后建立 DEM 表面。例如在 DEM 表面建立前先进行从随机数据到格网数据的内查处理就属于这种情况。

本章将主要讲述构建 DEM 表面的理论基础,而一些细节的算法将在第五章和第六章给出。

4.2 建立数字地形表面模型的各种方法

4.2.1 地形表面重建与内插的通用多项式函数

在开始讨论有关建立 DEM 表面的各种方法之前,先介绍在 DEM 实践中应用较广的重建 DEM 表面的数学函数。

前面曾经提到,DEM 表面可用以下的数学表达式进行描述:

$$Z=f(X,Y) \tag{4.2.1}$$

实现这个表达式的最常用的多项式函数见表 4.2.1(Petrie 和 Kennie,1990)。

表 4.2.1 用于表面重建的通用多项式

独立项	项次	表面性质	项数
$Z=a_0$	0 次项	平面	1
$+a_1X+a_2Y$	1 次项	线形	2
$+a_3X^2+a_4Y^2+a_5XY$	2 次项	二次抛物面	3
$+a_6X^3+a_7Y^3+a_8x^2y+a_9XY^2$	3 次项	三次曲面	4
$+a_{10}X^4+a_{11}Y^4+a_{12}X^3Y+a_{13}X^2Y^2+a_{14}XY^3$	4 次项	四次曲面	5
$+a_{15}X^5\cdots$	5 次项	五次曲面	6

某一特定建模程序在建立实际表面时,一般只使用函数中的几项,并不一定需要这个函数中的所有各项,而某一项的选择由系统设计者或实现者决定。只有在极少数情况下,才有可能由用户决定使用哪几项来建立某一特定地形的模型。

如图 4.2.1 中所示,通用多项式中每一项的图形都有自己的特征。通过对这些特定项的使用,便可建立具有独特特征的表面。

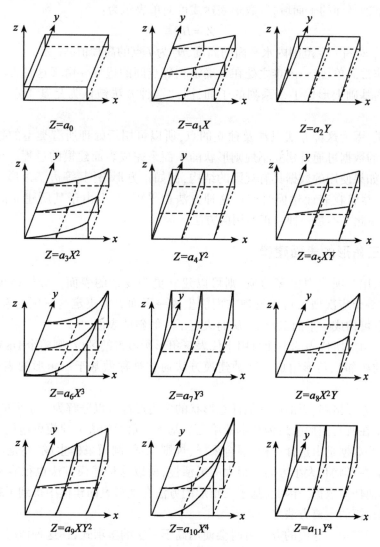

图 4.2.1　通用多项式中单独项的表面形状(Petrie and Kennie, 1990)

4.2.2 基于点的表面建模

如果只使用多项式的零次项来建立 DEM 表面,则对每一数据点都可建立一水平平面(如图 4.2.1 所示)。假如使用单个数据点建立的平面表示此点周围的一小块区域(在地理分析领域也称为该点的影响区域),则整个 DEM 表面可由一系列相邻的不连续表面构成。

对每一个单独平面的子面域,其数学表达式可简单表示为:

$$Z_i = H_i \tag{4.2.2}$$

式中 Z_i 指 I 点周围一定范围内水平面的高度,H_i 为 I 点的高程值。

这种方法非常简单,惟一困难之处在于确定相邻点间的边界。由于这种方法是在单个数据点高程信息的基础上形成了一系列的子面,因此这种方法被认为是基于点的表面建模方法。

从理论上说,因为这种方法只涉及独立的点,所以可用于处理所有类型的数据。就此而论,不规则分布的数据可通过建立不规则形状的平面来完成表面建模的过程。至于确定每一点的影响区域,如果使用的数据具有规则的结构,例如正方形格网、等边三角形、六边形等,则计算更为简单。尽管在表面建模时实行这种方法似乎可行,但由于其所建立的表面不连续(如图 1.3.1),因此并不是一种真正实用的方法。

4.2.3 基于三角形的表面建模

如果使用通用多项式中更多的项,则可以建立更为复杂的表面。分析多项式的前三项(两个一次项和一个零次项),可以发现它们能生成一平面。为决定这三项的系数,最少需三个点。这三个点可构成一平面三角形,从而决定了一倾斜的表面。

如果每个三角形所代表的平面只用于代表三角形所覆盖的区域,则整个 DEM 表面可由一系列相互连接的相邻三角形组成。这种建模方法通常被称做基于三角形的表面建模(如图 1.3.2b)。

由于规则正方形格网、矩形或其他任意形状的多边形都可以分解为一系列的三角形,因此三角形被认为是在所有图形中最为基本的单元。基于三角形的表面建模可适用于所有的数据结构,而不管这些数据是由选择采样、混合采样、规则采样、剖面采样生成,还是由等高线法生成。由于三角形在形状和大小方面有很大的灵活性,所以这种建模方法也很容易地融合断裂线、生成线或其他任何数据。因此,基于三角形的方法在地形表面建模中得到了越来越多的注意,已成为表面建模的主要方法之一。

实际上,对于三角形建模的方法有时会使用高于一次的多项式,在这种情况下形成的三角形已不是平面的三角形,而可能是一曲面。

4.2.4 基于格网的建模

如果通用多项式中的前三项与 a_3XY 项一起使用的话，则至少需要 4 个点以确定一个表面。这种表面称为双线性表面。理论上，任意形状的四边形都可用做这种表面的基础，但考虑实际因素，比如输出的数据结构以及最终的表面形态，正方形格网为最佳的选择。在基于格网表面建模的情况下，最终表面将包含一系列邻接的双线性表面（如图 1.3.2a）。

从实用的角度来看，格网数据在数据处理方面有很多优点，因此根据规则格网采样方法和渐进采样方法获取的数据，特别是正方形格网数据，最适合基于格网的表面建模，这也是为什么有些 DEM 软件包只接受格网数据的原因。在这种情况下，对数据必须首先进行从随机到格网内插的预处理，以确保输入数据为所要求的形式。基于格网的建模常用于处理覆盖平缓地区的全局数据，但对于有着陡峭斜坡和大量断裂线等地形形态比较破碎的地区，如果不进行特殊处理（增加特征点、线或加大密度），这种方法并不适用。

应当指出，高次多项式也可用于建立 DEM 表面（如图 1.3.3），但它的一个主要问题是，如果对范围较大的区域使用高次多项式函数，则可能导致 DEM 表面出现无法预料的抖动。为减少这种情况的发生，在实际应用中通常只使用二次或三次项。

使用多项式建立 DEM 表面所需要的最少高程点的数目由所使用项的数目决定。在实际应用下，用于建立 DEM 表面的几何结构除可使用基本的三角形或正方形格网外，还可使用其他的几何图形。考虑到在数据结构和数据处理方面的困难，原始的高程数据能否均匀分布仍然是非常重要的。

4.2.5 混合式表面建模

在地形建模领域通常将经某一特定几何结构构建而成且用于表面建模的实际数据结构称做网络。基于这一点考虑，也可以说 DEM 表面通常是由两种主要类型网络中的一种或另一种——格网网络或三角形网络——建立的。然而在建立 DEM 表面时，也经常用到混合建模方法。例如对格网网络来说，可将其分解为三角形网络以形成一线性的连续表面；反之，对不规则三角网经内插处理，也可形成格网网络。

在某些软件包中对混合表面建模方法的应用是首先根据系统格网采样建立基础的正方形或三角形格网，如果数据中包含结构线（如在混合采样情况下），则规则格网分解成局部不规则三角网。图 4.2.2 是混合表面建模的一个例子。

混合表面建模的另一种形式是将基于点的建模与基于格网或基于三角形的建模结合。此时如果数据是规则分布的话，则独立点影响区域的边界可由格网网络或三角形网络决定，如果数据点不规则分布，则影响区域由三角形网络决定。

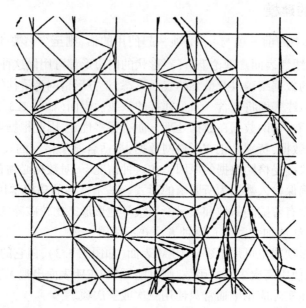

图 4.2.2 使用混合表面方法进行表面建模的一个例子

4.3 三角网的基本概念及生成方法

三角网被视为最基本的一种网络,它既可适应规则分布数据,也可适应不规则分布数据;既可通过对三角网的内插生成规则格网网络,也可根据三角网建立连续或光滑表面。

4.3.1 从离散点生成不规则三角网:狄洛尼三角网

在数字地形建模中,不规则三角网(TIN—Triangulated Irregular Network)通过从不规则分布的数据点生成的连续三角面来逼近地形表面。就表达地形信息的角度而言,TIN 模型的优点是它能以不同层次的分辨率来描述地形表面。与格网数据模型相比,TIN 模型在某一特定分辨率下能用更少的空间和时间更精确地表示更加复杂的表面。特别当地形包含有大量特征线如断裂线、构造线等时,TIN 模型能更好地顾及这些特征,从而能更精确合理地表达地表形态。

对于 TIN 模型,其基本要求有三点:
(1) TIN 是惟一的;
(2) 力求最佳的三角形几何形状,每个三角形尽量接近等边形状;
(3) 保证最邻近的点构成三角形,即三角形的边长之和最小。

在所有可能的三角网中,狄洛尼(Delaunay)三角网在地形拟合方面表现最为出色,因此常常被用于 TIN 的生成。当不相交的断裂线等被作为预先定义的限制条件作用于 TIN 的生成当中时,则必须考虑带约束条件的狄洛尼三角网。

狄洛尼三角网为相互邻接且互不重叠的三角形的集合,每一个三角形的外接圆内不包含其他的点。狄洛尼(Delaunay)三角网是 Voronoi 图的对偶图,由对应 Voronoi 多边形共边的点连接而成。狄洛尼三角形由三个相邻点连接而成,这三个相邻点对应的 Voronoi 多边形有一个公共的顶点,此顶点同时也是狄洛尼三角形外接圆的圆心。图 4.3.1 描述了欧几里得平面上 16 个点的狄洛尼三角网以及 Voronoi 图的对偶,从中可以看出狄洛尼三角网遵守平面图形的欧拉定理:

$$N_{\text{regions}} + N_{\text{vertices}} - N_{\text{edges}} = 2 \qquad (4.3.1)$$

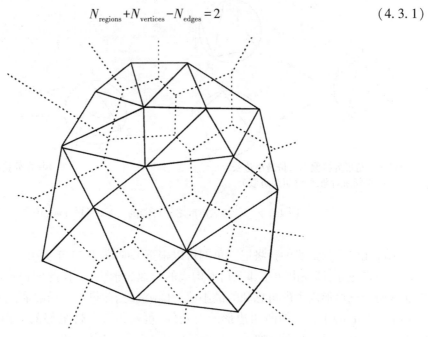

图 4.3.1 16 个平面点集合的狄洛尼三角网

狄洛尼三角形外接圆内不包含其他点的特性被用做从一系列不重合的平面点建立狄洛尼三角网的基本法则,可称做空圆法则(下文称狄洛尼法则)。图 4.3.2 显示了一个被加入的新点与一个已存在的狄洛尼三角形之间的关系,以及应用狄洛尼法则后所输出的结果。注意到在图 4.3.2(c)中,当新点位于三角形外接圆圆周上时,两种不确定的结果都是有效的,如果以三角网中所有边的长度总和最小为原则,则具有较短对角线的三角网为最佳选择。尽管狄洛尼三角网并不是最理想的三角网,但总体上它趋于最佳,为最合适的选择。只要不超过三个邻域点在欧几里得平面上共圆,则狄洛尼三角网总是惟一的。

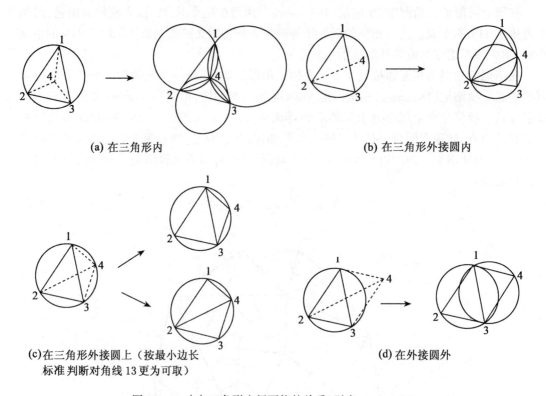

(a) 在三角形内　　(b) 在三角形外接圆内

(c) 在三角形外接圆上（按最小边长标准判断对角线 13 更为可取）　　(d) 在外接圆外

图 4.3.2　点与三角形之间可能的关系（引自 Tsai,1993）

局部几何形状最优的狄洛尼三角网可以根据 Lawson 1972 年提出的最大最小(MAX-MIN)角度法则来建立,即在由两相邻三角形构成的凸四边形中,交换此四边形的两条对角线,不会增加这两个三角形六个内角总和的最小值。Lawson 据此提出了局部最优方法(Local Optimization Procedure:LOP):交换凸四边形的对角线,可获得等角性最好的三角网(图 4.3.3(b))。图 4.3.3 给出了当一个新点加入三角网后完成 LOP 交换的过程。

狄洛尼三角网构网算法可归纳为两大类,即静态三角网和动态三角网(陈刚,2000),见图 4.3.4。静态三角网指的是在整个建网过程中,已建好的三角网不会因新增点参与构网而发生改变;而对于动态三角网则相反,在构网时,当一个点被选中参与构网时,原有的三角网被重构以满足狄洛尼外切圆规则。从而在三角网构网过程中可以判断哪些顶点的重要性大,这一特点可用于对地表进行简化。

静态三角网构网法主要有辐射扫描算法、递归分裂算法、分解吞并算法、逐步扩展算法、改进层次算法等。动态三角网构网算法主要有增量式算法和增量式动态生成和修改算法。以上算法基本上反映了构建狄洛尼三角网的各种途径。在生成 TIN 的算法中数据结构的设计和选

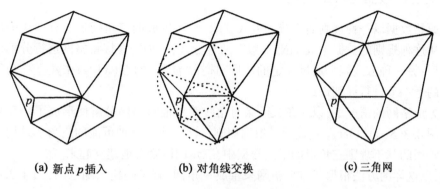

(a) 新点 p 插入　　(b) 对角线交换　　(c) 三角网

图 4.3.3　Lawson LOP 交换的完成（引自 Tsai,1993）

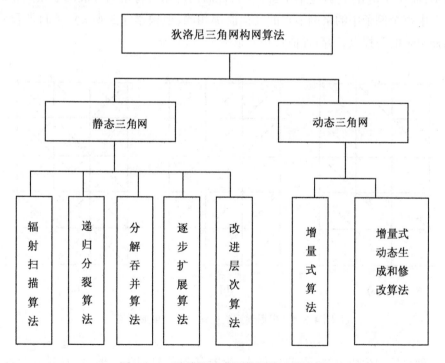

图 4.3.4　狄洛尼三角网构网算法分类图

择对算法的运行效率紧密相关。狄洛尼三角网的生成算法将在第五章中介绍。

4.3.2 从规则数据生成三角网

如果原始数据以一种规则而系统的方式获取,则所生成的三角网是所有形式中最为简单的一种。从这种规则的数据生成 TIN,一般有两种方式:一种是直接将格网进行分解组合即可得到三角形;另一种方式则是通过一定的法则,选择"重要"的点(VIPs)来建立三角形。后者将在本书的下一节进行详细讨论。

在正方形格网的情况下,以一条或两条对角线简单地将格网分解便形成了一系列规则的三角形。图 4.3.5(a)、(b)、(c)显示了根据规则格网生成的三种可能的三角形结构。在另外一些不太常用的基于规则三角形的量测数据中,三角网已隐含地建立起来。

显然,以这样的方法根据正方形格网来生成三角网,有时是相当随意的,图 4.3.6 清楚地显示了这一点。图 4.3.6(a)显示了根据正方形格网建立的双线形表面,4.3.6(b)显示了此格网根据 4.3.5(a)中的对角线方向所分开的两个三角形,4.3.6(c)显示了对应 4.3.5(b)而生成的三角形,而 4.3.6(d)则对应于 4.3.5(c),此时两对角线将格网分成四个顶点相对的三角形。尽管图中每个例子中的格网节点的高程值都相同,但根据 4.3.6(a)~(d)所显示的不同表面所内插出来的高程点,其高程值将相差很大。

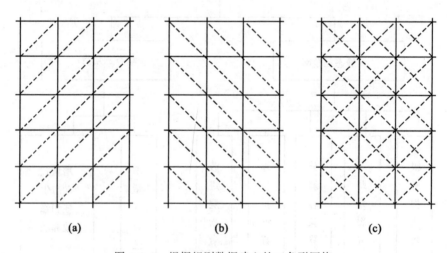

图 4.3.5 根据规则数据建立的三角形网络

这是一种直接的生成方法,在此过程中,没有任何信息损失。但是,有时候数据有冗余。这意味着,曲面上"不重要"的点可以去掉,而只用地形曲面"重要"的点来建立 TIN。整个转换过程有两个关键步骤:

(1)第一步确定格网高程点对于地形模型是否"重要",或者格网高程点对于表达地形模

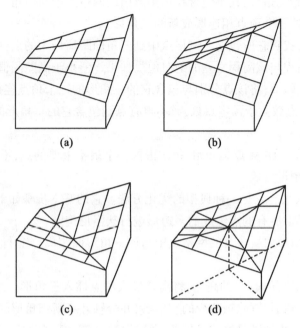

图 4.3.6 根据正方形格网可能建立的各种线形面元

型特征的程度。如果每次从 DEM 全局考虑,在所有的点内选出最"重要"的点或"不重要"的点,这就是一种全局的方法。一般来说,它是全局收敛的。如果根据点与它所相邻的格网的相关关系来确定点是否"重要",这就是一种局部的方法。它只是在局部收敛。多数方法是针对局部的方法。

(2)第二步确定终止判断的条件。常见的终止条件有两种:一种是达到预设的点数,另一种是达到预设的精度。实际应用时往往在这两种方法中采取一种折中的方法,才能达到比较理想的效果。

常见的 VIPs 选择方法有:

(1)地形骨架法。即利用地形特征点、线建立地形的"骨架模型",然后对其内插点,达到预定的精度。

(2)地形滤波法。格网 DEM 可以看做一幅数字图像,可使用空间高通滤波器对其滤波,保留"图像"中的高频信息(即为地形特征点),滤掉低频信息(即对地形特征而言为不重要的点)。在此基础之上建立 TIN 地形模型。

(3)层次三角网法。该方法由 Defloriani 等人于 1984 年提出。其基本思路是:

①连接格网 DEM 边界四个点中任意对角的两个点,形成初始三角形。

②分别对两个初始三角形,找出包含在三角形内的网格点中与三角面距离最大的点,并分别与包含它的三角形的三个顶点相连形成新的三角形。

③对每个三角形,找到它所包含的网格点中到三角面距离最大的点,内插该点在三角形面上的高程,求出内插高程与该高程之差的绝对值。如果该值小于高差阈值,不将该点插入到三角形中;如果大于高差阈值,将该点分别与包含它的三角形的三个顶点连接形成新的三角形。

④ 如果插入点的点数大于预定点数,或不再有点到包含它的三角形的高差小于给定的高差阈值,则终止整个过程。

(4)试探法。从整个 DEM 点集开始,每次去掉一个最不重要的点,不断反复,直到满足一定的精度要求或达到预设点数。

(5)迭代贪婪插入法。它是一种典型的优化方法。它的基本步骤如下:

①对 DEM 的边界上所有的点组成的多边形进行狄洛尼构网。

②计算出每个三角形内所包含的网格点中与该三角形面距离(绝对值)最大的网格点,记为该三角形的"候选点"。

③比较所有三角形"候选点"的高差,将高差最大的点插入三角形。用狄洛尼三角形法则重新构网,得到新的三角形,删除被改变的三角形,并分别计算新三角形的"候选点"。

④重复过程②、③,直到满足终止条件。

显然,迭代贪婪插入法避免了寻找"重要点"过程中的重复计算,提高了算法速度,而且保留了地形特征。如果每选择一个点,直接针对所有的点计算,计算量势必增大。启发式法也可参照这种针对每个三角形的"候选点"选择"重要点"的方式,以提高算法的效率。

应当指出,VIPs 方式与直接方式相比尽管有很多优点,比如能避免平坦地区的数据冗余而保持地形的细节等,但相对比较复杂,而直接方式比较简单,所以在实际应用中一般采用直接方式。

4.3.3 从混合数据生成三角网

以上考虑了几种不同类型数据的三角网生成方法,这些数据包括格网数据及不规则数据。然而,还有一种数据即混合数据需要在此提出。

前面曾经提到,混合数据是链状数据(即断裂线、结构线与河流线等)与根据规则格网采样或渐进采样获取的格网数据结合后形成的一种数据。图 4.3.7 给出了以这种数据建立三角网的一个典型例子。在这个例子中,格网被首先分解为规则的三角形,但如果有特征线穿过格网边,则格网并不通过自身的对角线分解,而是考虑特征线上的点,在格网中生成不规则形状的三角形。

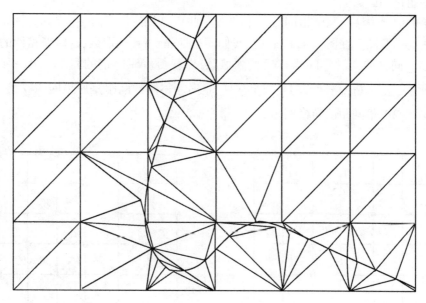

图 4.3.7　根据混合数据建立三角网

4.4　格网的基本概念与生成方法

基于格网的表面建模是建立 DEM 表面的另一种主要的方法,但是这种方法只是适用于格网数据。显然,如果在正方形格网基础上使用了规则格网采样方法,则结果数据已经是合适的格网形状,在形成网络前不需作任何特殊的处理。如果采用了其他的一些采样方法,如选择采样、剖面法采样或等高线法采样等,则需要解决如何形成格网网络的问题。在 DEM 文献中,对从任何非格网数据形成格网网络的过程称为从随机到栅格的内插。

从随机到栅格的内插方法一般有三种:基于点的方法、基于面片的方法和基于全局的方法。然而从本质上说,在从随机到栅格内插的过程中,我们最关心的只是局部的信息,因为格网点的内插只与局部范围内格网节点足够的高程表达有关,并不涉及建模区域的整体地形。因此,基于点与基于面片的内插方法是此特定目的最为主要的方法。本书第七章有关于内插方法的详细介绍,在此不再赘述。

4.4.1　从细格网到粗格网:重采样

用影像相关的方法可以获取很大密度的格网式数据,比如说,从 GPM-2 系统,每一立体模型可获得 50 万到 70 万个点。这种数据量有时是不必要的,这时我们可采用重采样,从细格网数据中获得粗格网的数据。

最简单的取舍方法是从细格网数据中选取一些点,以形成所需的粗格网。图 4.4.1 是这一选取方法的示意图。在图 4.4.1(a)中,我们简单地隔一行、列取数,这时新格网的间距是旧格网的 2 倍。同样的,我们可以隔 N 行、列取数,以获得 $(N+1)$ 倍的间距。另一种方法如图 4.4.1(b)所示,它是在原格网的对角线上采样,这时新格网的间距是原格网的 $\sqrt{2}$ 倍。同样的,我们可以得到 $\sqrt{2}N$ 倍间距的新格网。

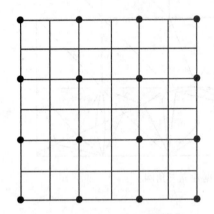 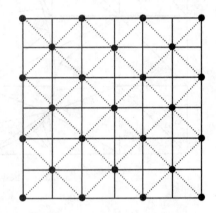

(a) 新格网间距是细格网的倍数　　　　(b) 新格网间距是旧格网的 $\sqrt{2}$ 倍

图 4.4.1　从细格网到粗格网重采样:简单的取舍

如果需要的新格网的间距总是旧格网的 N 倍或 $\sqrt{2}N$ 倍,那么情况就相当简单,但实际上并非总是如此。例如,旧格网的间距为 3m,而新格网的间距为 5m(图 4.4.2(a)),这时有些点可自动选取,而另外一些点需要内插。假设起点的格网坐标为(0,0),则格网(0,5),(5,0)和(5,5)都将自动成为新格网点,其在新格网里的坐标为(0,3),(3,0)和(3,3)。其他的新格网点需内插。常用的方法有以下几种:

(1)最近点法:例如,点 A 在由,(3,1),(3,2),(4,1),(4,2)四点组成的格网中,A 最邻近(3,2),因此,格网点(3,2)的高程将成为 A 点的取值。

(2)双线性法:顾名思义,双线性内插是两个方向的线性内插,即一次沿行方向,另一次沿列方向。图 4.4.2(b)是双线性内插的示意图。要求得新格网点在地面上的高程(即 P 的位置),首先用(3,2)和(4,2)内插出 P_1 的高程,用(3,1)和(4,1)内插出 P_2 的高程,这是列方向上的线性内插。然后用 P_1 和 P_2 来内插 A 点的高程,这是行方向上的线性内插。同样的,我们可以先在行方向上进行内插得 P_3 和 P_4 的高程,然后用 P_3 和 P_4 来内插 A 点的高程。内插的公式将在第六章中介绍。

(3)局部曲面法:常用 3×3 或 4×4 格网来形成一个局部的曲面,然后内插出该曲面范围内的所有新格网点。

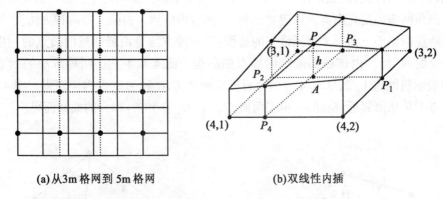

(a) 从3m格网到5m格网　　(b) 双线性内插

图 4.4.2　从粗格网到细格网重采样:通过内插

4.4.2　从离散点生成格网

从离散点生成格网有两种方法,一种是直接用离散点来内插格网点,另一种是经由三角网内插。图 4.4.3 是这两种方法的示意图。

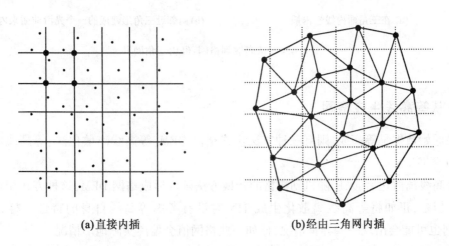

(a) 直接内插　　(b) 经由三角网内插

图 4.4.3　从(随机)离散点生成格网

在直接内插法中,根据建立的表面模型的大小,可分为逐点法、局部法及全局法。逐点法指的是,对每一内插点都建立自己的一个内插模型来进行内插。这个模型由内插点周围的已知点来建立。常用的方法有加权平均法和移动拟合法。局部法指的是,在一个局部的小范围内建立一个表面模型,然后在这个局部范围内的内插点都由这个模型来内插。全局法指的是,在整个范围内,用所有的已知点来建立一个模型,所有的格网点都由这个模型内插而得。

经由三角网内插是先由离散点建立三角网,然后再内插。内插又分两种方法:一种方法是用内插点所在的斜面三角形来内插该点的高程;另一种方法是由最邻近内插点的一串三角形来拟合一个曲面,然后由该曲面来求内插点的高程。图4.4.4是这两种方法的示意图。图4.4.4(a)表示格网点1,2,3和4分别由斜三角面A,B,C和E线性内插而得。图4.4.4(b)表示格网点1是从由邻近该点的一串三角面(A,B,C,D和E)拟合的曲面而得。

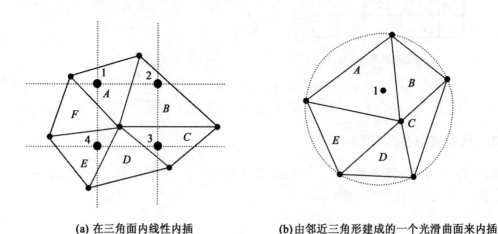

(a) 在三角面内线性内插　　　　(b) 由邻近三角形建成的一个光滑曲面来内插

图4.4.4　从离散到格网:经由三角网

4.4.3　从等高线生成格网

如果原始数据是等高线,则有三种方法生成格网DEM:等高线离散化法、等高线内插法、等高线构建TIN法。

将等高线离散化后,采用随机到栅格的转换方法则可形成格网DEM,这种方式很简单,思路直观。但是,正如将等高线离散化生成TIN时没有考虑等高线自身的特性一样,生成的DEM格网也可能会出现一些异常情况,比如一些格网值会偏离实际地形情况。

实际应用中通常使用两种方法。其中一种是沿预定轴方向的等高线直接内插方法,在这种方法中使用的预定轴数目可能有一条、两条或四条。首先计算这些轴与相邻两等高线的交点,然后利用这些交点通过基于点的内插方法完成内插的过程。此过程使用了前面所提到的距离权函数。很多与这些方法有关的论文已经发表,比如Clarke曾经引用过的Schults(1974)和Yoeli(1975)的论文。在图4.4.5中,所有8个点都将被用做内插P点高程的参考点。

第四章 数字高程模型之表面建模

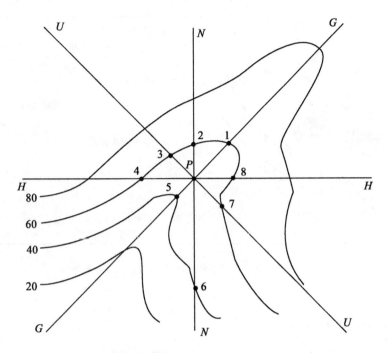

图 4.4.5　根据等高线内插格网点(Leberl 和 Olson, 1982)

另一种方法称为沿内插点最陡坡度的内插。它与人工内插过程相似,但不同于前一种方法。在这种方法中,相邻等高线上沿最陡坡度上的两点被首先搜索出来,然后根据这两点线性内插出格网节点的高程值。按 Leberl 和 Olson(1982)的描述,在预定轴与相邻等高线的 8 个交点中确定坡度最大的方向(此方向对应 4.4.5 中点 1 和点 5 的方向),然后这两点被用于线性内插 P 点的高程。Clarke 等(1982)曾使用非线性的三次多项式函数来进行内插计算,在这种情况下,如图 4.4.6 所示,使用了 4 条等高线上的 4 个点,这 4 个点为内插点最陡峭方向的上方和下方各 2 个点。这种方法被称做最陡坡度上的三次内插(CISS)。

实际上,所有涉及等高线内插方法的问题都在于如何确定用于内插所需要的点。这种方法的一个主要缺点是有时由于等高线信息的缺乏(比如等高线不连续的情况),在确定内插所需要的点时会出现一些问题。比如在选择内插所需的数据点时,由于等高线不连续可能会导致所使用的预定轴穿过另外的一条等高线,这时如果不做特殊的处理,则内插的结果是不可靠的。另外,究竟选择哪些点实际上是一个不确定的问题。再有,如果要产生大量的规则格网点,该方法的计算效率也很低。

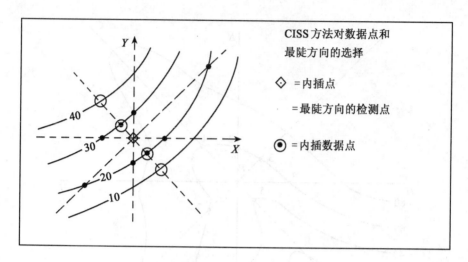

图 4.4.6 CISS 内插方法中使用的数据点(Clarke 等,1982)

4.4.4 等高线构建 TIN 法

这种方法的首要步骤是由等高线生成 TIN。关于等高线生成 TIN 的方法在前面有详细的阐述。当生成 TIN 后,则可使用所谓的随机到栅格转换方法由 TIN 进行内插快速生成格网 DEM,这种方式与前两种方式比较在精度和效率方面都是最优的方式。因为在建立 TIN 时可以充分考虑等高线的自身特性,可以灵活地适应任意复杂的图形数据,还能顾及地形特征(包括自动抽取等高线的骨架点,如在第八章第二节所介绍的),运行速度也很快。

参考文献

吴华意. 1999. 拟三角网数据结构及其算法研究:[博士学位论文]. 武汉:武汉测绘科技大学

朱庆,陈楚江. 1998. 不规则三角网的快速建立及其动态更新. 武汉测绘科技大学学报,23(3):204~207

Clarke, A., Gruen, A. and Loon, J., 1982. A contour-specific interpolation algorithm for DEM generation. *International Archives of Photogrammetry and Remote Sensing*, 14(Ⅲ): 68~81

Leberl, F. and Olson, D., 1982. Raster scanning for operational digitizing of graphical data. *Photogrammetric Engineering and Remote Sensing*, 48(4): 615~627

Li, Zhilin, 1990, *Sampling Strategy and Accuracy Assessment for Digital Terrain Modelling*, Ph. D. Thesis, The University of Glasgow

Petrie, G. and Kennie, T. (eds.), 1990. *Terrain Modelling in Surveying and Civil Engineering*, Whittles Publishing, Caitness, England

Schuts, G., 1976. Review of interpolation methods for digital terrain models. *International Archives of Photogrammetry*, 21(3)

Tsai, Victor J. D., 1993. Delaunay triangulations in TIN creation: an overview and a linear-time algorithm, *International Journal of GIS*, 7(6): 501~524

Yeoli, P., 1977. Computer executed interpolation of contours into arrays of randomly distributed height points. *The Cartographic Journal*, 14: 103~108

第五章　不规则三角网(TIN)生成的算法

在第四章,基于三角网和格网的建模方法使用较多,它们被认为是两种基本的建模方法。三角网被视为最基本的一种网络,它既可适应规则分布数据,也可适应不规则分布数据;既可通过对三角网的内插生成规则格网网络,也可根据三角网直接建立连续或光滑表面模型。在第四章中同时也介绍了 Delaunay 三角网的基本概念及其产生原理,并将三角网构网算法归纳为两大类;即静态三角网和动态三角网。由于增量式动态构网方法在形成 Delaunay 三角网的同时具有很高的计算效率而被普遍采用。本章主要介绍静态方法中典型的三角网生长算法和动态方法中的数据点逐点插入算法,同时还将给出考虑地形特征线和其他约束线段的插入算法。而其他非 Delaunay 三角网算法,如辐射扫描法 Radial Sweep Algorithm(Mirante & Weingarten, 1982)等,本文将不再介绍。

5.1　三角网生长算法

5.1.1　递归生长算法

递归生长算法的基本过程如图 5.1.1 所示:
(1)在所有数据中取任意一点 1(一般从几何中心附近开始),查找距离此点最近的点 2,相连后作为初始基线 1-2;
(2)在初始基线右边应用 Delaunay 法则搜寻第三点 3,形成第一个 Delaunay 三角形;
(3)并以此三角形的两条新边(2-3,3-1)作为新的初始基线;
(4)重复步骤(2)和(3)直至所有数据点处理完毕。
该算法主要的工作是在大量数据点中搜寻给定基线符合要求的邻域点。一种比较简单的搜索方法是通过计算三角形外接圆的圆心和半径来完成对邻域点的搜索。为减少搜索时间,还可以预先将数据按 X 或 Y 坐标分块并进行排序。使用外接圆的搜索方法限定了基线的待选邻域点,因而降低了用于搜寻 Delaunay 三角网的计算时间。如果引入约束线段,则在确定第三点时还要判断形成的三角形边是否与约束线段交叉。

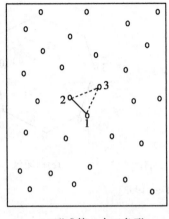 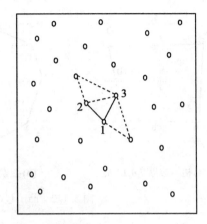

(a) 形成第一个三角形　　　　　　(b) 扩展生成第二个和第三个三角形

图 5.1.1　递归生长算法构建 Delaunay 三角网

5.1.2　凸闭包收缩法

与递归生长算法相反,凸闭包搜索法的基本思想是首先找到包含数据区域的最小凸多边形,并从该多边形开始从外向里逐层形成三角形网络。平面点凸闭包的定义是包含这些平面点的最小凸多边形。在凸闭包中,连接任意两点的线段必须完全位于多边形内。凸闭包是数据点的自然极限边界,相当于包围数据点的最短路径。显然,凸闭包是数据集标准 Delaunay 三角网的一部分。计算凸闭包算法步骤包括:

(1) 搜寻分别对应 $x-y,x+y$ 最大值及 $x-y,x+y$ 最小值的各两个点。这些点为凸闭包的顶点,且总是位于数据集的四个角上,如图 5.1.2(a) 中的点 7,9,12,6;

(2) 将这些点以逆时针方向存储于循环链表中;

(3) 搜索线段 IJ 及其右边的所有点,计算对 IJ 有最大偏移量的点 K 作为 IJ 之间新的凸闭包顶点,如点 11 对边 7-9;

(4) 重复 (2)~(3),直至找不到新的顶点为止。

一旦提取出数据区域的凸闭包,就可以从其中的一条边开始逐层构建三角网,具体算法如下:

(1) 将凸多边形按逆时针顺序存入链表结构,左下角点附近的顶点排第一;

(2) 选择第一个点作为起点,与其相邻点的连线作为第一条基边,如图 5.1.3(a) 中的 9-5;

(3) 从数据点中寻找与基边左最邻近的点 8 作为三角形的顶点。这样便形成了第一个 Delaunay 三角形;

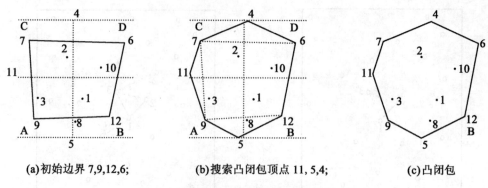

(a) 初始边界 7,9,12,6;   (b) 搜索凸闭包顶点 11,5,4;   (c) 凸闭包

图 5.1.2 凸闭包的计算（引自 Tsai,1993）

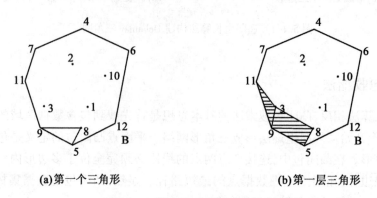

(a) 第一个三角形   (b) 第一层三角形

图 5.1.3 凸闭包收缩法形成三角网

（4）将起点 9 与顶点 8 的连线换做基边，重复（3）即可形成第二个三角形；

（5）重复第（4）步，直到三角形的顶点为另一个边界点 11。这样，借助于一个起点 9 便形成了一层 Delaunay 三角形；

（6）适当修改边界点序列，依次选取前一层三角网的顶点作为新起点，重复前面的处理，便可建立起连续的一层一层的三角网。

该方法同样可以考虑约束线段。但随着数据点分布密度的不同，实际情况往往比较复杂。比如边界收缩后一个完整的区域可能会分解成若干个相互独立的子区域。当数据量较大时，如何提高顶点选择的效率是该方法的关键。

5.2 数据逐点插入法

上节介绍的三角网生长算法最大的问题是计算的时间复杂性,其原因是由于每个三角形的形成都涉及所有待处理的点,且难于通过简单的分块或排序予以彻底解决。数据点越多,问题越突出。本节将要介绍的数据逐点插入法在很大程度上克服了这个问题。其具体算法如下(见图 5.2.1):

(1)首先提取整个数据区域的最小外界矩形范围,并以此作为最简单的凸闭包。

(2)按一定规则将数据区域的矩形范围进行格网划分。为了取得比较理想的综合效率,可以限定每个格网单元平均拥有的数据点数。

(3)根据数据点的(x,y)坐标建立分块索引的线性链表。

(4)剖分数据区域的凸闭包形成两个超三角形,所有的数据点都一定在这两个三角形范围内。

(5)按照(3)建立的数据链表顺序往(4)的三角形中插入数据点。首先找到包含数据点的三角形,进而连接该点与三角形的三个顶点,简单剖分该三角形为三个新的三角形。

(6)根据 Delaunay 三角形的空圆特性,分别调整新生成的三个三角形及其相邻的三角形。对相邻的三角形两两进行检测,如果其中一个三角形的外接圆中包含有另一个三角形除公共顶点外的第三个顶点,则交换公共边。

(7)重复(5)~(6),直至所有的数据点都被插入到三角网中。

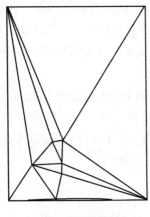 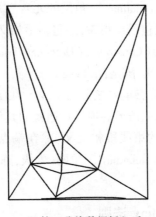 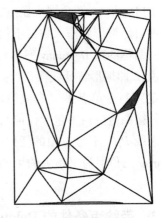

(a)第一分块数据插入后　　(b)第二分块数据插入后　　(c)全部三角形

图 5.2.1　逐点插入法构建 Delaunay 三角网

可见,由于步骤(3)的处理,从而保证了相邻的数据点渐次插入,并通过搜寻加入点的影响三角网(Influence Triangulation),现存的三角网在局部范围内得到了动态更新,从而大大提高了寻找包含数据点的三角形的效率。

5.3 带约束条件的 Delaunay 三角网

当不相交的地形特征线、特殊的范围边界线等被作为预先定义的限制条件作用于 TIN 的生成中时,必须考虑带约束条件的 Delaunay 三角网。最简单的处理方法是所谓的"加密法",即通过加密约束线段上的数据点,将约束数据转换为普通数据,从而按标准 Delaunay 三角形剖分即可。尽管该方法加大了数据量并改变了原始数据集,但由于简单易行、稳定可靠,在许多情况下可以很好地满足需要。该方法惟一的问题在于如何恰当地确定特征线上加密数据点之间的距离,一般取平均数据点间距的一半或更小即可。以下内容主要介绍直接处理约束线段的算法。

5.3.1 带约束条件的 Delaunay 三角网的定义

定义1:给定一个 d 维欧几里得空间 E 和一个 N 点 m_i 集 M,那么,关联的 Voronoi 图(又称 Thiessen 多边形)为覆盖 E 的一个凸多边形序列($V(m_1)$,$V(m_2)$,…,$V(m_N)$),其中,$V(m_i)$ 包括 E 中所有以 M 中的 m_i 为最近点的点,即 $V(m_i)=p\in E:V_j,1\leq j\leq N,d(p,m_i)\leq d(p,m_j)$,$d$ 表示欧几里得距离。Voronoi 图的几何对偶(dual),即把点 m_i 联结起来而得到的邻接格网称为 M 的 Delaunay 三角网。显然,Delaunay 三角网的元素之并等于 M 的凸包之内部。Delaunay 三角网自然推广到输入数据不仅包括点集 M,还包括不相交叉的直线段集 L。在计算几何里,这类问题称约束 Delaunay 三角网(Constrained Delaunay Triangles,简称 CDT)问题。对地形数据来说,L 即地形特征线段集(朱庆,陈楚江,1998)。

定义2:令单点集 M 和线段端点集 E 之并为 $V(V=M\cup E)$,如果在 V 的每个 Delaunay 三角形的外接圆范围内不包含任何与三角形的顶点均通视的其他点,而点 P_i 与 $P_j(P_i,P_j\in V)$ 当且仅当连线 P_iP_j 不与 L 中的任何约束线段相交叉(除在端点处外)时才互相通视,那么称这个 Delaunay 三角网为 V 由 L 约束的 Delaunay 三角网(朱庆,陈楚江,1998)。

5.3.2 带约束条件的 Delaunay 法则

带约束条件的三角网仍然满足 Delaunay 法则,但其局部等角特性有较小的改变。当需要考虑约束条件时,可视图有助于重新定义 Delaunay 法则和 Lawson LOP 交换原则。对数据点及作为约束条件的断裂线,可视图由互相可视的任意两点连接而成。在可视图中,除在断裂线的端点处外,连接线与任一断裂线都不相交(图5.3.1)。由此 Delaunay 法则及 Lawson LOP 交换可以重新定义为:

带约束条件的 Delaunay 法则:只有当三角形外接圆内不包含任何其他点,且其三个顶点相互通视时,此三角形才是一个带约束条件的 Delaunay 三角形。

带约束条件的 Delaunay Lawson LOP 交换:只有在带约束条件的 Delaunay 法则满足的条件下,由两相邻三角形组成的凸四边形的局部最佳对角线(Locally Optimal Diagonal)才被选取。

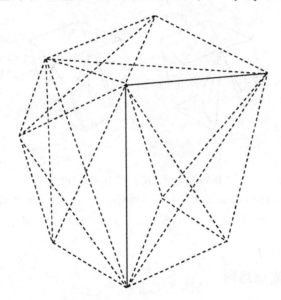

图 5.3.1　9 个点与两条约束线段的通视图(引自 Tsai,1993)

5.3.3　顾及线段约束的三角网生成算法

考虑线段约束可以在形成 Delaunay 三角形的同时进行,如根据带约束条件的 Delaunay 法则建立静态三角网的生长算法就是如此。更多采用的方法是在动态生成三角网的基础上,采用两步法实现 CDT 的建立。所谓两步法即分以下两步完成:

(1)将所有数据包括约束线段上的数据点,建立标准的 Delaunay 三角网。

(2)嵌入线段约束,根据对角线交换法 LOP 调整每条线段影响区域内的所有三角形。

在作为约束条件的地形特征信息存在时,当标准 Delaunay 三角网建立起来后,便可加入预先给定的约束线段以完成带约束条件的 Delaunay 三角网的构建。如图 5.3.2 所示,下面步骤用于完成约束线段的插入:

①在三角网中插入一约束线段;

②确定边界与约束线段相交的三角形,如果两个这样的三角形有公共边,则将此公共边删除,最后形成约束线段的影响多边形;

③将影响多边形其他各顶点与约束线段的起始节点相连;

④应用带约束条件的 LOP 交换,更新影响多边形内的三角网,使约束边成为三角网中的一边;

⑤重复步骤①~④,直至所有约束线段都加入三角网中。

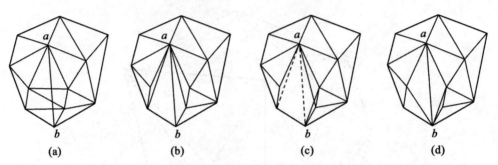

(a)插入线段 ab,搜索其影响多边形;(b)连接节点 a 与影响多边形的所有顶点;
(c)应用带约束条件的 Lawson LOP 交换对三角网进行优化;(d)带约束线段 ab 的三角网

图 5.3.2　约束线段 ab 插入到已有 Delaunay 三角网的过程(引自 Tsai,1993)

5.3.4　从等高线生成三角网

等高线是一种特殊的特征线,等高线也可以作为约束线段。从等高线生成三角网一般有三种算法:等高线离散点直接生成不规则三角网 TIN 方法;将等高线作为特征线的方法;自动增加特征点及优化 TIN 的方法。等高线离散点直接生成 TIN 方法是直接将等高线上的点离散化,然后采用上面所讲的从不规则点生成 TIN 的方法。由于这种算法只独立地考虑了数据中的每一个点,而并未考虑等高线数据的特殊结构,所以会导致很坏的结果,如出现三角形的三个顶点都位于同一条等高线上(即所谓的"平三角形"),或者三角形某一边穿过了等高线这样的情况(图 5.3.3)。这些情形按 TIN 的特性都是不允许的。因此,在实际应用中,这种算法很少直接使用。通常将等高线作为特征线来构建三角网。

将等高线作为特征线生成三角网一般有两种算法:将等高线作为特征线的方法;自动增加特征点及优化 TIN 的方法。

将每一条等高线当做断裂线或结构线时,对三角形而言,至多只能从同一等高线取两个点。图 5.3.4 显示了一个考虑等高线特性的 Delaunay 三角网。

自动增加特征点及优化 TIN 的方法是:仍将等高线离散化建立 TIN,但采用增加特征点的

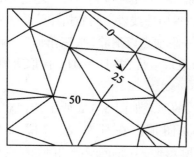 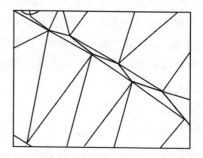

(a) 三角形与等高线相交；　　　　　(b) 三角形的三个顶点都位于同一条等高线上

图 5.3.3　对等高线进行不合理三角化的例子

图 5.3.4　将等高线当做断裂线以建立三角网

方式来消除 TIN 中的"平三角形"，并使用优化 TIN 的方式来消除不合理的三角形(比如三角形与等高线相交等)，另外对 TIN 中的三角形进行处理以使得 TIN 更接近理想化的情况。使用手工方式增加特征点线，无论在效率方面，还是在完整性、合理性等方面都是很有限的。因此需要设计一定的算法来自动提取特征点。这些算法的原理大都基于原始等高线的拓扑关系。对 TIN 进行优化则需对三角形进行扫描判断并以一定的准则进行合理化的处理。

由等高线重建地形的方法中使用骨架线可以保留曲线段之间的拓扑关系。从等高线图生成的 Voronoi 图上提取骨架线,骨架线可用于提取附加点以消除"平三角形"。附加点的高程可由估算获得。基于该方法可以估计出合理的地形坡度,并且为 TIN 提取有意义的中间点(Gold,2000)。

从等高线图生成的 Voronoi 图上提取骨架线的原理如图 5.3.5 所示,当 Delaunay 三角形的外接圆不包含 Voronoi 图的顶点时,Voronoi 图顶点在骨架线上(图 5.3.5(a));当 Delaunay 三角形的外接圆包含 Voronoi 图的顶点时,Delaunay 三角形的边就是骨架线(图 5.3.5(b))。

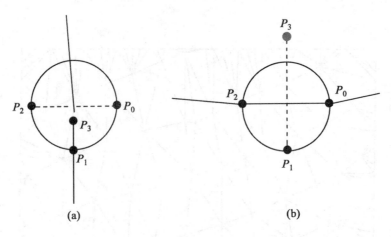

图 5.3.5 提取骨架线的原理(引自 Gold,2000)
(P_0P_2 为 Delaunay 边,P_1P_3 为 Voronoi 边)

提取等高线图的骨架线后(图 5.3.6),还要估计骨架线上点的高程,其原理与结果分别如图 5.3.7、图 5.3.8 所示。假设 Z_c 是有新增点的等高线高程,Z_b 是相邻等高线的高程,Z_i 是待估计骨架点的高程,R_R 是参考圆的半径,R_i 是骨架点的半径,则高程 Z_i 可由下式计算:

$$Z_i = Z_c - R_i(Z_c - Z_b)/2R_R \tag{5.3.1}$$

图 5.3.9(a)中的"平三角形"扭曲了实际地形,而使用增加了骨架点的等高线建立 TIN 并对 TIN 进行优化后,对地形表达的效果则要好得多(图 5.3.9(b))。

图 5.3.6　提取骨架线后的等高线图(引自 Gold,2000)

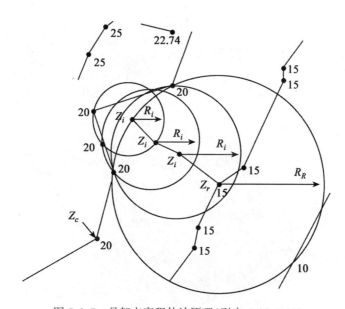

图 5.3.7　骨架点高程估计原理(引自 Gold,2000)

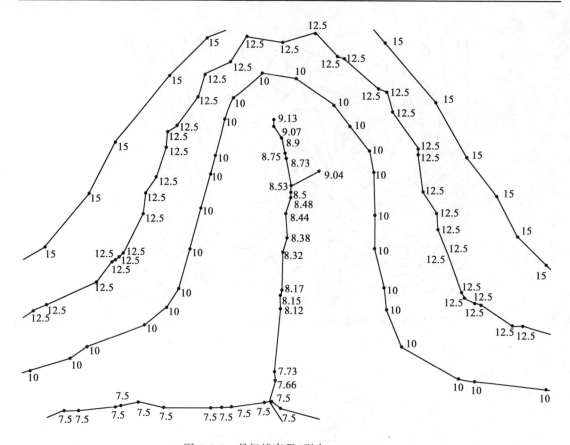

图 5.3.8 骨架线高程(引自 Gold,2000)

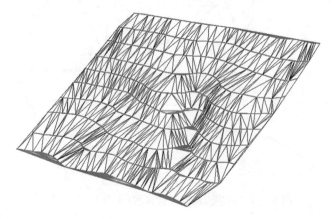

图 5.3.9(a) 从相同的等高线生成不同的 TIN 模型(Gold,2000):山谷和山顶区域的平三角形

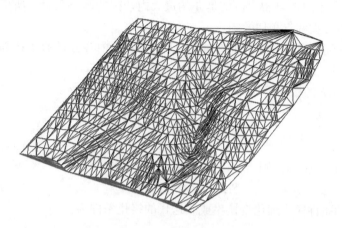

图 5.3.9(b) 从相同的等高线生成的不同的 TIN 模型(Gold,2000):地形地貌的实际表达

5.4 基于栅格的三角网生成算法

前面几种方法都是由矢量方式来形成三角网,实际上也可使用栅格的方式建立三角网。在栅格方式下,数学形态学方法是比较好的选择之一(陈晓勇,1991;马飞,1996)。

5.4.1 形态变换原理

数学形态学(Mathematic Morphology)是 Matheron 和 Serra 于 1965 年创立的,主要用于研究数字影像形态结构特征与快速并行处理方法。它通过对栅格数据形态结构的变换而实现数据的结构分析和特征提取。其中二值形态学(函数值域定义在 0 或 1)是将图形视作集合,通过集合逻辑运算(交、并和补)与集合形态变换(平移、扩张和侵蚀),在结构元作用下转换到新的形态结构。

如果将要建立 TIN 的区域与一幅数字影像相对应,凡是与数据点对应的像素灰度值为 1,其他的像素灰度值为 0,则可对这个二值影像进行形态变换建立 TIN。用形态学建立 TIN,主要是为了确定相邻参考点间的拓扑关系,因而只与点之间的相对距离有关,而与点之间的实际距离无直接关系。因此,为了能快速处理,以参考点间的最小距离为像素大小,将内插区域转化为一幅二值影像,参考点所在的像素灰度值为 1,其他像素的灰度值为 0。

5.4.2 泰森多边形的形成

设 X 为参考点像素集合,则除去这些参考点后的剩余部分(即 X 的余集 X^c)的骨架(skeleton),即为建立 TIN 的泰森多边形。

定义:连续影像 A 的骨架 $SK(A)$ 就是 A 的最大内切圆的圆心集合。所谓最大内切圆是指那些与 A 的边界至少在两点相切的圆。

利用条件序贯细化形态变换可求得骨架,且能保证 A 中各分量的拓扑邻接关系。其结果为连续单像元宽度以及各向同性的像元集合。具体算法如下:

设 C_k 为半径为 k 的栅格圆环,A 为影像的一个子集,令

$$A_k = \bigcap_{i=1}^{K}(A\Theta C_i) = A_{k-1}I(A\Theta C_k) \tag{5.4.1}$$

$$A_0 = A$$

选用结构元 $L_i(i=1,2,\cdots,8)$,则

$$SK(A) = AO\{L_K\};\{A_k\} \tag{5.4.2}$$

即 A 的骨架由 A 的条件序贯细化变换生成。迭代的终止条件为:

$$\bigcap_{i=1}^{8}(SK(A) \otimes L_i) = \emptyset \tag{5.4.3}$$

则以上骨架算法得到 $SK(X^c)$,即所需要的泰森多边形。

5.4.3 三角网的形成

若 X 为参考点集,$P_i \in X$ 是 X 的任意一参考点,将与 P_i 所在的泰森多边形相邻的泰森多边形中的参考点与 P_i 相连接,就构成了以 P_i 为顶点的所有的三角形的边。其步骤为:

(1)将 P_i 所在多边形扩张至边界(即 y 的骨架)

$$D_i = P_i \oplus \{H\};SK(X^c)^c \tag{5.4.4}$$

$$H = \begin{Bmatrix} 1 & 1 & 1 \\ 1 & 1 & 1 \\ 1 & 1 & 1 \end{Bmatrix}$$

则将 P_i 进行条件序贯扩张,直至充满该泰森多边形,同时不越过多边形的边界。

(2)提取与 P_i 所在的泰森多边形 D_i 相邻的多边形集合。首先作 H 对 D_i 的扩张,跨越边界,然后将 D_i 的元素去掉,剩下 D_i 的边界与相邻多边形的元素,再作条件序贯扩张,条件是不超越边界(即 X^c 的骨架)。D_i 相邻多边形的集合 D_i':

$$D_i' = [(D_i \oplus H) \cap D_i^c] \oplus \{H\};(SK(X^c))^c \tag{5.4.5}$$

(3)提取 D_i' 中属于 X 的点,即提取位于与 P_i 所在泰森多边形相邻的泰森多边形中的参考点集:

$$Q_i = D_i' \cap X \tag{5.4.6}$$

依次连接 P_i 与 Q_i 中的点,生成 TIN 相应的边。

对 X 中的每一点作相同的处理,记录网点邻接以及有关信息并存储,就构建了三角网数字地面模型 TIN。图 5.4.1 所示为根据等高线数据建立的三角网。

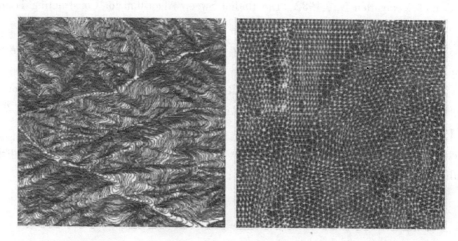

图 5.4.1 采用数学形态学方法建立 Delaunay 三角网

应当指出,将形态学的方法用于 DEM 研究还是近十几年的事,并且由于它的抽象性和复杂性而不为许多人所知,但使用数学形态学建立 TIN,可简化许多矢量方法所考虑的操作,而且如果进行并行处理,则建立 TIN 的速度会大大提高(陈晓勇,1991;马飞,1996)。另外,使用形态变换还可以很容易处理特征点和特征线约束问题,只需要在建立泰森多边形时加上这些点、线即可。

参考文献

陈晓勇.1991.数学形态学与影像分析.北京:测绘出版社

马飞.1996.数学形态学在遥感和地理信息系统数据分析与处理中的应用研究:[博士学位论文].武汉:武汉测绘科技大学

吴华意.1999.拟三角网数据结构及其算法研究:[博士学位论文].武汉:武汉测绘科技大学

朱庆,陈楚江.1998.不规则三角网的快速建立及其动态更新.武汉测绘科技大学学报,23(3):204~207

Aumann, G., H. Ebner, and L. Tang, 1991. "Automatic derivation of skeleton lines from digitized contours", *ISPRS Journal of Photogrammetry and Remote Sensing*, Vol. 46:259~268

Brassel, K. and Reif, D., 1979. Procedure to generate Thiesen polygon. *Geographical Analysis*, 11(3): 289~303

Li Zhilin, 1990, *Sampling Strategy and Accuracy Assessment for Digital Terrain Modelling*, Ph. D. Thesis, The University of Glasgow

Mirante A. and Weingarten N., 1982, The Radial Sweep Algorithm for Constructing Triangulated Irregular Networks, IEEE Computer Graphics and Applications, 2(3):11~21

Petrie, G. and Kennie, T. (eds.), 1990. *Terrain Modelling in Surveying and Civil Engineering*, Whittles Publishing, Caitness, England. 351

Thibault, D. and Gold, C. M., 1999, Terrain Reconstruction from Contours by Skeleton Retraction. *Proceedings of 2nd International Workshop on Dynamic and Multi-dimensional GIS*, October 1999, Beijing, 23~27

Tsai, Victor J. D., 1993. Delaunay triangulations in TIN creation: an overview and a linear-time algorithm, *International Journal of GIS*, 7(6): 501~524

第六章 数字高程模型内插

6.1 内插方法的分类

内插是数字高程模型的核心问题,它贯穿在 DEM 的生产、质量控制、精度评定和分析应用等各个环节。DEM 内插就是根据若干相邻参考点的高程求出待定点上的高程值,在数学上属于插值问题。任意一种内插方法都是基于原始地形起伏变化的连续光滑性,或者说邻近的数据点间有很大相关性才可能由邻近的数据点内插出待定点的高程。

按内插点的分布范围,可以将内插分为整体内插、分块内插和逐点内插三类。而根据二元函数逼近数学面和参考点的关系,内插又可以分为纯二维内插和曲面拟合内插两种。具体分类可参见图 6.1.1。二维插值要求曲面通过内插范围的全部参考点,曲面拟合则不要求曲面严格包括参考点,但该方法要求拟合面相对于已知数据点的高差的平方和最小,即遵从最小二乘法则。可见,内插的中心问题在于邻域的确定和选择适当的插值函数。

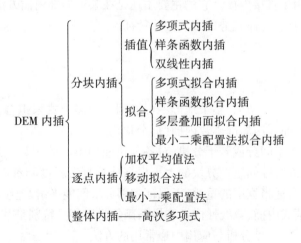

图 6.1.1 DEM 内插分类

6.2 整体内插

整体内插的拟合模型是由研究区域内所有采样点的观测值建立的。整体内插主要通过多项式函数来实现，因此又称整体函数法内插。这些函数模型的特点是不能提供内插区域的局部特性，因此该方法常被用于模拟大范围的宏观变化趋势。

设描述研究区域的曲面形式为下列二元多项式：

$$P(x,y) = \sum_{i=0}^{m} \sum_{j=0}^{m} C_{ij} x^i y^j \qquad (6.2.1)$$

式中有 n 个待定系数 $C_{ij}(i,j=0,1,2,\cdots,m)$，为了解求这些系数，可量取研究范围内不同平面位置的 n 个参考点三维坐标：$P_1(x_1,y_1,z_1)$，$P_2(x_2,y_2,z_2)$，$P_3(x_3,y_3,z_3)$，$\cdots$，$P_n(x_n,y_n,z_n)$，将其代入方程从而使 n 阶线性方程组有惟一解。将待插点的坐标代入上式，可得到待定点的高程值。

整体函数内插法的优点是易于理解，因为简单地形特征参考点比较少，选择低次多项式来描述就可以了。但当地貌复杂时，需要增加参考点的个数。选择高次多项式固然能使数学面与实际地面有更多的重合点，但由于多项式是自变量幂函数的和式，参考点的增减或移位都需对多项式的所有参数做全面调整，从而参考点间会出现难以控制的振荡现象，使函数极不稳定。另外，整体内插法中需要解求高次的线性方程组，参考点测量误差的微小扰动都可能引起高次多项式参数的很大变化，使高次多项式插值很难得到稳定解。由于整体内插法的上述缺点，实际工作中很少用于直接内插。它的主要用途是在某种局部内插方法对区域进行内插前，从数据中去除一些不符合总体趋势的宏观地物特征。

6.3 分块内插

由于实际的地形是很复杂的，整个地形不可能用一个多项式来拟合，因此 DEM 内插中一般不用整体函数内插，而采用局部函数内插（即分块内插较宜）。

分块内插是把参考空间分成若干分块，对各分块使用不同的函数。这时的问题是要考虑各相邻分块函数间的连续性问题。分块的大小根据地貌复杂程度和参考点的分布密度决定。一般相邻分块间要求有适当宽度的重叠，以保证相邻分块间能平滑、连续地拼接。典型的局部内插有线性内插、多项式内插、双线性内插和样条函数内插等。特别是基于 TIN 和正方形格网的剖分法双线性内插是 DEM 分析与应用中最常用的方法。

6.3.1 线性内插

线性内插是首先使用最靠近插值点的三个已知数据点确定一个平面，继而求出内插点的高程值的方法。基于 TIN 的内插广泛采用这种简便的方法。设所求的函数形式为：

$$Z = a_0 + a_1 x + a_2 y \tag{6.3.1}$$

参数 a_0, a_1, a_2 可以根据三个已知参考点如 $P_1(x_1, y_1, z_1)$，$P_2(x_2, y_2, z_2)$，$P_3(x_3, y_3, z_3)$ 计算求得。解算这三个参数可以根据式(6.3.2)进行严密计算：

$$\begin{bmatrix} a_0 \\ a_1 \\ a_2 \end{bmatrix} = \begin{bmatrix} 1 & x_1 & y_1 \\ 1 & x_2 & y_2 \\ 1 & x_3 & y_3 \end{bmatrix}^{-1} \begin{bmatrix} z_1 \\ z_2 \\ z_3 \end{bmatrix} \tag{6.3.2}$$

但当三个参考点所构成的几何形状趋近于一条直线时，这种严密解算会出现不稳定的解，因此宜采用双线性内插方法。如图 6.3.1 所示，根据三个已知参考点(A, B, C)双线性内插 $p(x_p, y_p, z_p)$ 点高程值的算法是：

$$\begin{aligned} z_l &= z_A + (z_B - z_A)(x_l - x_A)/(x_B - x_A) \\ z_r &= z_A + (z_C - z_A)(x_r - x_A)/(x_C - x_A) \\ z_p &= z_l + (z_r - z_l)(x_p - x_l)/(x_r - x_l) \end{aligned} \tag{6.3.3}$$

其中，$y_p = y_l = y_r$，点 l, r 分别位于直线 AB 和 AC 上。这种方法可以保证稳定可靠的解。

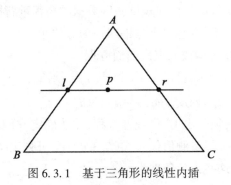

图 6.3.1 基于三角形的线性内插

6.3.2 双线性多项式内插

双线性多项式内插是使用最靠近插值点的四个已知数据点组成一个四边形，进而确定一个双线性多项式来内插待插点的高程，如图 4.4.2 所示。基于格网的内插广泛采用这种方法。

设确定的函数形式为：

$$z = a_0 + a_1 x + a_2 y + a_3 xy \tag{6.3.4}$$

a_0, a_1, a_2, a_3 是所求的参数。设四个已知点为 $P_1(x_1, y_1, z_1)$，$P_2(x_2, y_2, z_2)$，$P_3(x_3, y_3, z_3)$，$P_4(x_4, y_4, z_4)$，代入式(6.3.4)，得：

$$\begin{bmatrix} a_0 \\ a_1 \\ a_2 \\ a_3 \end{bmatrix} = \begin{bmatrix} 1 & x_1 & y_1 & x_1 y_1 \\ 1 & x_2 & y_2 & x_2 y_2 \\ 1 & x_3 & y_3 & x_3 y_3 \\ 1 & x_4 & y_4 & x_4 y_4 \end{bmatrix}^{-1} \begin{bmatrix} z_1 \\ z_2 \\ z_3 \\ z_4 \end{bmatrix} \tag{6.3.5}$$

这样式(6.3.4)就惟一确定了。如果数据参考点呈正方形格网分布,则可以直接使用如下的双线性内插公式:

$$Z_p = Z_A \left(1 - \frac{x}{l}\right)\left(1 - \frac{y}{l}\right) + Z_B \left(1 - \frac{y}{l}\right)\left(\frac{x}{l}\right) + Z_C \left(\frac{x}{l}\right)\left(\frac{y}{l}\right) + Z_D \left(1 - \frac{x}{l}\right)\left(\frac{y}{l}\right) \tag{6.3.6}$$

式中,A,B,C,D 为正方形四个格网点,l 是格网边长。

6.3.3 二元样条函数内插

用多项式进行整体内插,阶次越高,出现振荡的可能性越大,这启发人们将区域分块,对每一分块定义出一个不同的多项式曲面。为保证各分块曲面间的光滑性,按照弹性力学条件使所确定的 n 次多项式曲面与其相邻分块的边界上所有 $n-1$ 次导数都连续,这 n 次多项式就称为样条函数。可以用样条函数内插法对规则格网数据的高程重新插值。

现取在格网数据点条件下,以每一个方格网作为分块单元用三次曲面法加以说明。如图6.3.2 所示,任一矩形 $ABCD$ 可构成双三次曲面方程:

$$\begin{aligned} z = f(x, y) = & a_1 x^3 y^3 + a_2 x^3 y^2 + a_3 x y^3 + a_4 y^4 + a_5 x^3 y^2 + a_6 x^2 y^2 + a_7 x y^2 \\ & + a_8 y^2 + a_9 x^3 y + a_{10} x^2 y + a_{11} x y + a_{12} y + a_{13} x^3 + a_{14} x^2 + a_{15} x + a_{16} \end{aligned} \tag{6.3.7}$$

上式有 16 个待定系数,须列出 16 个线性方程,才能确定它们的数值。已知 A,B,C,D 四个角点,将它们的三维直角坐标量测值代入式(6.3.7)中,可列出 4 个线性方程,其余 12 个方程根据下述力学条件建立,这些力学条件为:

(1) 相邻面片拼接处在 x 和 y 方向的斜率都应保持连续;

(2) 相邻面片拼接处的扭矩连续。

问题的关键是设法求得三次曲面的一阶导数和二阶混合导数。设 R 为沿 x 轴方向的斜率,S 是沿 y 轴方向的斜率,扭矩为 T,则:

$$\begin{aligned} R &= \partial z / \partial x \\ S &= \partial z / \partial y \\ T &= \partial_z^2 / \partial x \partial y \end{aligned} \tag{6.3.8}$$

可使用不同的方法求得四个角点的 R,S,T 值,较为简单的是使用差商来代替导数。使用等权一阶差商中数求任一网格点 $A(i,j)$ 的导数的公式可写为:

$$R_A = \partial z / \partial x = (z_{i+1,j} - z_{i-1,j})/2$$

$$S_A = \partial z/\partial y = (z_{i,j+1} - z_{i,j-1})/2$$
$$T_A = \partial^2 z/\partial x \partial y = [(z_{i-1,j-1} + z_{i+1,j+1}) - (z_{i+1,j-1} + z_{i-1,j+1})]/4 \qquad (6.3.9)$$

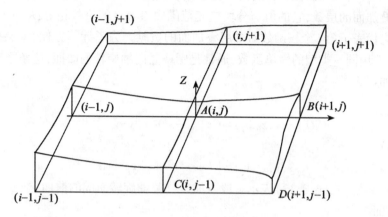

图 6.3.2 样条函数内插

因此,对于任一角点的导数值,需要使用它周围 8 个角点高程求出。这样,在 ABCD 矩形当中,已知四角点高程 Z_A、Z_B、Z_C、Z_D,以及它们的导数值 R_A、R_B、R_C、R_D、S_A、S_B、S_C、S_D 和 T_A、T_B、T_C、T_D 就可建立 16 个方程,求解后得出曲面方程系数 $a_1, a_2, a_3, \cdots, a_{16}$,代入方程,就可解算某一点的高程。根据上述定义求得的曲面在相邻边上的一阶导数是连续的,因此,整个区域的曲面连接是光滑的。

与整体内插不同,样条函数保留了微地物特征,拟合时只需与少量数据点配准,因此内插速度快,同时也保证了分块间连接处为平滑连续的曲面。这意味着样条函数内插法可以修改曲面的某一分块而不必重新计算整个曲面。

应该指出的是,在分块上展铺样条曲面时,对相邻多项式分片曲面间的拼接,采用了弹性力学条件,而地表分块不是狭义的弹性壳体,并不具备采用弹性力学条件的前提,所以,尽管样条函数法有比较严密的理论基础,但未必是数字高程插值的良好数学模型。

6.3.4 多面叠加内插法(多面函数法)

多面叠加法是美国依阿华州大学 Hardy 教授于 1977 年提出的,它的基本思想是任何一个规则的或不规则的连续曲面均可以由若干个简单面(或称单值数学面)来叠加逼近。具体做法是在每个数据点上建立一个曲面,然后在 Z 方向上将各个旋转曲面按一定比例叠加成一张整体的连续曲面,使之严格地通过各个数据点。

多面叠加的数学表达式为:

$$z = f(x,y) = \sum_{i=1}^{n} K_i Q(x, y, x_i, y_i) \quad (6.3.10)$$

这里 $Q(x,y,x_i,y_i)$ 为参加插值计算的简单数学面，又称多面函数的核函数；n 为简单数学面的张数，或多层叠加面的层数，它的值与分块扩充范围内参考点的个数相等；$K_i(i=1,2,3,\cdots,n)$ 为待定参数，它代表了第 i 个核函数对多层叠加面的贡献。为了计算方便，多层叠加面中的 n 个核函数一般选用同一类型的简单函数，通常是围绕竖向轴旋转的曲面，这条竖轴正好通过某一参考点，例如：

(1) 锥面

$$Q_1(x,y,x_i,y_i) = C + [(x-x_i)^2 + (y-y_i)^2]^{1/2} \quad (6.3.11)$$

(2) 双曲面

$$Q_2(x,y,x_i,y_i) = [(x-x_i)^2 + (y-y_i)^2 + \sigma]^{1/2} \quad (6.3.12)$$

这里 σ 为非零参数。式(6.3.12)表示一段双曲线绕竖轴旋转而成的曲面，当 $\sigma = 0$ 时，此曲面就退化为圆锥面。

(3) 三次曲面

$$Q_3(x,y,x_i,y_i) = C + [(x-x_i)^2 + (y-y_i)^2]^{3/2} \quad (6.3.13)$$

上式是母线为三次曲线的旋转面。

在上述各式中，$[(x-x_i)^2 + (y-y_i)^2]^{1/2}$ 为内插值点到参考点 (x_i,y_i,z_i) 之间的水平距离。

(4) 旋转面

$$Q_4 = 1 - \frac{D_i^2}{a^2} \quad (6.3.14)$$

式中，a 为参数。

(5) 旋转面

$$Q_5 = C_0 \exp(-a^2 D_i^2) \quad (6.3.15)$$

Q_5 是以高斯曲线为母线的旋转面，C_0，a 为两个参数。

多面叠加内插法在实际应用中，有以下一些著名的核函数选择方法(李德仁，1988)：

(1) Arthur 法，$Q(d) = \exp(-25d^2/a^2)$，其中 d 为两点之间的距离，a 为一参数，为各数据点间最大距离。

(2) 吕言法，以三次曲面为核函数，$Q(d) = 1 + d^3$。

(3) 针对上述 Hardy 选用的二次函数(式(6.3.12))进行各种改进，由 σ 值为 0,0.6 和 10 进行实验，得出了图 6.3.3 的结果。它表明 σ 值越大内插的曲面(图中仅绘出沿 X 方向的曲线)越平滑。

Wild 博士对该函数的改进取得了较好的效果。他取下列形式的函数：

$$Q_2(x,y,x_i,y_i) = [1 + [(x-x_i)^2 + (y-y_i)^2]/(d_{ki})_{\min}^2]^{\frac{1}{2}} \quad (6.3.16)$$

第六章　数字高程模型内插

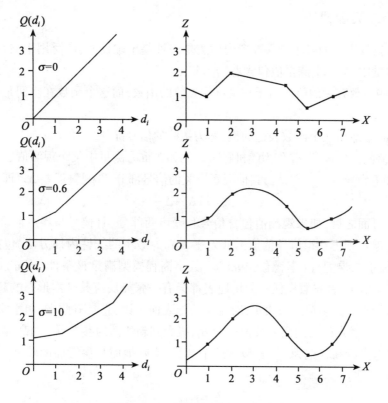

图 6.3.3　不同的 σ 值与内插曲线

式中 $(d_{ki})_{min}^2$ 表示数据点 i 与距离最近的数据点 k 的距离。当 $n=m$ 时，Q 矩阵也不是对称矩阵，因为在每个数据点上有各自的参数 $(d_{ki})_{min}$。利用该核函数可以很好地考虑地貌结构线的作用，此时只要沿地貌结构线上取一组密集数据点（或先内插出来），就会产生很小的 $(d_{ki})_{min}$ 值，结果在双曲面顶端产生一个大的斜率，由此保证了内插曲面上突变性的转折。

对多层叠加面的解算，可通过将 m 个参考点的三维坐标代入式 (6.3.10)，得一误差方程组，按最小二乘法解求 n 个待定系数 ($m>n$)。具体做法在此不再详述。

多面叠加的一个重要的优点是：如果希望对地形增加各种约束和限制，则可以设计某一函数将其增加到多面叠加的函数体内。比如希望在内插中考虑地面坡度的信息，就可以设计具有坡度特性的函数。在数字高程模型中，如果在数据点密度较小和数据点精度很高的情况下，要优先采用多面叠加的内插方法。但在一般情况下，地球表面特征都很复杂，难以确定某一特定函数严格表示地形变化（人工地物除外）。另外这种方法处理烦琐，计算量大，因而多面叠加方法并不常用。

6.3.5 最小二乘配置法

由 Moritz 教授提出的最小二乘配置内插法是一种基于统计的、广泛用于测量学科中的内插方法。在测量中,某一个测量值包含着三部分:

(1)与某些参数有关的值。由于它是这些参数的函数,而这个函数在空间是一个曲面,故被称为趋势面。

(2)不能简单地用某个函数表达的值,称为系统的信号部分。

(3)观测值的偶然误差,或称为随机噪声。例如在重力测量中某个观测值 g 中就包含:①正常重力 r;②重力异常 Δg,它是与其他因素有关的信号部分;③观测误差 Δ。即:

$$g = r + \Delta g + \Delta \tag{6.3.17}$$

当去掉趋势面之后,如果观测值包含信号和噪声两部分(且信号与噪声期望均为 0,两者的协方差也为零),则可获得信号估值的残差平方和为最小的线性内插方法,包括内插、滤波和推估,统称最小二乘配置(李德仁,1988)。数字高程模型满足该条件,故可以使用此法内插。如图 6.3.4 所示,首先假设任一分块地表都会有一张能反应其基本形态的趋势面。趋势面通常用简单的幂级数多项式来表示,对复杂的地表面来讲,它具有削平、填平实际曲面的作用。图中第 i 号参考点的实测高程数据记为 H_i,投影到趋势面的参考点 i 的高程记为 h_i,从趋势面起算的参考点的高程记为 z_i。z_i 包含两个部分:实际地面与参考面的较差 s_i 和参考点高程的量测误差 r_i,即:

$$z_i = s_i + r_i \tag{6.3.18}$$

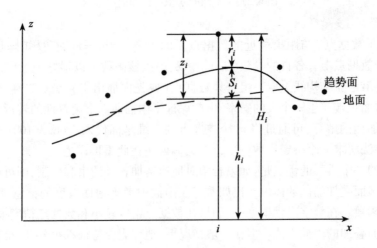

图 6.3.4 信号与噪声

上面式子中 z_i, s_i, r_i 应满足的条件是 $E(z_i) = E(s_i) = E(r_i) = 0$。$r_i$ 称做噪声,纯系偶然误差;s_i 称做信号。由于趋势面的数学规律性,S_i 将对一定范围内的内插点高程产生系统性影响。换句话说,信号 s_i 具有局部相关性,在数理统计中,通常是用协方差来描述这种相关性的。若这一个子区域内共有 n 个数据点,则每个数据点都能列出一个观测值方程式,对于 n 个数据点,根据相关平差原理,列出 $z_i(i=1,2,\cdots,n)$ 的误差方程组的矩阵形式如下:

$$Z = S + R = H - AW \tag{6.3.19}$$

式中从趋势面起算的高程向量是:

$$Z = \begin{bmatrix} z_1 \\ z_2 \\ \vdots \\ z_n \end{bmatrix} = \begin{bmatrix} r_1 + s_1 \\ r_2 + s_2 \\ \vdots \\ r_n + s_n \end{bmatrix} \tag{6.3.20}$$

趋势面上对应的高程向量为:

$$AW = \begin{bmatrix} 1 & x_1 & y_1 & x_1 y_1 & x_1^2 & y_1^2 & \cdots \\ 1 & x_2 & y_2 & x_2 y_2 & x_2^2 & y_2^2 & \cdots \\ \vdots & \vdots & \vdots & \vdots & \vdots & \vdots & \cdots \end{bmatrix} \begin{bmatrix} a_0 \\ a_1 \\ \vdots \end{bmatrix} = \begin{bmatrix} h_1 \\ h_2 \\ \vdots \end{bmatrix} \tag{6.3.21}$$

参考点高程观测向量为:

$$H = \begin{bmatrix} H_1 \\ H_2 \\ \vdots \\ H_n \end{bmatrix} \tag{6.3.22}$$

n 为分块扩充范围内参考点的个数。按最小二乘法相关平差方法求解,得到趋势面系数向量:

$$W = [A^T C_{zz}^{-1} A]^{-1} [A^T C_{zz}^{-1} h] \tag{6.3.23}$$

$$(W = [a_0 a_1 \cdots]^T)$$

任一内插点 p 的信号为:

$$s'p = C_{s'z}^T C_{zz}^{-1} Z \tag{6.3.24}$$

式中,C_{zz} 是 z 的协方差矩阵。

用待插点在趋势面上的高程 h_p' 加上待插点的信号 s_p',即得所求待插点的高程 H_p':

$$H_p' = h_p' + S_p' \tag{6.3.25}$$

最小二乘配置法数字高程分块内插的关键问题之一是如何建立 z 或 s 的协方差矩阵,换句话说是如何解决信号相关性规律的问题。

由数理统计理论得知,二维各态历经性平稳随机过程的协方差仅与不同点间的水平距离有关;最小二乘配置法内插高程时,认为信号 s 和趋势面起算高程 z 的协方差仅与点间的水平距离有关:距离愈近,协方差愈大,超过一定的距离,协方差趋近于零值。高斯函数正好满足函数值随距离缩短而增大的条件,所以习惯上以高斯函数作为相关函数,用来计算协方差。

最小二乘配置法有严密的数理统计理论依据,但大量的试验结果表明,它未必能在数字地面模型内插应用中取得良好的拟合效果,原因主要是以下两点:

(1)应用最小二乘配置法的前提是处理对象必须属于遍历性平稳随机过程。但实际地表起伏现象都十分复杂,各类地貌形态未必都符合各态历经性平稳随机过程的统计规律,地面点间趋势面起算高程的相关度量未必仅与距离有关。实际上,大多数地貌变化都不是各向同性的,地表起伏的相关性不仅与距离有关,也与方向有关。如果前提条件不符合,就难以保证得到良好的内插质量。

(2)确定趋势面和协方差函数的参数是一个循环迭代过程。当迭代收敛速度慢时,其计算量可能比大多数高程内插算法都大,因而此方法并不实用。

6.3.6 有限元法

有限元法是以离散方式处理连续量的一种数学方法,它的思路是将一定范围的连续整体分割成为有限个单元(如三角形、正方形等)的集合。相邻单元边界的端点称做结点,通过解求各个结点处的物理量来描述物理量的整体分布。

有限元法通常采用分片光滑的奇次样条作为各个单元的内插函数,已经用于数字高程模型内插的有双线性 B 样条和双三次 B 样条两种,其整体解是一系列基函数的线性组合,形式如下:

$$\phi = \sum_{i=1}^{n} F_i C_i \tag{6.3.26}$$

式中: F_i 是基函数, C_i 为系数。

为解求上述函数的全部系数,须列出与所求问题等价的二次泛函数取极小值的条件,建立并计算系数向量的线性方程组,使上式有确定解。

有限元法的计算量取决于分块内结点的个数,而不是像上述其他分块内插方法那样主要与参考点个数有关。所以单元划分越细,有限元法的计算量越大。

6.4 逐点内插法

分块内插的分块范围在内插过程中一经确定,其形状、大小和位置都保持不变,凡落在分块上的待插点都用展铺在该分块上的惟一确定的数学面进行内插。逐点内插法是以待插点为中心,定义一个局部函数去拟合周围的数据点,数据点的范围随待插点位置的变化而移动,因此又称移动曲面法。

6.4.1 移动拟合法

对于每个待插的点,可选取其邻近的 n 个数据点(可称其为参考点)拟合一多项式曲面,拟合的曲面可选用如下的形式:

$$Z = AX^2 + BXY + CY^2 + DX + EY + F \tag{6.4.1}$$

式中:X,Y,Z 是各参考点的坐标值,A,B,C,D,E,F 为待定的参数。多项式中的各参数可由 n 个选定的参考点用最小二乘法进行求解。

移动拟合法的关键在于解决下面两个问题:
(1)如何确定待插点的最小邻域范围以保证有足够的参考点;
(2)如何确定各参考点的权重。

选择邻近点一般考虑两个因素:
(1)范围,即采用多大面积范围内的参考点来计算被插点的数值;
(2)点数,即选择多少参考点参加计算。

这两个因素的确定要根据具体情况而定。图 6.4.1(a)所示是基于点数选点的实例,例中点数 $n=6$;图 6.4.1(b)所示是基于范围选点的实例,所选中的点都位于以被插点为圆心,R 为半径的圆内。圆的半径取决于原始数据点疏密程度和原始数据点可能影响的范围。为了保证求解二次曲面方程,要有足够的数据点($n>5$),但又不能太多,否则影响内插精度。为了解决这个问题,可以采用动态圆半径方法。它的思路是从数据点的平均密度出发,确定圆内数据点(平均要有 10 个),以解求圆的半径 R,其公式为:

$$\pi R^2 = 10A/N \tag{6.4.2}$$

式中,N 为总点数,A 为总面积。这种方法实际上综合考虑了点数和范围两个因素。

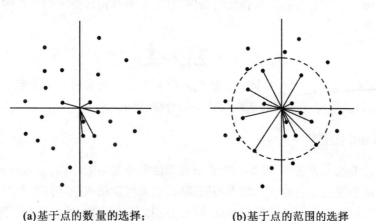

(a)基于点的数量的选择;　　(b)基于点的范围的选择

图 6.4.1　邻近点的选择

若原始数据点均匀分布，上述方法就足够了，但是有时数据点分布并不理想（图6.4.1(a)）。此时上述选点原则因没有考虑点的分布方向，所取的数据点集中在某一侧，其他方向取不到点。这时可以以格网点为中心把平面平均分成 n 个扇面，从每个扇面内取一点作加权平均（图6.4.2），这就克服了数据点偏向的缺点。这种方法一般称为按方位取点法。

正如我们所注意到的，观测点的相互位置越接近，其相似性越强；距离越远，则相似性越小。因此，不同的采样点由于相对于待插点的距离不同，对待插点的高程插值影响程度是不同的。所以，在移动拟合时，我们一般采用与距离相关的权函数，常用的权函数有：

(1) $p = 1/r^2$

(2) $p = (R-r)^2/r^2$

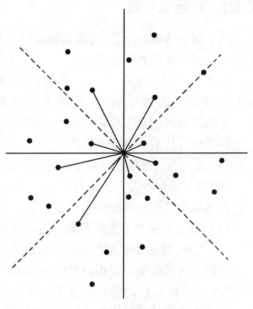

图 6.4.2　按方位取点法示意图

式中：p 是参考点的权，R 是圆的半径，r 是待插点到参考点的距离。

6.4.2　加权平均法

在移动拟合法中，往往需要解求复杂的误差方程组，在实际应用中，更为常用的是所谓的加权平均法。加权平均法是移动拟合法的特例，它是在解算待定点 p 的高程时，使用加权平均值代替误差方程：

$$Z_p = \sum_{i=1}^{n} p_i Z_i \Big/ \sum_{i=1}^{n} p_i \tag{6.4.3}$$

式中：Z_p 是待定点 p 的高程，Z_i 是第 i 个参考点的高程值，n 为参考点的个数，p_i 是第 i 个参考点的权重，权函数及参考点范围的选取与移动拟合法相同。

6.4.3　Voronoi 图法

在上面讨论的选点方式中，存在一个很重要却经常被忽略的问题：参考点坐标或参考点所在坐标系统的微小变化都会使选点结果差别很大，结果可能造成数字高程模型表面的不连续。造成这个问题的原因在于仅以距离为基础进行选点和定义权重，而事实上距离难以很好地描述空间相邻性。显然，对于离散数据点之间的空间相邻性描述，需要给出一种较好的数学表达，Voronoi 图就是一种很好的工具。

(1) Voronoi 图的定义

从计算几何的观点,Voronoi 图把平面分成 N 个区,每一个区包括一个点,该点所在的区是距离该点最近的点的集合,这样的区域就是 Voronoi 多边形。用直线段连接两个相邻多边形内的离散点而生成的三角网称为 Delaunay 三角网。假设有 N 个离散点,它们对应的 Voronoi 多边形分别为 $V_1, V_2, V_3, \cdots, V_n$。Voronoi 多边形之间除边界外交集为空集,而其并集是二维平面,即:

$$V_i \cap V_j = \Phi \quad i \neq j = 1, 2, \cdots, n;$$
$$V_1 \cup V_2 \cup V_3 \cdots \cup V_n = R$$

从以上定义可知,Voronoi 多边形的分法是惟一的,每个 Voronoi 多边形均是凸多边形。Delaunay 三角网在均匀分布点的情况下可避免产生狭长和角度过小的三角形。从 Voronoi 多边形的定义可知,相邻两个多边形的边界是相邻两点连线的垂直平分线,因此借助 Voronoi 多边形,我们可找出与待插点相邻的点集。也就是说,在点状 Voronoi 图中,相邻点所在的 Voronoi 多边形彼此邻接,或者说具有公共边的 Voronoi 多边形内的点彼此相邻。图 6.4.3(a) 是由原始数据点构成的 Voronoi 图,图上 x 表示待插点位置。图 6.4.3(b) 是插入采样点之后所得到的 Voronoi 图。

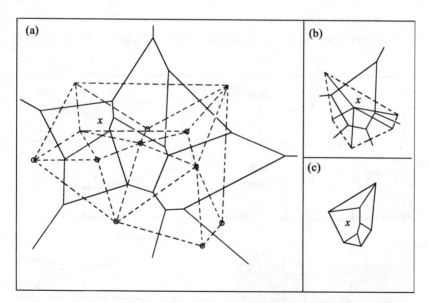

(a) 原始的 Voronoi 多边形和 Delaunay 三角形(虚线);
(b) 插入一个点 x 的结果;
(c) 重新构建 Voronoi 多边形

图 6.4.3 Voronoi 多边形进行内插的示意图

图 6.4.3(c)是插入点 x 后产生的新的关于 x 的 Voronoi 多边形,记为 Vx。该多边形与原始邻接 Voronoi 多边形相交,相交部分即为定权依据。设点 x 的相邻点集为 $p_1,p_2,\cdots,p_n$,p_i 为点 x 的任何一个相邻点,p_i 所在的 Voronoi 多边形记为 V_p。可以看出,当点 x 无限接近点 p_i 时,两多边形完全重合,即 $V_x \cap V_p = V_p$,对点 p_i 赋全权;若采样点 x 逐渐远离点 p_i,V_x 与 V_p 的相交区域以及公共边界都将随之缩小,当点 x 进一步远离 p_i,以至 p_i 不再属于 x 的邻接点集时,V_x 与 V_p 最终分离,这时点 p_i 的权重为 0,对点 x 的内插将不再产生影响。从上述讨论可以看出,权的确定是一个连续的过程,符合权函数的要求。

选点定权之后,便可以进行加权平均的计算。将邻接点 p_i 的 Voronoi 多边形与多边形 V_x 的相交区域记为 $V_i(i=1,2,3,\cdots,n)$,p_i 的高程记为 H_i,用每一个邻接点的高程 H_i 乘以各自相应的相交区域 V_i 的面积,相加后除以整个相交区域 V_x 的面积,就得点 x 的高程插值。

$$\sum_{i=1}^{n} H_i v_i \Big/ \sum_{i=1}^{n} v_i = H_x \tag{6.4.4}$$

其中,$\sum_{i=1}^{n} v_i = v_x$。

(2)一维线性的 Voronoi 图内插

以一维的处理过程为例,图 6.4.4(a)直线分布着 3 个标有 D.P. 的点。图 6.4.4(b)是各点的影响区域,影响区域以相邻两点的中点为界。图 6.4.4(c)中加入了采样点,同理采样点的影响区域也延伸至相邻两点的中点。因而采样点的影响区域与其相邻两点各自的影响区域

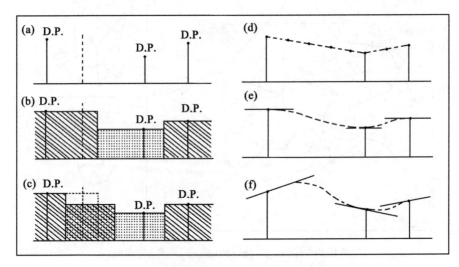

(a)原始数据;(b)Voronoi 区域;(c)插入采样点;
(d)线性内插结果;(e)叠加调和函数;(f)包含坡度因素的调和函数
图 6.4.4 一个变量的 Voronoi 内插

相交。对相邻两点的高程做加权平均:用相邻两点的高程乘以相交区域的长度,相加后除以采样点所辖区域的总长度,就得到待插点的高程。改变采样点的位置,可得到图 6.4.4(d)所示的结果。二维平面的加权平均内插与一维情况完全类似。但因为地表的数据点并不连续,我们可以对每一个数据点高程加一平滑函数。在图 6.4.4(e)中,使用了一个简单的函数来修改原始的线性权因子。在图 6.4.4(f)中的函数则考虑了地形的坡度条件,所以最后得到的权不一定是高程值,而可以是任何合适的权函数。用上述权函数方法内插,容易形成光滑表面并可提供各个点的坡度函数。

6.4.4 考虑地貌特征的逐点内插

不考虑地貌特征的逐点内插,可把拟合曲面看成是一小块连续光滑的地面。但拟合面是随机划定的,很可能有地性线贯穿其间。如图 6.4.5 中,圆形曲面有山谷线穿过,内插点落在山谷两侧的坡面上。无论是一次平面,还是二次曲面都不能有效地逼近地表。如果采用加权平均内插,按照权函数的要求,参考点距离内插点越近,它的权越大。但实际上,点落在山谷线东侧的坡面上,在点与点之间,出现地貌突变现象。如果以较大的权重参与对点的高程内插运算,必将有损于内插结果的精度。防止这种不利情况的措施,是在内插前先判断 切面中是否有地性线穿过。对含地性线的切面,应按地性线将拟合面再行分割,直到不含地性线为止。分割后的曲面如果参考点个数不够,可扩展选点的范围。

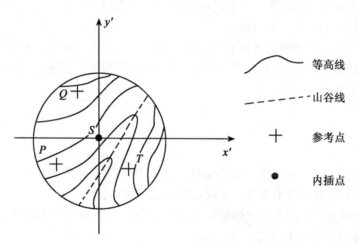

图 6.4.5 含有地性线的圆形拟合面

与分块内插法相比,逐点内插法十分灵活,并且计算方法简单又不需很大的计算机内存,因而应用更为广泛。

6.5 关于内插方法的探讨

本章分别讨论了整体内插、分块内插、单点及剖分内插中具体的内插方法。一般说来,大范围的地形很复杂,若选取参考点个数较少时用整体内插法,不足以描述整个地形。而若选用较多的参考点则多项式易出现振荡现象,很难获得稳定解。因此在 DEM 内插中通常不采用整体内插法。

相对于整体内插,分块内插能够较好地保留地物细节,并通过块间重叠保持了内插面的连续性,是应用中较常选用的策略。其中双线性内插法由于简单直观,常常用于实际工程。分块内插方法的一个主要问题是分块大小的确定。就目前技术而言,还没有一种运用智能法或自适应法进行地貌形态识别后自动确定分块大小、进行高程内插的算法。

剖分内插属于分块内插的一种。在所讨论的分块内插方法中,大部分都涉及解求复杂的方程组,应用起来较为不便。所以实际应用中人们常常通过建立剖分三角网直接进行内插,也就是用不规则三角网(TIN)完全覆盖平面。由于 TIN 可以适应各种数据分布,并能方便地处理断裂线、构造线、不连续的地表等数据,所以 TIN 被认为是一种快速准确的随机栅格转换方式。

逐点内插应用简便,但计算量较大。其关键问题在于内插窗口域的确定。这不仅影响到内插的精度,还关系到内插速度。基于这一原因,文中重点讨论了 Voronoi 图的点内插算法,这被认为是目前较好的一类逐点内插法。

各种内插方法在不同的地貌地区和不同采点方式下有不同的误差。本章讨论了每种方法的适用前提及优缺点,应用时要根据各方法的特点,结合应用的不同侧重,从内插精度、速度等方面选取合理的最优方法。

参考文献

柯正谊,何建邦,池天河. 1993. 数字地面模型. 北京:中国科学技术出版社
李德仁. 1998. 摄影测量新技术讲座. 武汉:武汉测绘科技大学出版社
马飞. 1996. 数学形态学在遥感和地理信息系统数据分析与处理中的应用研究:[博士学位论文]. 武汉:武汉测绘科技大学
朱庆,李志林,龚健雅,眭海刚. 1999. 论我国"1∶1 万数字高程模型的更新与建库". 武汉测绘科技大学学报,24(2):129~133
Gold, Christopher M., 1989. Surface interpolation, spatial adjacency and GIS. In: Raper, J. (ed.), Three Dimensional Applications in GIS, Taylor and Francis, London, 21~36
Li, Zhilin, 1990. *Sampling Strategy and Accuracy Assessment for Digital Terrain Modelling*, Ph. D.

Thesis, The University of Glasgow

Thibault, D. and Gold, C. M., 1999, Terrain Reconstruction from Contours by Skeleton Retraction. *Proceedings of 2rd International Workshop on Dynamic and Multi-dimensional GIS*, October 1999, Beijing, 23~27

第七章 数字高程模型生产的质量控制

7.1 数字高程模型生产的质量控制:概念与策略

与其他工业产品一样,DEM 产品也必须有质量管理和质量控制。DEM 的数据质量指的是 DEM 数据在表达空间位置、高程和时间信息这三个基本要素时所能达到的准确性、一致性、完整性以及它们三者之间统一性的程度。时间要素强调的是现势性,如果这一 DEM 数据代表的是十年前的地形,尽管对那时的地形来说它的表达很完美,但对现在而言它的用处却不一定大。比如说,我们用十年前的航片来采集 DEM 数据就可能出现这样的情况。空间位置和高程的准确性指的是 DEM 对地形的真实性。

数据质量控制是个复杂的过程,必须从误差产生和扩散的每个过程与环节入手,采用一定的方法来减小误差,从而建立高质量的 DEM 数据库。

DEM 数据的质量控制可以从三个方面入手:

(1)减少数据采集时的误差引入;

(2)对采集到的数据作误差处理以提高可靠性;

(3)减少表面建模时的误差引入。

众所周知,不管采用何种测量方法,测量数据总会包含各种各样的误差。数据采集误差来自:

(1)原始资料的误差;

(2)采点设备误差;

(3)人为误差;

(4)坐标转换误差。

对于使用摄影测量方法采集的 DEM 数据来说,原始资料的误差主要表现为航片的误差(包含航摄中各种误差的综合)、定向点误差;采点设备误差(包括测图仪的误差和计算机计算有效位数);人为误差(包括测标切地面的误差即采用数字影像相关时为影像的相关误差);坐标转换误差(包括相对定向和绝对定向的误差)。

对于使用数字化地形图的等高线和高程点的方法所采集的 DEM 数据来说,误差包括原始地形图的误差、采点误差、控制点转换误差。地形图的误差包括量测误差、地图综合引起的点位误差(坐标移位)、纸张或材料变形引起的误差。采点设备误差包括地形图手扶或扫描时数字化仪或扫描仪的误差。人为误差包括数字化对点误差、高程赋值误差和控制点转换误差。这种误差主要来源于控制点数字化和控制点大地坐标匹配时产生的误差。

DEM 数据误差可分为系统误差、随机误差(也称为偶然误差,在图像处理中称随机噪声,统计学中称白点噪声)和粗差(错误)。

系统误差的产生常常不是由 DEM 原始数据所引起的,比如在摄影测量中,系统误差的产生通常与物理方面的因素有关,即它们可能源于摄影胶片的温度变化或测量仪器本身。另外测量仪器在使用前缺乏必要的校正,或者因为观测者自身的限制(如观测立体的敏锐度或未能进行正确的绝对定向等),也有可能产生系统误差。系统误差一般为常数,也可以互相抵消。在 DEM 的生产实践中,进行数据获取的大部分人员都充分认识到了系统误差的存在,并尽量将其影响减低到最低程度。

按经典的误差理论,对同一目标的量测由于观测误差的存在,其测量值会有所不同,且不表现出任何必然规律,这种误差称为随机误差或噪声。随机误差一般使用滤波的方法来处理以减低其影响。我们将在本章第三节讨论 DEM 数据滤波。

粗差实际上是一种错误。同随机误差和系统误差相比,它们在测量中出现的可能性一般较小。在某些情况下,比如操作者记录了一个点的错误读数,或者由于识别错误而观测了另一个不相干点,或者在使用自动记录仪时仪器处于不正常的工作状态等,都会出现粗差。粗差通常也发生在自动影像相关时影像的错误匹配上。根据统计学的观点,粗差是与其他观测值不属于同一集合(或采样空间)的观测值,因此它们不能与集合中的其他观测值一起使用,必须予以剔除。基于这个原因,对测量方法和观测程序应统筹规划,以便于粗差的检测及剔除。本章着重讨论 DEM 数据滤波粗差的检测及剔除。

"减少数据采集时的误差引入"不是一件容易的事。用摄影测量方法采集数据时,常用在线质量控制。本章将在第二节讨论在线质量控制。"减少表面建模时误差的引入"就是要用最合适的曲面来拟合地表。这个问题部分内容已在第四章中讲过,其余的将在第八章中讲到。检查最终 DEM 的质量(即如何进行质量检查、如何进行 DEM 的精度评定)也是 DEM 质量控制中的重要内容,将在本章中讨论。

7.2 摄影测量法采集数据的在线质量控制

所谓的在线质量控制指的是在数据采集过程中对所采集的数据进行检查,如发现错误,应马上纠正。检查时常用目视法。

7.2.1 等高线叠加法

实际应用中,摄影测量在线质量控制指的是将已获得的 DEM 数据内插生成等高线,并将刚生成的等高线与另一个图形产品叠加,以便用目视检查等高线是否有异常情况。如有则意味着有粗差(错误),要再重测一些数据点。在线质量控制通常指的是将由 DEM 数据内插而得到的等高线投影到立体模型上,如两者符合,则意味着没有粗差。如某些地方明显不符合,则意味着有粗差,并要在那里重测一些数据点。

另一种方法是将 DEM 数据内插而得到的等高线与正射影像叠加,目视检查等高线是否有突变情况,或与地形图,地形特征点、线比较,当地貌形态、同名点(近似)高程差异较大时重测、编辑,直至 DEM 合格。此方法局限于 DEM 粗差的检查。

7.2.2 零立体法

另一种方法是根据左、右正射影像零立体对 DEM 进行检测。根据原始左、右片影像和影像匹配提供的待查 DEM,对由左、右片制作的两个正射影像进行匹配。若待查 DEM 正确,且地面无高程障碍物(房屋、树木和垂直断裂),则这两张正射像片应构成零立体,即其左右视差应该为零。若有视差存在,则可能是如下两种原因:

(1)定向参数有错,从而导致左右正射影像不一致,或利用正射影像对的再匹配过程本身有错;

(2)用以生成正射影像的 DEM 有错。

如果排除第一种可能,那么此时在正射影像对上出现的视差就是 DEM 错误的直接反映。因此,采用基于立体正射影像对的零立体方法可以作为对仅仅利用正射影像的立体叠加进行质量控制过程的补充,以提高原始 DEM 数据的完整性和可靠性。

7.3 原始数据之随机误差的滤波

因为 DEM 产品是由 DEM 原始数据经过一系列的处理获得的,所以 DEM 原始数据的质量将极大地影响到通过原始数据建立的 DEM 表面的质量。DEM 原始数据的质量可使用原始数据的三个属性(即精度、密度和分布)的质量来衡量。如果原始数据点没有好的分布,如在粗糙、起伏不平的地区数据点只是稀疏分布,而在平坦光滑的地区数据点却密度很高,则显然可以认为原始数据质量比较低。密度和分布与采样有关,相关问题可通过合理的采样策略解决,因此这里不再作深入的探讨。

另一个涉及 DEM 原始数据质量的重要因素是数据点自身的精度。显然数据点精度越低,则数据质量越差。数据精度首先与量测过程有关,数据点经量测获取后,精度值便可相应获得或估算出来。这里需强调的是任何测量数据的精度值都是不同类型误差的综合结果。实际上,本节的目的在于提出滤波算法以消除或降低原始数据的某些误差所带来的影响,从而提高 DEM 及其最终产品的质量。

7.3.1 随机噪声对数字高程模型原始数据的影响

任何一个空间数据集都可以看做由三部分组成:(1)区域信号;(2)局部信号;(3)随机噪声。在数字高程模型中,第一部分最为重要,因为它描述了地形表面的基本形状;第二部分的重要性随着DEM产品的比例尺变化而改变。在大比例尺时,它对于表达地形的细节是非常关键的;但在小比例尺时,由于并不需要表达地形表面的许多细节,所以它将被作为随机噪声处理;与前两部分相反,第三部分即随机噪声无论在任何情况下总是会扭曲原始数据的真实性。事实上,明确定义这三部分的界限是很困难的。一般地,随机噪声总是作为数据的高频部分而存在。

显然,分离数据集合中的人们感兴趣的主要信息与其余的作为随机噪声的信息是很重要的一项工作。这种分离的技术称为滤波,而用于滤波的设备和过程则称为滤波器。使用滤波对数据集进行的处理称为数据滤波。

数字滤波器可以用来抽取数字集合中的某一类特定信息。如果一数字滤波器可分离低频信息,则此数字滤波器称做低通滤波器,反之,则称做高通滤波器。因为DEM数据集的高频信号总是被作为噪声,所以在这里的处理中总是使用高通滤波器。

在讨论如何对随机噪声进行滤波以及使用滤波处理后究竟能对DEM的数据质量提高多少之前,有必要先了解随机噪声是如何影响DEM及它的产品质量的。

Ebisch于1984年研究了在格网DEM数据中引入舍入误差后对DEM质量的影响,随后他对DEM数据中的随机噪声对DEM生成的等高线的质量影响也作了探讨。Ebisch的第一个实验是先使用51×51格网数据生成了等高距为1m的很光滑的等高线(图7.3.1(a)),然后他将所有的格网数据高程值的小数部分全部去掉后生成了另一等高线(图7.3.1(b)),以此来检验舍入误差对DEM质量的影响。另一个实验是将振幅大小为±0.165m的随机噪声增加到DEM原始数据中生成了呈锯齿状的等高线(图7.3.1(c))。这个例子很好地说明了随机噪声对DEM原始数据以及从该DEM导出的等高线的质量的影响。

7.3.2 基于卷积分的低通滤波器的设计

卷积分可以在一维空间或二维空间上进行,两种情况的原理是一样的。为简便起见,此处讨论一维的情况。

假设$X(t)$和$f(t)$是两个函数,$X(t)$和$f(t)$卷积的结果是函数$Y(t)$,于是在位置u处$Y(t)$的值可定义如下:

$$Y(t) = \int_{-\infty}^{+\infty} X(t) f(u-t) \mathrm{d}t \tag{7.3.1}$$

对于DEM数据的滤波而言,$X(t)$是有可能包含粗差的输入数据的函数,$f(t)$是一正态分布加权函数,$Y(t)$则包含数据滤波后的低频信息(实际上为一光滑函数)。在实际应用中,式

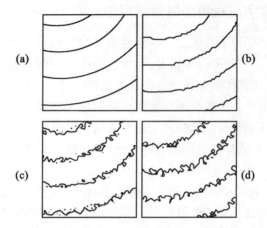

(a)原始的光滑等高线;(b)对原始高程数据小数部分舍掉后生成的等高线;(c)对原始数据加入了振幅为±0.165m 的随机噪声后生成的等高线;(d)原始的高程数据小数部分舍掉并增加了振幅为±0.165m 的随机噪声后生成的等高线

图 7.3.1 舍入误差及随机噪声对由 DEM 生成的等高线质量的影响(Ebisch, 1984)

(7.3.1)中 t 的取值没有必要从负无穷到正无穷,而只需在一定范围内取值即可。

权重函数可以使用多种函数,如矩形波函数、三角函数和高斯函数。在本书中,取高斯函数作为权重函数。高斯函数可表述如下:

$$f(t) = \exp(-t^2/2\sigma^2) \quad (7.3.2)$$

上述卷积的定义适用于连续函数。但是在 DEM 应用中,原始数据仅仅能以离散形式获得,因此,必须定义离散的卷积运算来进行处理,离散化的原理是使用对称的函数作为权重函数。由于高斯函数是对称函数,在本节中即使用它作为权重函数。它的原理可用下面一维的情况进行描述。

假如,$X(t) = (A1, A2, A3, A4, A5, A6, A7)$;
$f(t) = (W1, W2, W3, W4, W5)$;
$Y(t) = (B1, B2, B3, B4, B5, B6, B7)$;

那么,表 7.3.1 解释了离散的卷积运算。取 $B4$ 作为例子,其结果为:

$$B4 = W1 \times A2 + W2 \times A3 + W3 \times A4 + W4 \times A5 + W5 \times A6$$

窗口大小的选择以及对落在窗口中的各种数据权重的选择对于卷积运算的光滑效果有很大的影响。如果有且仅有一个点落入窗口,那么根本没有光滑的效果可言。落在窗口内的点的权重差别越小,光滑效果越明显。如果给每个点相同的权重则卷积的结果实际上就是算术平均。表 7.3.2 列出了由公式 7.3.2 中的高斯函数所计算的部分权重值,以这些权重值可以生成各种权矩阵。当然,权矩阵也可以使用预定的参数从公式 7.3.2 直接计算。

表 7.3.1 离散的卷积运算(高斯函数作为权函数)

$X(t)$	00	00	A1	A2	A3	A4	A5	A6	A7	00	00		结果
运算	×	+×	+×	+×	+×	+×	+×	+×	+×	+×	+×		
$f(t)$	W1	W2	W3	W4	W5							=	B1
		W1	W2	W3	W4	W5						=	B2
			W1	W2	W3	W4	W5					=	B3
				W1	W2	W3	W4	W5				=	B4
					W1	W2	W3	W4	W5			=	B5
						W1	W2	W3	W4	W5		=	B6
							W1	W2	W3	W4	W5	=	B7

表 7.3.2 高斯函数计算权重

t	0.0×SD	0.5×SD	1.0×SD	1.5×SD	2.0×SD	3.0×SD
$f(t)$	1.0	0.882 5	0.606 5	0.324 7	0.135 3	0.011 1

7.3.3 实验测试

在本实验(Li,1990)中使用的数据是由全数字立体测图系统生成的,航空像片的比例尺大约是 1:18 000,在像片上采集的数据点之间的间隔是 128μm。最后生成的实验区域数据是一个近似规则格网、格网间距为 2.3m 的数据集合。这个实验区域的数据密度是相当高的,大约在像片上 1cm² 的范围内有 8 588(113×76)个点。这些密集的数据点提供了关于地表粗糙度的具体细节。对实验数据进行检测的数据是用解析测图仪对相同的航片进行测定的。

在实验中,用卷积运算对数据进行滤波处理。由于原始数据并不是很规则的格网数据,所以使用一维的卷积运算在格网的两个方向分别进行运算,而不使用二维的卷积运算。对每个点最后的结果使用两个方向卷积运算后的平均值。在每个方向上的窗口大小规定为每个窗口 5 个点,由于每个点的间隔不同,所以各个点的权重是根据式(7.3.2)分别计算的。在未进行归一化处理前的权重近似值如下:

$$f(t) = (0.135\ 3, 0.606\ 5, 0.606\ 5, 0.135\ 3) \qquad (7.3.3)$$

在计算每个点的权重时,公式 7.3.1 中的变量 t 取自每个窗口中心点与各点的距离,而变

量 σ^2 则使用格网的两点平均间隔 2.3m。表 7.3.3 是对实验数据滤波前后的精度比较。图 7.3.2 是滤波前后相应的等高线图,从中可明显看出等高线上小的弯曲和抖动在滤波后消失了,与原始等高线滤波后生成的等高线相比,视觉效果要好多了。

表 7.3.3 对随机噪声进行滤波前后的精度比较

参　　数	滤　波　前	滤　波　后
最大的残差	+3.20m	+2.67m
最小的残差	-3.29m	-2.76m
误差平均值	0.12m	-0.02m
标准方差	±1.11m	±0.98m
中误差	±1.12m	±0.98m
检查点个数	154	154

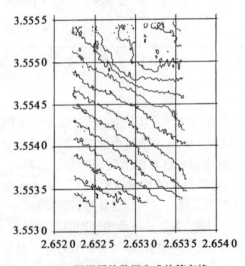 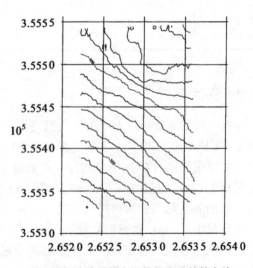

(a) 根据原始数据生成的等高线　　(b) 根据滤波后的光滑数据生成的等高线

图 7.3.2 对 DEM 原始数据进行低通滤波可提高 DEM 原始数据的质量图

7.3.4 关于数字高程模型数据滤波的探讨

此次实验中使用的数据是非常密集的,数据点的格网间隔在地面上大约是 $2.3m$。实际上,这种密度的数据只可能从配备有半自动或全自动相关技术(如基于自动影像相关的影像匹配技术)的设备中获取。对这样的数据,地表表达的可信度并不是一个主要的问题,而在计算过程中的误差以及其他的随机噪声则是需要重视的。

从实验的结果中可以知道,采集密集的数据点尽管对表达地表的细节有很大的益处,但是由影像相关技术等造成的计算误差也伴随而来,这种随机噪声对生成 DEM 质量以及由 DEM 导出的等高线质量都有很大的影响。因此,对于密集的数据,应当采取滤波技术(比如卷积运算)对数据进行光滑处理从而提高数据的质量,相应地,从处理后的数据导出的产品质量也得到了提高。

那么,究竟应该怎样对多密集的数据进行滤波处理呢?也就是说,需要在什么情况下对数据进行滤波呢?这是一个很难回答的问题。显然,首先应当考虑计算中存在的随机误差的振幅大小。一般来说,振幅值应当比高程值 H 的 0.005%小,因此,对这个问题的粗略回答是如果在数据采集和重建过程中损失的精度远远大于这个值(高程数值 H 的 0.005%),那么将不能使用滤波技术。反之,如果随机误差确实构成了误差的主要部分,就必须使用滤波技术提高数据的质量。正如我们在图 7.3.2(b)中所看到的,在滤波后等高线中仍然存在锯齿状的现象,这可能是由于在测量过程中的某些错误或者地表本身一些非自然的特征所致。有关这方面的问题将在下节阐述。

7.4 基于趋势面及三维可视化的粗差检测与剔除

与随机噪声相比,粗差对数字高程数据所反映的空间变化的扭曲更为严重。在有些情况下,粗差的存在会导致 DEM 及其产品严重失真甚至完全不能接受。因此,设计一些算法检测数字高程数据中的粗差并将其消除是完全必要的。然而,传统的粗差处理都是基于平差原理,如果不存在平差的问题,也就不能在平差过程中对粗差进行自动定位。要检查 DEM 数据可能存在的错误,显然要进行更加妥善的处理,而不能简单借用一般的平差方法。同时,仅仅分析单个独立的数据也是得不到解决的,只有从整体或局部区域来对数据进行分析处理。本节阐述的方法实际是从整体上来考虑的,下一节将从局部区域考虑坡度信息以对粗差进行剔除。

按照自然地形地貌的成因,绝大多数自然地形表面符合一定的自然趋势,表现为连续的空间渐变模型,并且这种连续变化可以用一种平滑的数学表面——趋势面加以描述。对粗差的检测,可以通过模型误差即实际观测值与趋势面计算值(模型值)之差来判定其是否属于异常数据,因此趋势面分析的一个典型应用就是揭示研究区域中不同于总趋势的最大偏离部分。由此可见,可以采用趋势面分析找出偏离总趋势超过一定阈值的异常数据可疑点。趋势面可

有各种不同的形式,其中一种是由下式所构成的最小二乘趋势面:

$$Z(x,y) = \sum_{k=0}^{j} \sum_{i=0}^{k} a_{ki} x^{k-i} y^{i} \quad (j = 2,3) \tag{7.4.1}$$

根据处理区域的形状大小,可以灵活选择不同阶次的多项式,对大而复杂的区域应采用较高阶次。根据统计规律,常用三倍中误差作为极限误差,即模型误差大于极限误差的观测数据被认为是粗差。然而,由于二次或高次多项式本身的不稳定,有可能产生并不符合实际地形起伏的大数字或小数字,仅仅依靠这一项判据显然是不能解决所有问题的。虽然通过趋势面分析可以找出绝大部分可疑数据,从而把问题局部化、简单化,但是趋势面分析的一个缺点是尽管它可以找出大部分可疑数据,但它不能确定这些数据是否为真正的粗差,因此,需要寻找另一种方法对这些数据进行进一步的分析。

一种比较好的方法是提供基于 DEM 的三维表面可视化的方法交互式地来审查这些可疑数据,剔除严重影响数据质量的粗差或者说错误。这样便可以结合区域地貌变化规律对异常点作出快速准确的判定。从 DEM 进行三维表面可视化是 DEM 的一个重要功能,有关这方面内容请参见第十二章。

三维表面可视化的前提是要建立数字地形模型,为了保证所有分析都基于原始数据,可选的办法是直接利用原始数据建立不规则三角形网络模型(TIN)。为人机交互式地判定并剔除含有粗差的高程异常点,考虑到交互响应的效率和可视化图形对异常值的敏感性,则一方面需要高效可靠的建模技术,另一方面可视化处理的策略也很关键。关于自动建立 TIN 的算法请参见第五章。至于用于数据检查目的的可视化方法,利用可疑点周围的一个局部区域进行基于 TIN 的线网透视显示比较有利。图 7.4.1 所示的为等高线数字化时,一条等高线的高程值配赋有错后产生的结果。可见,对于一个特定的研究区域,在三维透视图上可疑点是否表现为

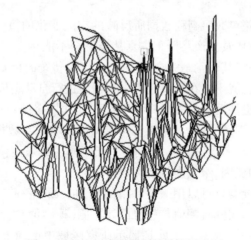

图 7.4.1 可疑点附近区域的线网透视

粗差非常直观,很容易据此作出正确判定。

7.5 基于坡度信息的格网数据粗差检测与剔除

前面已经提到,DEM 原始数据可能以规则格网形式存在,也可能以不规则分布的方式存在。以规则格网形式存在的数据具有一些特性,比如高程数据能以简洁而经济的方式存储在高程矩阵中。这些特性有助于数据粗差检测算法的设计。也正因为如此,适合于格网数据粗差检测的算法可能对检测不规则分布数据的粗差毫无用处,因此对不同类型的数据,有必要设计不同的粗差检测算法。

这一节将介绍一种检测规则格网数据中粗差的算法及利用这种算法得出的一些实验结果(Li,1990)。对不规则分布数据的粗差检测算法将在下一节介绍。

7.5.1 算法推导的理论背景

由于坡度是地表面上点的一个基本属性,而计算一个格网数据点在不同方向上的坡度是很容易进行的,所以利用坡度信息作为检测格网数据中粗差的基础是可行的。

Hannah 在 1981 年曾推导过检测粗差的算法。该算法的原理可简述如下:首先,计算待测点 P 与其八邻域点(边界点除外)间的坡度。当所有数据点都计算完毕后,对计算出的坡度进行以下三种检测:

(1) 第一步称坡度阈值检测。在这一步中,检测 P 点周围的(八个)坡度值,判断其是否正常,也即坡度值是否超过某一预先设定的阈值;

(2) 第二步称为局部邻域坡度一致性检测,这一步检查横跨 P 点的四对坡度差值的绝对值,以确定是否有差值超过给定的阈值;

(3) 第三步称做远邻域坡度一致性检测,这一步与前一步比较相似,它检测跨越 P 点周围八邻域点的每个点的坡度差值是否超过给定的阈值。

上述三个步骤的检测结果将作为判断某一点是否被接受的依据。作为检测粗差的算法,这个算法的整体效果表现在:对起伏不平的地区它产生了过于平坦化的不良结果,而在平坦地区它又产生了一些不自然的特征。

从实质上说,Hannah 算法的最大缺点在于其所有接受或拒绝一个点的既定准则都建立在绝对的意义之上。很显然,绝对坡度值或坡度差值在不同地方可能会相差很大,例如在起伏不平的地区,其绝对坡度差值肯定要大于相对平坦地区的相应值,而陡峭地区的坡度值显然也会比平坦地区的坡度值大很多。这就是说,除非地形特征非常一致,否则很难找到一个适合于全部区域的绝对阈值。因此,应该从相对意义上确定某些标准,而不是简单地设定一些绝对值。

7.5.2 检测粗差的一般原理

下面提出的算法基于坡度连续性的概念,它考虑坡度变化的相对值,并进而以这些相对值计算一统计值,作为判定数据点合法性的阈值,避免了使用预先给定绝对阈值带来的问题。

这个算法与 Hannah 算法在本质上有两个主要的区别。首先,新算法考虑了相对坡度变化值,而不是绝对坡度变化值;其次,接受或拒绝某一特定高程值的阈值基于相对坡度变化的统计信息,而不是使用预先定义的绝对值。新算法的原理是:

如图 7.5.1 所示,数据点 P 在高程矩阵中的行列号为 (I,J),它的八邻域点 6,7,10,12,15,16 和 17 的行列号分别是 $(I+1,J-1)$,$(I+1,J)$,$(I+1,J+1)$,$(I,J-1)$,$(I,J+1)$,$(I-1,J-1)$,$(I-1,J)$ 和 $(I-1,J+1)$。

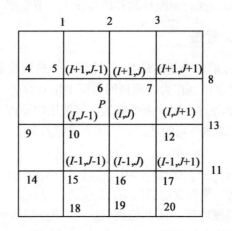

图 7.5.1 原始格网数据中的点 P 与它的邻域

以这八个邻域点和 P 点可在行列方向上分别计算六个坡度值。以行方向上的计算为例,这六个坡度值分别是点 5 和 6、6 和 7、10 和 P、P 和 12、15 和 16 以及 16 和 17 之间的坡度。从两个坡度值中可计算三个坡度变化值,例如点 6,P 和 16 间的坡度变化值便可根据这些坡度值计算出来。上文曾经提到,这些计算出来的初始值都是绝对意义上的值,在不同的地方会有所不同,因此有必要根据它们计算一些相对意义上的值。

显然,尽管坡度和坡度变化的绝对值在不同地方可能会有所变化(如果 P 点没有粗差),但在同一方向(如行方向)上的坡度变化差值(Differences in Slope Change,DSC)应保持一致。因此,这些坡度变化差值应该就是我们所希望得到的相对值,可以作为评估坡度一致性和检测粗差的基础。

这就是说,除了边界点外的所有点,都可通过三个坡度变化值计算每一方向上的 DSC 值。所有点的 DSC 值将作为这个算法的基础,通过它们计算出一个统计值,以建立所要求的阈值,这个阈值便作为判断某点是否包含粗差的基础。对点 P 来说,如果以 P 为中心的所有四个 DSC 值都超过了阈值,则认为 P 点含有粗差。

7.5.3 坡度变化差值(DSC)的计算

以 J 方向上的坡度计算为例,算式如下:

$$\text{SLOPE}j(I+1,J-1) = (Z(I+1,J) - Z(I+1,J-1))/\text{DIST}(J-1,J) \qquad (7.5.1)$$

此处 $\text{DIST}(J-1,J)$ 是指节点 $(I+1,J)$ 和 $(I+1,J-1)$ 间的距离。

同理可计算 $\text{SLOPE}j(I+1,J)$, $\text{SLOPE}j(I,J-1)$, $\text{SLOPE}j(I,J)$, $\text{SLOPE}j(I-1,J-1)$ 和 $\text{SLOPE}j(I-1,J)$。I 方向上的坡度计算按相同的方式进行。

计算坡度以后,便可计算每个方向上的三个坡度变化值,也就是在 J 方向:

$$\text{SLOPC}j(I,J) = \text{SLOPE}j(I,J) - \text{SLOPE}j(I,J-1) \qquad (7.5.2)$$

同理可计算 $\text{SLOPC}j(I+1,J)$ 和 $\text{SLOPC}j(I-1,J)$ 以及 I 方向上的相应值。最后计算点 (I,J) 在每一方向上的两个坡度变化差值:

J 方向:$\text{DSLOPC}j(I,J,1) = \text{SLOPC}j(I,J) - \text{SLOPC}j(I+1,J) \qquad (7.5.3)$

和 $\text{DSLOPC}j(I,J,2) = \text{SLOPC}j(I,J) - \text{SLOPC}j(I-1,J)$

I 方向:$\text{DSLOPC}j(I,J,1) = \text{SLOPC}j(I,J) - \text{SLOPC}j(I,J-1) \qquad (7.5.4)$

和 $\text{DSLOPC}j(I,J,2) = \text{SLOPC}j(I,J) - \text{SLOPC}j(I,J+1)$

所有点的 DSC 值将用于计算是否接受或拒绝某点的阈值。

实际上,计算坡度和坡度差值的概念与 Makarovic 于 1973 年在渐进采样中采用的一次高程差分和二次高程差分的方法非常相似。在他的方法中,因为使用了正方形格网,其数据结构相似,所以一次和二次差分能提供所有需要的信息。

7.5.4 阈值的计算

坡度变化是否一致可通过从所有数据点的 DSC 值计算出来的某些统计标准来判定。这些统计值可以是绝对平均值、数据值范围(最大值减去最小值)、均方根值、标准偏差及算术平均值等。

首先考虑算术均值和标准偏差,因为这些统计值和另外一些值相比有许多优点。但在本节我们进行的实验中,因为 DSC 值的算术平均值太小,因此使用了均方根误差(RMSE)。在此情况下,阈值为 RMSE 的 K 倍,K 为常数。有三种可能的方法计算阈值:

(1) 根据每一数据在所有方向上的 DSC 值计算惟一的一个 RMSE 值;

(2) 根据每一数据点的 DSC 值计算四个 RMSE 值,其中定义数据点的四边(上、左、下、右)每边一个;

(3) 计算两个 RMSE 值,一个在行方向(I 方向),另一个在列方向(J 方向)。在这种情况下,每一数据点在同一方向上的两个 DSC 相加,其和用于计算 RMSE 值。

理论上,方法(3)最为合理,因为坡度变化如果一致,则同一点在同一方向上的两个 DSC 值的和的绝对值将是很小的值(接近 0);反之如果坡度变化不一致,这个值将比较大。在研究中曾经试验过不同的标准,最终的结果都证实了这一观点。因此,此次实验将运用方法(3)的理论。

7.5.5 怀疑一点

上述的所有方法都以判断某点是否含有粗差为目的。一个数据点在特定方向上的阈值被作为判断此点在此方向上是否被接受的标准。如果某点的计算值超过了阈值,则可认为此点在这一局部区域内是不正常的。在此情况下便有理由怀疑此点在这一方向上含有粗差。

实际上,上述的所有方法对检测一点是否含有粗差的过程都比较相似,惟一不同之处仅在于是将 DSC 值与总的 RMSE 值相比,还是与某一特定的 RMSE 值相比。以 7.5.4(2)中的方法为例,如果数据点在某一边坡度变化差值的绝对值大于阈值(阈值为此边对应 RMSE 值的 K 倍),则可怀疑此点在它的邻域范围内不太正常。如果这一点的四边都不正常,则可确信这一点含有粗差。大多数情况下,如果一点的三条边的 DSC 值超过阈值,则也被认为可能含有粗差。对 7.5.4(3)中的方法来说,如果一点在行列方向上的 DSC 值都大于阈值,则可确信它含有粗差。

另一个问题是在不同的情况下,K 究竟应取多大。对于不同的情况,可使用不同的 K 值。在本实验中,测试区域的 DSC 值分布比较均匀,故可将 K 值定为 3。

7.5.6 粗差的剔除过程

如果粗差分布比较集中,则有些粗差不能在单独一轮计算中被检测出来。在这种情况下,含有粗差的点的相邻点也有相同大小的粗差,因而此点被认为不含粗差。这意味着某些情况下需进行进一步的检测以发现残余的粗差。但算法中,既然所有数据点都计算了坡度及坡度变化值,那就有必要对含粗差的点进行改正,以保证数据质量的提高。因此,为使下一轮的粗差检测计算有可靠的数据,应将含粗差的点及时改正。这个算法数据改正的原理是:

如图 7.5.1,假设 P 点含有粗差,点 1 到 20 是它的邻域点。所有点(邻近边界的点除外)的坡度及坡度变化值在检测粗差的过程中都已经计算出来。另外点 6,16,10 和 12 处的四个估计值也已计算出来。估计值的计算以 10 点为例,J 方向上的 5 点和 15 点处的坡度变化值的平均值作为 10 点在同一方向上的估计值,则 10 点对 P 点的新坡度值以下式计算:

$$\text{SLOPE}(10,J) = \text{SLOPE}(9,J) + (\text{SLOPC}(5,J) + \text{SLOPC}(15,J))/2 \qquad (7.5.5)$$

此处 $\text{SLOPE}(10,J)$ 表示 J 方向上 10 点处的坡度值;$\text{SLOPC}(15,J)$ 表示 15 点在 J 方向上的坡度变化值;等式中其他标识的定义与此类似。

式(7.5.5)所计算的坡度值用于计算点 P 的高程。根据式(7.5.5)对四个方向上的估值都计算完毕后,这四个值的平均值便作为 P 点的高程估值。当然,如果点 9 和点 10 或这一边的其他邻域点(4,5,6,14,15,16)被怀疑含有粗差,则这一边估值的可靠性较低,不能参与下一步的计算。与此相似,在单独一轮计算中 P 点也有可能不能取得可靠估值,因此有必要使用一些交互的处理。

这个算法只用于改正那些不在边界点附近的可疑点,至于边界上的点,将不做任何处理。

7.5.7 粗差剔除的实验

在上节的结尾中曾经提到,从经过滤波处理的数据中产生的等高线仍包含一些不正常的特征。比如在图 7.3.2(b)中,高程为 330m、430m 和 440m 的等高线都表现出不正常的特性,另外 410m 和 420m 两条等高线之间还有两个非常小的闭合等高线。由此怀疑数据中可能有一些粗差,或至少包含一些不正常的数据点。因此在没有更好的测试数据的情况下,将以此数据测试算法。

使用上述算法对数据进行处理后,这些不正常的特征实际上已经被消除了。图 7.5.2(b)显示了计算结果。作为比较,根据原始数据绘出的等高线被显示在图 7.5.2(a)中。从显示结果可以看出,尽管此算法对测试数据的处理相当有限,但效果非常显著。

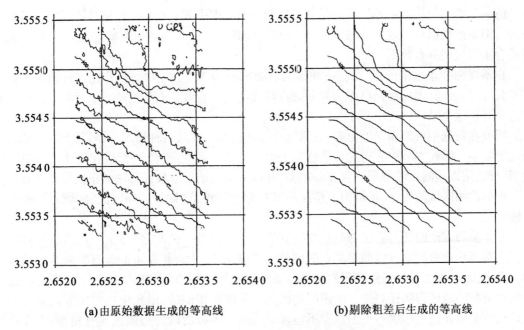

图 7.5.2　对 DEM 原始数据进行粗差剔除后提高了等高线的质量

前面曾经提到,测试区域边界点附近的点没有进行粗差检测,也没有作任何改正,这就是为什么在边界附近特别是绘图区域上面部分的等高线仍然没有消除不正常特征的原因。

图 7.5.3 显示的是此算法处理结果的另一个例子。图 7.5.3(a)显示了经过平滑处理后测试区域的部分等高线,从中可以看出由于数据中含有粗差使等高线没有反映自然的地貌。经过粗差检测算法处理后的结果显示于 7.5.3(b)中,显然这些不正常的特征已被消除掉了。

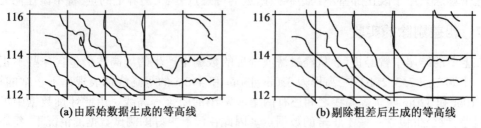

(a)由原始数据生成的等高线　　　　　(b)剔除粗差后生成的等高线

图 7.5.3　对 DEM 原始数据进行粗差剔除的例子

7.6　检测不规则分布数据中单个粗差的算法(算法1)

前一节描述的检测粗差的算法是基于规则格网数据中某点在邻域附近坡度变化一致性的原理。但如果数据呈不规则分布,则在检测坡度变化一致性时会碰到困难,因此一致性标准并不适合于不规则分布数据。

在不规则分布数据中,能比较方便地获取数据点的 X、Y、Z 坐标,因此在这种情况下某一点及其邻域点的高程信息仍可作为判断此点高程值是否有效合理的基础。下面将要介绍的算法正是基于这个基础(Li,1990)。

粗差在数据中可能孤立地分布,也可能成簇地存在。在后一种情况下,对粗差的检测将变得比较复杂。因此本节中先讨论检测数据中分布的单个粗差的算法,然后在第 7 节中将算法适当修改,用以检测以簇群形式存在的粗差,并以实验的结果来验证算法的正确性和可靠性。

根据检测区域的大小,可将粗差检测的算法分为三种,这就是全局方法、区域方法和点位方法。

基于全局方法的任何算法都是使用所有的数据点拟合一高次多项式函数,然后计算每一数据点对所建表面的偏差。如果某点的偏差大于阈值,则认为此点可能含有粗差。阈值可以预先设定,也可以通过数据点高程对全局表面的偏差计算出来。全局方法一个致命的缺点就是它对所有的地区都同样对待。地面的起伏状况是极少相似的,因此使用相同方式对地面进行处理的全局方法在起伏不平但数据不包含粗差的地区可能认为很多点含有粗差,而在相对光滑的地区又不能有效地将粗差检测出来。

在区域方法中使用的算法与全局方法使用的算法非常相似,也是先用多项式函数拟合一区域表面,然后检验数据点对表面的偏差。它们之间惟一的区别在于地表面积的大小,是否采用这种方法也部分取决于特定区域面积的大小。

不管是全局方法还是区域方法,通过建立多项式方程拟合地形表面这种方法的主要缺点是那些含有粗差的点也被用于建立 DEM 表面。在这种情况下,如果一个点含有很大的粗差,则受它影响,那些在它周围不含粗差的点对于所建表面将会有很大的偏差,从而它们可能都被认为含有粗差。

如果使用局部方法,则可避免使用多项式表面来拟合数据点,采用一种类似与点方式内插中所使用的在本文中称做点方式的方法。这种方法将待检测点的高程值与邻域点高程值的统计值如平均值进行求差,如果差值超过一特定阈值,则认为此点含有粗差。

点方式的原理十分简单和直观,其计算也不复杂,下面将具体推导基于此方法的算法。

7.6.1 一般原理

此算法的过程大致如下:对待测点 P,首先定义一以点 P 为中心的特定大小的窗口,然后计算窗口范围内所有点的一个"代表值"。这个值可被当做 P 点的近似值或"真值"。通过比较 P 点的高程值与上述统计值可获得一高程差值。如果高程差值大于另一计算出来的阈值,则认为 P 点含有粗差。

在这个算法中,待测点 P 的高程值没有参与 P 点统计值的计算,因此,P 点的高程值对从 P 点邻域中计算出来的估值没有影响,从而 P 点的高程值与其估值之间的差值提供了点 P 和其邻域点间相互关系更可靠的信息。

7.6.2 邻域点的范围

待测点 P 周围的邻域点范围可根据以 P 为中心的窗口指定。窗口大小的确定有两种方式,一种是定义窗口的尺寸,另一种是定义窗口覆盖区域内高程点的数量。前者可以用下式表达:

$$X \text{ 范围}: X_p - D_x < X_i < X_p + D_x$$
$$Y \text{ 范围}: Y_p - D_y < Y_i < Y_p + D_y \tag{7.6.1}$$

这里 X_p 和 Y_p 指待检测点 P 的坐标,X_i、Y_i 是 P 点的第 i 个邻域点的 X、Y 坐标,D_x、D_y 是 X、Y 方向上窗口大小的一半。

当然也可以同时使用两种方法来确定窗口的大小,通过计算测试区域内点的数量和坐标范围可确定一平均窗口,将此窗口作为初始值。由于在数据点密度很高的地区,落于窗口内的点数将大于平均值,但在数据点密度低的地区,窗口内的点数又可能很少。因此需要指定窗口内最少的点数,如果窗口内的点数小于这一指定值,则需要适当增大窗口以使窗口内点数达到此指定数值。

7.6.3 代表值的计算

在此算法中,待测点邻域点的平均高程将作为此点的代表值。有两种方法可用于计算邻域点的平均高程,一种是简单地计算高程值的算术平均值,另一种是对每个邻域点赋以不同的权值。定义权值的一种方法是取邻域点到待测点的距离的倒数。

如果待测点 P 的邻域点都不包含粗差,则加权平均值应该与 P 点的真值更加接近。然而,如果有一个含有较大的粗差的点特别靠近中心点 P,则这一点将对加权平均值产生较大的影响,从而产生一个极不可靠的代表值。从这一点考虑,简单算术平均值或许更加可信。事实上,确实有实验检测到了这样的粗差点。使用算术平均值的另一个优点是计算速度比较快,因此本算法就使用简单算术平均值来作为代表值。

7.6.4 计算阈值和怀疑一个点

所有点的高程差值都将用来计算统计值,作为决定最终阈值的基础。假设 M_i 是以第 i 个点为中心的邻域点的算术平均值,V_i 为 M_i 与第 i 个点的高程值 H_i 的差值,即:

$$V_i = H_i - M_i \tag{7.6.2}$$

如果数据中共有 N 个点,则 V 值的个数也为 N,从这 N 个 V 值中即可算出所需要的统计值。在本算法中,算术平均值 U 和标准偏差 SD 都从这些 V 值中计算出来,并作为确立阈值的基础。和前一节中讨论的阈值相似,此算法中使用的阈值也为 SD 的 K 倍,且设 K 值为 3。

阈值确定之后,数据中的每一点便可据此进行检测。对于任一点 i,如果 $V_i - U$ 的绝对值大于阈值,则此点被认为含有粗差。

7.6.5 实验测试

第一套数据点的分布及其等高线如图 7.6.1 所示。图 7.6.1(a) 显示了分布不规则的数据点,图 7.6.1(b) 显示了相应的等高线。从图中可明显看出数据中含有一些粗差。实验区域的大小在像片上约为 4.5cm×4.5cm,对应地面上的范围为 800m×800m。在此区域内,通过相

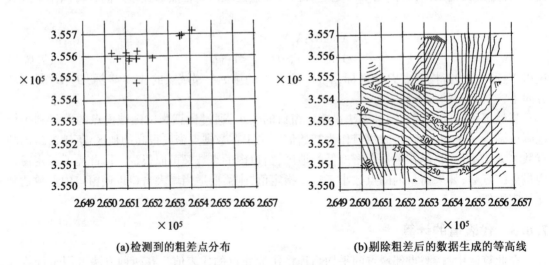

(a) 检测到的粗差点分布　　　　(b) 剔除粗差后的数据生成的等高线

图 7.6.1　对第一套实验数据进行剔除粗差后的结果

关方法计算了 3 496 个点。

此次测试以邻域点的简单算术平均值作为代表值,而窗口大小以指定窗口内的面积和窗口内的点数两种方式共同确定。将初始最小点数设为 5,但测试效果不十分理想。将点数递增继续测试,当点数在 15 和 20 之间时,发现可得到最好的效果。

经此算法处理后,那些产生等高线不正常的点被检测出来。图 7.6.2(a) 显示了这些点的

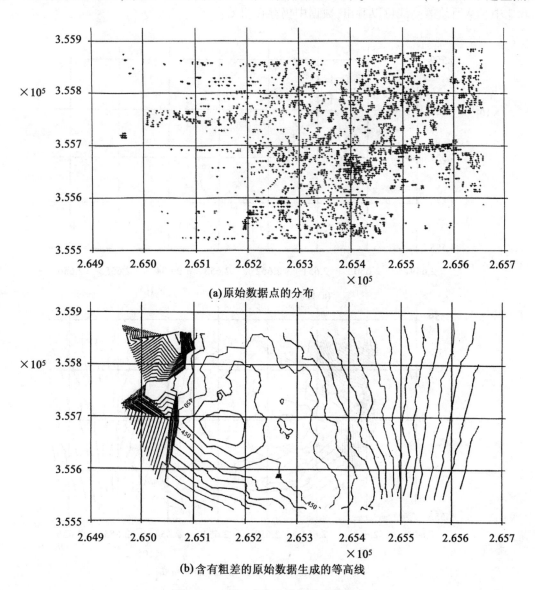

(a) 原始数据点的分布

(b) 含有粗差的原始数据生成的等高线

图 7.6.2　第二套实验数据的有关信息

分布,剔除含有粗差的点后的数据点的分布及其等高线显示于 7.6.2(b) 图中,从显示结果可以看出此算法能有效地检测粗差的存在。图 7.6.2(a) 显示了另一数据点的分布及其相应等高线。实验区是像片上 4.0cm × 2.2cm 大小的区域,对应地面面积为 700m × 400m,总点数为 4 733 个。同样此数据中也包含了一些粗差。

在测试的初始阶段使用了前一次测试中曾使用过的参数和窗口大小。实验结果显示于图 7.6.3 中。从所绘等高线可以看出,数据中仍存在粗差。

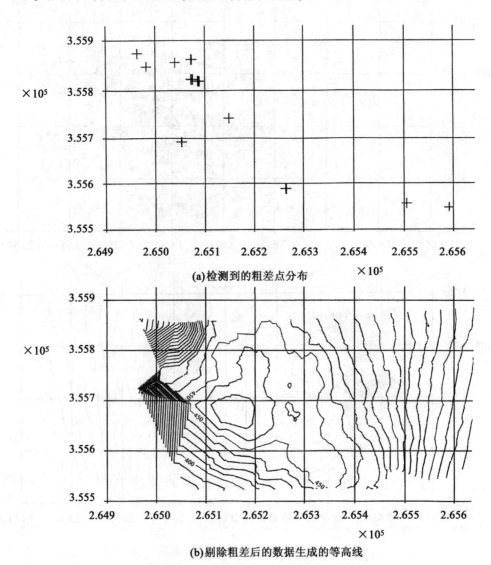

图 7.6.3 对第二套实验数据进行剔除粗差后的结果

使用更大的窗口(包含 60 个点)进行处理,由于这些粗差以簇群形式存在,因此残余粗差仍未能检测出来。为解决这个问题,提出了另一种算法,与上一算法不同的是,新算法中每一数据点在整个测试区中搜寻邻域点。

7.7 检测粗差簇群的算法(算法 2)

从上述的实验结果可看出,上面提到的第一种算法更适合于离散粗差的检测,而对检测粗差簇群显然效果欠佳,因此不得不考虑另一种情况。假设窗口中每一点都包含较大的粗差,并且以一种排列紧凑、数量巨大的方式存在——这在自动相关(影像匹配)技术获取的数据中经常存在,在此情况下算法 1 并不能将这些粗差剔除。因此,需要对算法 1 作进一步的改进(Li,1990)。

7.7.1 算法原理

理论上,将窗口增大是一种可行的解决方法,但是前面已经提到,当窗口的大小增加到超过 60 个点时算法仍然会失败。如果将窗口不停地增大,尽管在一些情况下算法仍可以运作,但结果可能是很难让人满意的,因为从这样的窗口中的邻域数据点导出的"代表值"可能事实上已和"真值"差距甚远。因此,必须寻找另外一种方法。一种思路是查找所有对"代表值"(平均值)有很大影响的数据点,在计算"代表值"时不考虑这些点。

在窗口中探测这样的数据点的方式同算法 1 检测粗差的方式是非常相似的,过程如下:

首先,将窗口中的第一点从窗口中移去,从窗口中剩余的点计算新的"代表值"即平均值;然后计算并记录这个平均值与移去的数据点的值之差。随后这个过程将应用到窗口中的每一个数据点。假设在窗口中有 M 个点,那么通过下式可计算 M 个差值:

$$V_i = P_i - P \tag{7.7.1}$$

式中的 P_i 是窗口中所有剩余的数据点的平均值而不是第 i 个点,P 是窗口中所有数据点的平均值,V_i 即是上述两个值的差。余下的处理过程与算法 1 检测粗差的方法类似。也就是 M 个值将用来计算一个统计值,并使用该统计值生成阈值。然后就可对窗口中的每个数据值进行检测了。如果一个数据点如 V_i 超过了这个阈值,那么这个数据点将被认为含有粗差而需要将其排除。通过这种方式,那些对窗口中的代表值有很大影响的所有数据点将全部被排除。

这样的数据检测技术被应用于每一窗口。所以这些完成之后,以下的过程便与算法 1 中所描述的过程完全相同了,也是计算表征值、建立阈值和识别可疑点的过程。

7.7.2 实验测试

使用第二套数据对新算法进行了测试。图 7.6.3(a)中显示了检测出来的粗差点分布,图 7.6.3(b)中则是由剔除了粗差后的数据绘出的等高线。从位于图 7.6.3(b)中测试区域西北角的一根扭曲的等高线可以清晰地看出,仍有一个数据点包含有较小的粗差。新算法未能将此粗差检测出来,是因为在测试新算法的过程中使用了较大的窗口。具体对这个实验而言,窗口内点数至少为 35 个,但大窗口的使用显然降低了新算法对粗差的敏感性。

7.7.3 剔除粗差的算法讨论

对比图 7.6.3 和图 7.7.1 可以发现,用两种不同算法检测出来的粗差点大部分都是相同

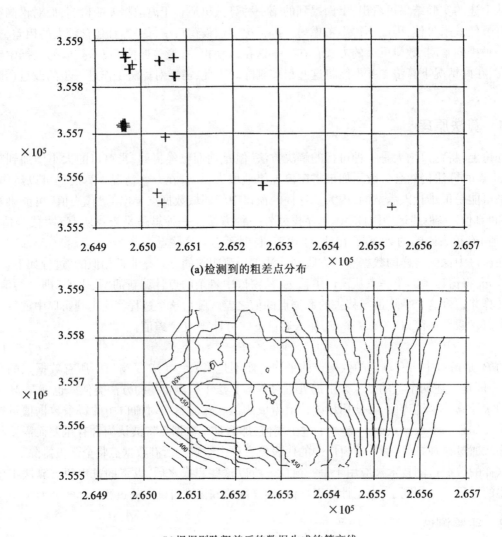

(a)检测到的粗差点分布

(b)根据剔除粗差后的数据生成的等高线

图 7.7.1 对第二套实验数据使用检测粗差簇群的算法进行剔除粗差后的结果

的。但由于在前面部分曾经提到的各种具体原因,每一种算法总会漏掉一个或多个粗差点。因此,将两种算法互为补充地使用有可能产生比较理想的结果。在此情况下,在每一算法检测出粗差点后,这些点都应从数据中剔除。

图 7.7.2(a)和 7.7.2(b)分别显示了由两种算法检测出来的粗差及根据消除粗差后的数据绘出的等高线,从中可以看出在剔除粗差后,处理结果将变得更加合理。需要指出的是,因实验区底边左角没有数据分布,绘于此处的等高线是人工添加上去的。

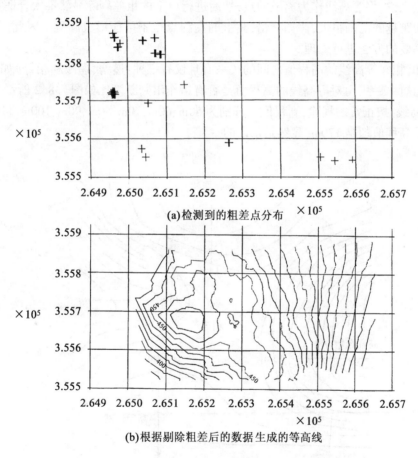

图 7.7.2 对第二套实验数据使用两种算法进行剔除粗差后的结果

7.8 基于等高线拓扑关系的粗差检测与剔除

如果 DEM 原始数据来自等高线地形图,那么对于这些数据中的粗差检测与剔除可以有两种方式:一种是将所有的等高线当做离散的点,这样可用上一节的方式进行粗差检测与剔除;另一种是考虑等高线的拓扑关系来进行粗差检测与剔除。

由等高线地形图生成 DEM 的一个最重要的误差来源是等高线的数字化。在数字化的过程中,一般由人工交互式配赋等高线的高程值,而完全无误地配赋所有等高线的高程值几乎是不可能的,因此粗差便不可避免地产生了。对等高线高程值配赋错误有个明显的特点是该条等高线上所有点的高程值全是错的,当错误被改正后,等高线上所有点的高程值也将全部被改正。从这一点来说,将等高线作为离散的点,然后进行单个的粗差剔除显然不太合适。另外由于一条等高线跨越的范围很大,假如有错,其上的高程点也不可能形成簇群。因此,需要找寻一种更合理高效的方法进行处理。

众所周知,相邻等高线的高程值之间的关系有且仅有三种:递增、递减和相等(如图 7.8.1 所示)。根据这些关系,可对等高线的高程值是否有错作出判断。比如图 7.8.2 所示为等高距为 10m 的等高线,按正常的规律,高程值应分别为 50m、60m、70m、80m、90m、100m、110m,但第三条等高线的高程值却是 170m,显然是错误的。

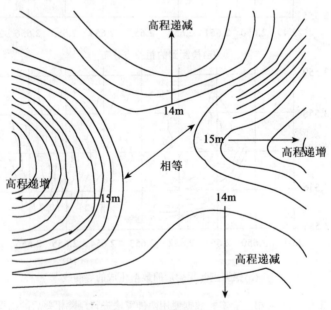

等高距为 1m,原图比例尺为 1:1 万

图 7.8.1 相邻等高线高程值之间的关系

应当指出,在等高线地形图上由于存在等高线密集、注记的压盖、断崖地形等情况,常常造成等高线的不连续有时甚至丢失的情形(图 7.8.3),因此检测所有的可能错误是很困难的。

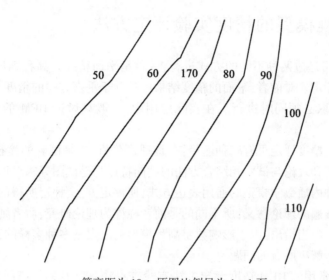

等高距为10m,原图比例尺为1∶1万

图7.8.2 有粗差的等高线(170m的等高线显然错误)

等高距为1m,原图比例尺为1∶1万

图7.8.3 由于等高线过于密集造成的等高线不连续

换句话说,仍然不能仅仅依靠等高距来决定可疑处是否错误。因此,在对所有的可疑处自动检测后,应当对每个可疑处根据等高线的关系由人工交互进行校验并修改,剔除粗差。

7.9 数字高程模型的精度实验评定方法

DEM 精度评定可通过两种不同的方式进行,一种是平面精度和高程精度分开评定,另一种是两种精度同时评定。对前者,平面的精度结果可独立于垂直方向的精度结果而获得;但对后者,两种精度的获取必须同时进行。在实际应用中,一般只讨论 DEM 的高程精度评定问题。

数字高程模型的精度评定可有三种途径:一是理论分析,二是试验的途径,三是理论与试验相结合。理论分析和理论与试验相结合方法的共同特点都是试图寻求对地表起伏复杂变化的统一量度和对各种内插数学模型的通用表达方式,使评定方法、评定所得的精度和某些带规律性的结论有比较普遍的理论意义;所不同的是前者纯粹为理论研究,后者则要通过大量的实验来建立数学模型。应当指出,由于影响数字高程模型的因素是多种多样的,因此无论采用哪种途径都不能很好地解决所有的问题。

在实际应用中,常用的 DEM 精度评定方法有检查点法、剖面法、等高线法等(唐新明等,1999)。

7.9.1 检查点法

检查点法即事先将检查点按格网或任意形式进行分布,对生成的 DEM 在这些点处进行检查。将这些点处的内插高程和实际高程逐一比较得到各个点的误差,然后算出中误差。这种方法简单易行,是一种最常用的方法。

假设检查点的高程为 $Z_k(k=1,2,\cdots,n)$,在建立 DEM 之后,由 DEM 内插出这些点的高程为 R_k,则 DEM 的精度为:

$$\sigma_{\text{DEM}} = \frac{1}{n}\sum_{k}^{n}(R_k - Z_k)^2 \qquad (7.9.1)$$

我国国家测绘局 1:1 万和 1:5 万数字高程模型生产技术规定(暂行本)对 DEM 格网点的附近野外控制点的高程中误差的要求分别见表 7.9.1 和表 7.9.2。以 1:1 万技术规定为例,规程采用检查点的方式对精度进行检测,用 28 个检测点对图幅内和图幅边缘进行检测,这种检测可以反映出 DEM 的大体精度。

1:1 万技术规定还有:

(1)高程最大误差为中误差的两倍;

(2)密林等隐蔽地区高程中误差按表 7.9.1 中数据的 1.5 倍计;

(3)DEM 内插点的高程中误差按表 7.9.2 中数据的 1.2 倍计;

(4)一般情况按二级精度要求执行,若原始资料精度较差,可放宽到三级精度。

表7.9.1　1∶1万DEM精度标准(中国国家测绘局,1998)

地形类别	地形图基本等高距(m)	地面坡度(度)	DEM格网间距(m)	格网点高程中误差(m)		
				一级	二级	三级
平地	1	2以下	12.5	0.5	0.7	1.0
丘陵地	2.5	2-6	12.5	1.2	1.7	2.5
山地	5	6-25	12.5	2.5	3.3	5.0
高山地	10	25以上	12.5	5.0	6.7	10.0

表7.9.2　1∶5万DEM精度标准(中国国家测绘局,1998)

地形类别	地形图基本等高距(m)	地面坡度(度)	DEM格网间距(m)	格网点高程中误差(m)
平地	1	2以下	25	4
丘陵地	2.5	2-6	25	7
山地	5	6-25	25	11
高山地	10	25以上	25	19

7.9.2　剖面法

剖面法是按一定的剖面量测计算高程点和实际高程点的精度计算方法。剖面可以沿X方向、Y方向或任意方向。可以用数学方法(如传递函数法)计算任意剖面的误差,也可以用实际剖面和内插剖面相比较的方法估算高程误差。

传递函数法的基础是傅立叶级数,其原理是任何一个连续曲面的剖面均可表示为一个傅立叶级数:

$$\sigma_{z,x}^2 = \frac{1}{2}\sum_{k=1}^{m}[1-H(U_k)]^2 C_k^2 \qquad (7.9.2)$$

$$H(U_k) = \frac{\bar{C}_k}{C_k} = \frac{\bar{a}_k^2+\bar{b}_k^2}{a_k^2+b_k^2} \qquad (7.9.3)$$

式中的$\sigma_{z,x}^2$是在断面的高程误差(在Y断面上和在X断面上相同),$\bar{a}_k$和$\bar{b}_k$为断面实际曲线的傅立叶级数各项的系数,a_k和b_k为断面内插曲线的傅立叶级数各项的系数。采用这种方法可以评价DEM在任意断面上的精度。

应当指出,由于影响DEM精度的多样性,在考察DEM的精度时,不仅要考虑DEM的单点误差,还要考虑 DEM 在山区、平原地区、平缓地区和破碎地区的整体形状,使 DEM 不仅在单点的精度达到相当的水平,而且整个 DEM 的形状和实际地形保持一致。

7.10 数字高程模型的生产过程的质量检查

DEM 的质量控制流程是 DEM 生产流程中的一条主线。从这个角度来划分,可以将 DEM 生产项目的质量检查分为三个部分:原始资料的质量检查、数据处理的质量检查、最终产品的质量检查。这三部分的质量检查事实上是与 DEM 生产的工艺流程密切相关的,严格地说,只有对 DEM 的原始数据的处理才真正属于 DEM 质量检查的范围,而这以前的质量检查尽管和 DEM 的质量有很大的关系,如使用摄影测量方法生产 DEM 中许多的工作(如原始航片的质量、扫描后的影像质量、参数文件的检查等)并不真正属于 DEM 质量检查的范围。

7.10.1 质量检查的内容

尽管采用何种生产工艺流程生产 DEM 和 DEM 的质量检查是密切相关的,即不同的工艺流程会导致 DEM 的质量检查会有很大的不同,但总的来说,DEM 的质量检查应当包括这样一些内容:

(1) 检查 DEM 原始的数学基础;
(2) 检查 DEM 数据起止点坐标的正确性;
(3) 检查 DEM 原始数据的质量;
(4) 检查 DEM 的高程值有效范围区是否正确;
(5) 检查生成 DEM 的内插模型;
(6) 检查生成的 DEM 产品的质量;
(7) 检查 DEM 的元数据文件是否正确。

这些内容中,对于 DEM 原始的数学基础、DEM 数据起止点坐标的正确性、DEM 高程值有效范围区的正确性、DEM 元数据文件的正确性等问题的检查一般都比较容易,而对 DEM 原始数据的质量、生成 DEM 的内插模型及生成 DEM 产品的质量检查则比较困难,也是比较关键的。

对 DEM 原始数据质量进行检查的实质是检查数据中是否含有误差(包括系统误差、偶然误差和粗差)。对生成 DEM 产品的质量检查主要是检查 DEM 产品是否含有误差、整体精度如何、是否准确反映了地形等。对 DEM 内插模型的检查则要复杂一些,从数学的角度而言,可从逼近程度、外推能力、平滑效果、惟一性、计算时间等方面进行比较检查和评价,但在实际应用中,无法对内插模型的这些特性进行检查,更为主要的是,大量的实践表明,影响 DEM 精度的主要因素取决于原始数据的质量和顾及地形特征与否,而与内插并无明显的关系。但一般认为,使用双线形内插的效果要好一些。

7.10.2 质量检查的方法

一般有三种方法对 DEM 的质量进行检查,它们是:

(1)目视检查:主要是由计算机生成 DEM 数据的可视化形式,由人工进行判断与检查。比如在基于地形图扫描矢量化生产 DEM 的方法中,可将 DEM 按高程分层设色,与等高线和扫描影像叠加显示或绘图输出检查,或将 DEM 生成的三维晕渲图与等高线叠加检查,或用 DEM 内插与原始等高线相同等高距的等高线进行套合检查,即所谓的等高线回放法。

在摄影测量生产 DEM 的方法中,可将 DEM 生成的等高线与正射影像进行叠加,目视等高线是否有突变情况,或与地形图比较,当地貌形态、同名点(近似)高程差异较大时说明可能有问题。

(2)半自动检查(交互式检查):上节所述的基于趋势面与三维可视化的方法,以及基于等高线拓扑关系的方法都属于此类方法。在全数字摄影测量及交互式摄影测量生产 DEM 的方法中,使用左、右正射影像零立体对 DEM 的检测手段也属于这类方法。一般地,在较成熟的生产 DEM 的软件中,这种人工交互的方法是很多的。

(3)自动检查:原始数据的质量检查可采用上节所述的滤波方法及基于坡度信息的方法。由于原始数据的系统误差与其生成的方法和流程有极为密切的关系,如果不在生产工艺中生成原始数据的前一步对系统误差进行检测与剔除,而从数据本身来处理则会很难,所以在此一般不作讨论。DEM 产品的质量检查也可采用这种方法。

(4)影像分析检查:DEM 常常是一组用矩阵形式表示的高程组,实际上为栅格数据。和其他栅格数据一样,可以用影像来表达和检查 DEM 高程误差。用影像来检查 DEM 的手段主要有两种,即灰度和彩色影像。两种方法均采用色彩对照表建立各个高程值和灰度或彩色之间的对应关系,对 DEM 的局部进行详细检测,进而计算出局部区域 DEM 的误差。实际上将 DEM 作为影像时,许多对影像的操作都可对 DEM 应用,这是一个很有潜力的研究领域。

7.10.3 基于地形图扫描矢量化的质量检查的流程

DEM 生产时的质量过程控制方法,以及分析质量管理的具体内容。不同的生产方式、不同的生产设备和对产品质量不同的要求,质量控制的内容方法存在较大的差异。

(1)基础资料的质量:基础资料分为薄膜黑图和彩图两种。复制薄膜黑图必须符合作业规程中的要求,当原图确有质量问题时,要进行处理才能使用。图廓点和有无非均匀变形是重点检查的内容,检查一般采用量测图廓边长,计算与理论值的较差,较差在 0.3mm 以内的图幅,可以认为变形较小符合要求;如果边长较差大于 0.3mm,可先将图进行扫描,将扫描影像进行几何纠正,消灭系统变形误差,然后选择方里网交点坐标与理论值进行比较,误差小于 0.2mm 的符合精度要求,否则应进行局部控制纠正。没有方里网交点的,可选择特征点,从彩图上获得理论坐标值,计算变形误差。

(2) 预处理图的质量：主要检查以下几个方面：湖泊、水库、双线河的选取是否合理；高程估读是否正确；原图上等高线断开的地方，预处理是否合理；为了配合 TIN 构造，增加的特征点是否正确。

(3) 扫描影像的质量：扫描仪是否达到规定的技术指标；扫描影像是否按要求的格式命名和文件组织存储；扫描影像的完整性和影像质量是否达到要求，不粘连，不发虚。

(4) 矢量化：矢量化过程的各种参数设置应合理，核实新添加的数据的正确性。在屏幕上将矢量数据和栅格影像叠合显示，检查数字化的要素是否有遗漏；检查是否存在短小毛刺；检查高程赋值有无粗差；检查补绘的等高线是否合理；不应该有多边形错误和不合理的悬挂节点；检查要素之间是否有不合理的粘连或打结。

(5) 数据转换建立拓扑关系：检查图廓点的坐标值及点号是否正确；检查坐标转换误差是否符合精度要求；检查各数据层的正确性；检查每一层的拓扑关系是否正确。检查每一个属性表是否正确，属性项的名称、定义和顺序是否符合规定要求；检查属性值是否超过值域范围。检查各属性项值的正确性。

(6) 接边检查：检查各要素是否与本图图廓线严格吻合，不得偏离；检查相邻图幅要素是否全部接边，接边误差是否在规定值之内，属性值是否一致。

(7) 位置精度和属性精度检查：属性精度，完整性和逻辑一致性检查；位置精度和属性代码，可以在工作站上对矢量数据属性进行符号化和注记，以栅格数据当背景显示，检查其正确性；绘图检查也是一种可行的方法，可以充分利用人力资源。

(8) 生成 TIN：检查生成 TIN 是否采用了规定的数据内容；检查生成 TIN 时使用的各种参数是否合理和正确；检查 TIN 是否覆盖整个图幅范围，并向图廓外适当延伸；对 TIN 进行检验，发现粗差的地方和不合理的地方退回上一步，修改矢量数据。使用方法：交互式检查。

(9) 生成 DEM：检查生成 DEM 的内插模型；检查 DEM 数据起止点坐标的正确性；检查高程值有效范围区是否正确；检查 DEM 是否存在不平滑的地方需要编辑处理；检查 DEM 是否有粗差，有则退上一步修改；检查元数据文件是否正确。主要检查方法：将 DEM 按高程分层设色，与等高线和扫描影像叠加显示或绘图输出检查，或将 DEM 生成的三维晕渲图与等高线叠加检查。相邻图幅 DEM 接边处是否连续，有无裂缝。

(10) DEM 编辑：检查 DEM 数据中存在的不平滑现象是否彻底编辑干净和合理。

(11) 检查文档簿填写的内容是否完整，正确。

(12) 产品归档检查：检查各种数据资料、图形资料、文档资料是否齐全；检查存储数据的介质和规格是否按规定要求；检查备份的数量；检查数据是否可用；文件组织、文件命名是否按规定要求。

7.10.4 基于数字摄影测量工作站的质量检查的流程

(1) 影像扫描质量检查：扫描分辨率设定是否正确无误；影像反差是否适中，色调饱满、框标清晰;文件命名是否正确;影像灰度直方图是否在 0~255 灰度级之间呈正态分布。

(2)参数文件的检查:相机参数文件、项目参数文件、控制点参数文件、模型参数文件填写是否正确。

(3)定向结果检查:内定向、相对定向、绝对定向结果是否符合限差要求。

(4)影像匹配结果检查:等视差曲线是否真实反映地貌形态,匹配点是否准确切准地面。

(5)DEM 检查:(a)软件提供 DEM 物方格网点与立体模型叠合显示功能,并可进行单点编辑,为此对 DEM 的检查只能局限于 DEM 粗差的检查。检查方法是利用 DEM 内插生成等高线,并与 DEM 叠加,机上目视检查等高线是否有突变情况,或与地形图比较,当地貌形态、同名点(近似)高程差异较大时再次重复匹配、编辑,直至 DEM 合格。(b)DEM 拼接后应检查、判断有无重叠和丢失(非空白区漏洞),拼接精度是否达到要求。

(6)产品归档检查。

参考文献

卡尔·克劳斯. 1989. 摄影测量学(中册):摄影测量信息处理系统的理论和实践(中文). 北京:测绘出版社

柯正谊,何建邦,池天河. 1993. 数字地面模型. 北京:中国科学技术出版社

李德仁,王树根. 1995. 数字影像匹配质量的一种自动诊断方法. 武汉测绘科技大学学报,20(1):1~6

李德仁. 1998. 摄影测量新技术讲座. 武汉:武汉测绘科技大学出版社

唐新明,林宗坚,吴岚. 1999,基于等高线和高程点建立 DEM 的精度评价方法探讨. 遥感信息,(3):7~10

於宗俦,鲁林成. 1982. 测量平差基础. 北京:测绘出版社

朱庆,李德仁. 1998. 多波束测深数据的误差分析与处理. 武汉测绘科技大学学报,23(1):1~4

Ebisch, K., 1984. Effect of digital elevation resolution on the properties of contours. *Technical Paper*, *ASP-ACSM Fall Convention*, 424~434

Hannah, M., 1981. Error detection and correction in digital terrain models. *Photogrammetric Engineering and Remote Sensing*, 47(1):63~69

Li, Zhilin, 1990, *Sampling Strategy and Accuracy Assessment for Digital Terrain Modelling*, Ph. D. Thesis, The University of Glasgow

Makarovic, B., 1973. *Progreesive sampling for DTMs*. ITC Journal, 4:397~416

第八章 数字高程模型精度的数学模型

DEM 的精度涉及到 DEM 的使用者和生产者,具有十分重要的意义。一直到 1988 年,DEM 精度都是 ISPRS 第三委员会的重要议题,但自从 K. Kubik 教授在第 16 届 ISPRS 年会上作了一次关于 DEM 精度估计的基本问题已经解决的报告后,DEM 精度估计的议题几乎从 ISPRS 研究议程上消失了。然而,在这一领域仍有许多基础问题没有解决,已有的一些数学模型或者不能产生可靠的结果,或者不够实用。为此,OEEPE 建立了一个特别工作组,对 DEM 精度进行深入的研究。由此可见,研究影响 DEM 的各种因素,特别是原始数据对 DEM 精度的影响,具有特别重要的意义。

8.1 数字高程模型精度的数学模型:问题与对策

8.1.1 数字高程模型精度之数学模型:历史回顾

DEM 精度评估主要通过理论分析和实验研究的方式进行。对涉及这两方面的文献作一下简单的回顾,有助于进一步加深对 DEM 精度评估重要性的认识。从这些文献可注意到,自 20 世纪 70 年代起,DEM 的研究方向就从内插技术的发展转移到了对 DEM 精度的评估和控制。涉及这一方面有价值的论文很多,其中一些论文涉及到在实验的基础上对 DEM 精度的研究,这些论文的作者有:Ackermann(1979)、Ley(1986)、Torlegard et al. (1986)、Tuladhar 和 Makarovic(1988)、Li(1990,1992)等。但只有 Ackermann 针对某一特定情况给出了一经验模型。另一方面,通过理论分析也得出了许多数学模型,例如 Makarovic(1972)、Kubik 和 Botman(1976)、Tempfli(1980)、Frederiksen et al. (1986)等。然而由 Balce(1987)和 Li(1990,1993a,1993b)所进行的研究都证实了这些模型不能产生可靠的精度预测。这表明在 DEM 领域对误差元素的理论分析和经验研究,仍是一个较迫切的问题。

在实际生产中通过航空摄影测量、影像匹配、地面测量以及等高线数字化等方法可产生各种类型的数据模型,如规则格网数据、可变间距格网数据(通过渐进采样获得)、链状的剖面数据、链状的等高线数据等,但最重要也是最频繁使用的则是正方形格网数据和等高线数据,另外从选择性采样方法获取的特征(F-S: Feature-Specific)数据(山顶点、山谷点、沿山脊线的点、沿峡谷点、沿断裂线的点等)加入到格网数据和等高线数据后,可得到新的混合数据。因此在本章中主要考虑格网数据与等高线数据以及这两种数据与特征数据结合后生成的混合数据。

前面提到,DEM 精度的数学模型可以通过实验的方法来建立,但这种方式显然有很大的局限性,因为通过实验测试只能获得某些特殊情况下的结果,并且如果以这种方式来建立精度模型的话,就得进行一系列的实验,这不仅耗时耗力,有时还根本不能实行。因此以理论分析的方式来建立数字高程模型的精度模型是进行 DEM 精度分析的一个重要方面。这一方面的工作始于 20 世纪 70 年代早期,其先驱者是 Makarovic,他于 1972 年在 ITC 开始了这方面的工作。在这以后,几位研究者使用不同的数学工具对此进行了不懈的努力。这些数学工具主要有傅立叶变换、统计学、区域变化理论、地理统计学等。利用这些工具,研究者建立了 DEM 精度预测的一些数学模型。

精度是评价模型好坏的最重要标准,同时数字高程模型的精度也是数字地形建模最关心的问题。因此,DEM 精度的数学模型研究在理论上和实践上都是非常重要的。

8.1.2 数字高程模型精度的表达参数

精度是指误差分布的密集或离散的程度。一般情况下,如果随机采样点超过 30 个,我们就认为误差符合正态分布,因此可以用统计学的方法对精度进行评价。为了评价精度的高低,我们将介绍几个与数字高程模型精度有关的表达参数。

如果某离散型随机变量 X 的分布规律为:

$$P(X=x_i) = p_i \tag{8.1.1}$$

对于随机变量 X 来说,大小与离散度是两个重要指标。通常用数学期望来表示随机变量的大小,而用方差来表示随机变量的离散度。随机变量 X 的数学期望 $E(X)$ 定义为:

$$E(X) = \sum_{i=1}^{n} x_i p_i \tag{8.1.2}$$

数学期望实际上就是某随机变量所有可能取值的平均值。随机变量的方差 $D(X)$ 定义为:

$$D(X) = E[(X-E(X))^2] \tag{8.1.3}$$

在实际应用中,取方差的算术平方根作为离散程度的特征值,称为 X 的标准差,并记为 σ_x,即

$$\sigma_x = \sqrt{D(X)} \tag{8.1.4}$$

绝对值大于标准差的偶然误差,其出现的概率为 31.7%;绝对值大于 2 倍中误差的偶然误差出现的概率为 4.5%;而绝对值大于 3 倍中误差的偶然误差出现的概率仅为 0.3%,这是概率接近于零的不可能事件。因此,通常以 3 倍中误差作为偶然误差的极限值 $\Delta_{限}$,并称为极限误差。即:

$$\Delta_{限} = 3\sigma \tag{8.1.5}$$

测量中,如果某误差超过了极限误差,就认为是粗差。

事实上 DEM 的误差分布并不服从正态分布(因为 DEM 检查点的选择不是一种随机采样),但与正态分布很接近(Li,1992)(见图 8.1.1)。Li(1988)对描述 DEM 精度的参数作了探讨,认为均值与方差仍然是一种很有效的参数。所以,我们就沿用均值与方差这两个概念来描述 DEM 的误差。

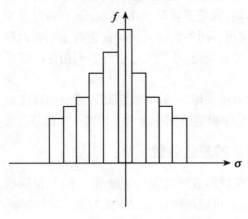

图 8.1.1　DEM 误差的分布

8.2　数字高程模型精度的影响因子

8.2.1　数字高程模型精度的影响因子

DEM 精度的数学模型比地形表面本身更加复杂。因为后者只使用到 X 坐标和 Y 坐标,前者则将用到其他许多参数变量。这些变量包括地形表面的粗糙度,指定的内插函数和内插方法以及原始数据的精度、密度和分布等。因此,DEM 精度的数学模型可以被写成以下形式(Li,1992):

$$A_c(\text{DEM}) = f(S, M, R, A, D_s, D_n, O) \tag{8.2.1}$$

式中:A_c 表示 DEM 的精度;

S 表示 DEM 表面的特征;

M 表示 DEM 表面建模的方法;

R 表示 DEM 表面自身的特性(粗糙度);

A, D_s, D_n 表示 DEM 原始数据的三个属性(精度、分布和密度);

O 表示其他要素。

DEM 表面上点的误差是数字地面建模过程中所传播的各种误差的综合,其中地形表面的特征决定了地形表面表达的难度,因而在影响最终 DEM 表面精度的各种因素中扮演了重要的角色。地形表面复杂度的描述已在第二章讲过。在地形表面的各种特征中,坡度被认为是最重要的描述因子,在测绘实践中具有广泛的用途。

一个 DEM 表面可通过两种方法来建立,一种直接以量测数据建立,另一种通过从随机点到格网点的内插处理过程以间接方式建立 DEM 表面。由于从随机到格网的内插处理肯定对原始数据中表现出来的空间变化有一定的综合作用,因此直接建模方式避免了因内插带来的地貌表达可信度的损失而导致整个推导的复杂性。

毋庸置疑,原始数据的误差肯定会通过建模过程传递到最终的 DEM 表面。原始数据的误差可以中误差、方差和协方差的形式来表达。如果每个格网节点的量测被认为是独立的话,则协方差可以忽略。实际上,摄影测量量测数据之间的协方差是很难确定的,因此在实践中通常不予考虑。

原始数据的分布是影响 DEM 表面精度的另一个主要因素,这个问题也在第二章中讨论过。在这里,我们将在下一节中讨论。

最终 DEM 表面的特性是决定 DEM 表面与地形表面相互吻合程度的因素,因而也就决定了 DEM 表面的精度。注意到 DEM 表面既可以是连续的,也可以是不连续的,还可以是光滑的(使用高次多项式)或不光滑的(线性表面)。许多研究者已认识到,线性表面具有最小的歧义性,它们通常是连续表面,由连续的双线性面元、三角形面元或者两者的混合体组成。

8.2.2 原始数据的精度

在第三章讲过,航空像片及现有的地形图是 DEM 的主要数据来源,本节对它们的数据精度作一评估。

摄影测量数据的精度与下列因素有关:
(1)像片的质量及比例尺;
(2)仪器的精度及保养状态;
(3)测量的精度;
(4)像片的几何等。

一般情况下,解析法测量的精度为 $0.07H‰$,这里 H 为飞行高度,指的是静态观测(测点)能达到的精度。当以动态量测(测等高线和剖面)时,精度要差得多,最好时能达到 $0.3H‰$。

经验表明,全数字化摄影测量系统获取的数据质量并不比解析测图的高。龚健雅等(Gong et al,1990)的试验显示,解析测图最可靠,交互式数字化量测次之,全自动数字化量测则不太可靠。

数字化所得的等高线数据的质量与下列因素有关:
(1)数字化仪的精度及保养状态;

(2) 原始地图的质量;
(3) 数字化量测的精度等。
一般来说,等高线的精度可写成:

$$m_c = m_h + m_p \tan \alpha \tag{8.2.2}$$

这里 m_h 指的是高程的测量误差,m_p 为等高线的平面误差,α 为地面的坡度角,m_c 为等高线的总误差。通常,等高线精度规范都以式(8.2.2)形式出现,如表 8.2.1 所示。考虑到数字化所引起的误差只有 0.25mm 左右,等高线的精度仍然会在 1/3 等高距内。

表 8.2.1 一些等高线精度规范

国家	比例尺	等高线精度(m)
法国	1:5 000	$0.4+3.0 \tan\alpha$
瑞士	1:10 000	$1.0+3.0 \tan\alpha$
英国	1:10 560	$\sqrt{1.8^2+(3.0 \tan\alpha)^2}$
意大利	1:25 000	$1.8+12.5 \tan\alpha$
法国		$0.8+5.0 \tan\alpha$
芬兰		$1.5+3.0 \tan\alpha$
美国	1:50 000	$1.8+15 \tan\alpha$
瑞士		$1.5+10 \tan\alpha$

表 8.2.2 列出了用不同技术获取的 DEM 数据精度对比。

表 8.2.2 用不同技术获取的 DEM 数据精度对比

DEM 获取方法	数据覆盖范围	精度
地面测量(含 GPS)	局部、大比例尺成图	1cm~10cm
已有地图数字化	与地图区域相同	大约 1/3 等高距
激光测高	区域	0.5m~2m
合成孔径雷达立体测图	区域	10m~100m
航空摄影测量	区域	10cm~1m
合成孔径雷达干涉测量	从区域到全球	5m~20m

8.3 数字高程模型精度与格网间距的关系:经验模型

这一节讨论 DEM 精度与格网间距的关系,主要考虑一种重要的数据类型,即正方形格网数据。这种数据与特征数据结合后可产生两种数据模型:格网数据、格网数据附加地形特征 F-S 数据。因此相应的精度分析将集中在格网 DEM 精度以及附加特征数据后 DEM 精度的提高上。本节首先介绍通过实验数据所得的经验模型(Li,1992)。

8.3.1 实验数据

本实验主要使用了 ISPRS 第三委员会第三工作组进行 DEM 实验地区中的三个,分别为 Uppland、Sohnstetten 和 Spitze。这三个地区的基本情况列于表 8.3.1 中,图 8.3.1 为这些地区的等高线地图,其中包含了加入实验数据中的 F-S 数据。Uppland 地区相对平坦,有数个山堆分布其中。Sohnstetten 地区有一条山谷从中间穿过,因此大部分的 F-S 数据点都分布在峡谷边界之上。在 Spitze 地区的右边有一条道路,因而 F-S 数据点都沿这条道路所产生的断裂线分布。

表 8.3.1 测试地区描述

测试地区	地形描述	高程范围(m)	平均坡度(°)
Uppland	农田与林地	7~53	6
Sohnstetten	适中高程的丘陵	538~647	15
Spitze	平缓地形	202~242	7

这三个地区的实验数据在一台蔡司 Planicomp C-100 解析测图仪上测量,包括航测等高线数据、格网数据及一些 F-S 数据。表 8.3.2 给出了有关这些格网数据与等高线数据的一些信

表 8.3.2 测试数据描述(平均平面等高线间距根据 $CI\cot\alpha$ 计算,α 为平均坡度角;精度以均方根误差表示)

参数	Uppland	Sohnstetten	Spitze
像片比例尺	1∶30 000	1∶10 000	1∶4 000
航高(H)	4 500m	1 500m	600m
格网间距	40m	20m	10m
格网数据精度	±0.67m	±0.16m	±0.08m
等高距(CI)	5m	5m	1m
平均平面等高线间距	48m	9m	8m
等高线数据点间距	10.4~22.5m	3.7~19.8m	5.4~9.2m
等高线数据精度	±1.35m	±0.45m	±0.18m

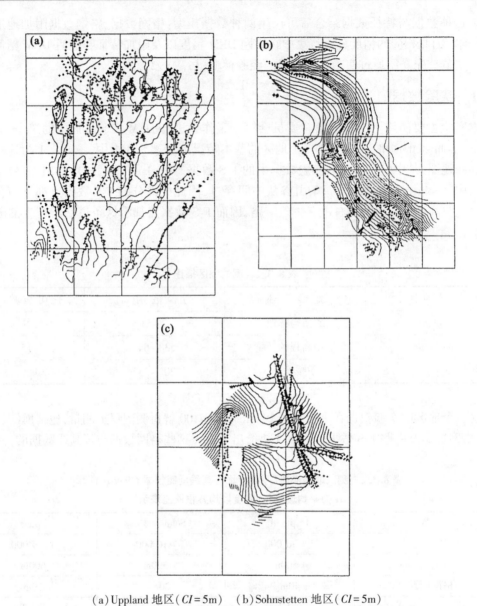

(a) Uppland 地区(CI=5m)　(b) Sohnstetten 地区(CI=5m)
(c) Spitze 地区(CI=1m,空白区域因量测困难没有数据)
图 8.3.1　测试地区的等高线地图(以航空摄影测量方法获取,包含 F-S 数据)

息。检查点通过摄影测量方法在更大比例尺的像片上量测得到,其相关数据列于表8.3.3中。

表 8.3.3　检查点描述

测试地区	像片比例尺	航高(m)	检查点数量	RMSE(m)	最大误差(m)
Uppland	1∶6 000	900	2 314	±0.090	0.20
Sohnstetten	1∶5 000	750	1 892	±0.054	0.07
Spitze	1∶1 500	230	2 115	±0.025	0.05

8.3.2　实验过程

本实验使用了一个基于三角网的 DEM 程序包,在此程序包中使用了通用的狄洛尼三角网建模方法。程序包把单独等高线当做断裂线处理,并能确保在三角网建成后所有三角形与等高线都不相交,并且任一三角形在一条等高线中最多取两个点。输入数据(等高线数据或格网数据)在程序包中先建立三角网,然后通过三角网构建由相邻线性面元组成的连续表面,最后 DEM 点在三角形面元上内插出来。通过比较 DEM 点与检查点的高程,可得到每一地区的高程残差,由这些残差便可计算出 DEM 的精度估值。此次实验中使用了 RMSE(均方根误差)、平均误差(u)及标准差(σ)等几种随机统计量,这些统计量的可靠性由检查点的特性决定,但在此次实验中由于检查点数量较多,且其精度要远高于 DEM 原始数据的精度,因此其对精度估值的影响可忽略不计。

8.3.3　数字高程模型精度与格网间距的关系

这一节对根据格网数据建立的 DEM 精度进行分析,格网数据有附加和不附加 F-S 数据两种形式。

此次实验为了获取不同的格网间距,采用了从原始数据中以不同形式对格网点进行选择的方法。对每一格网点,如果选择格网对角线上的两个点,则生成的新格网数据与原始格网的数据相比,方向旋转了 45°,格网间距变为原间距的 $\sqrt{2}$ 倍,如果隔行和隔列选择格网点,则格网间距变为原间距的 2 倍。

表 8.3.4 列出了在不同格网间距下 DEM 的精度,以及附加 F-S 数据后这些精度值的变化情况。精度值的计算是通过将格网数据高程值与检查点的高程值进行比较来进行的。

表 8.3.4　DEM 精度与格网间距的关系

测试地区	格网间距 (m)	标准差 σ(m) 无 F-S 数据	标准差 σ(m) 有 F-S 数据	σ 的差异(m)	格网间距比率
Uppland	28.28	0.63	0.59	0.04	1.000
	40	0.76	0.66	0.10	1.414
	56.56	0.93	0.70	0.23	2.000
	80	1.18	0.80	0.38	2.828
Sohnstetten	20	0.56	0.40	0.16	1.000
	28.28	0.87	0.55	0.32	1.414
	40	1.44	0.77	0.67	2.000
	56.56	2.40	1.08	1.32	2.828
Spitze	10	0.21	0.14	0.07	1.000
	14.14	0.28	0.15	0.13	1.414
	20	0.36	0.16	0.20	2.828

从这个表可以看出,当附加 F-S 数据后,DEM 精度值有很大的提高,并且似乎证实了 Ackrmann 提出的 DEM 精度与格网间距呈线性关系的论断,不过只有当附加 F-S 数据时这种关系才表现出来,当没有 F-S 数据时,对应的关系曲线表现为抛物线形状。图 8.3.2 分别显示了 Uppland 与 Sohnstetten 地区 DEM 精度与格网数据之间的关系,从中可清楚地观察到这种线性与非线性的关系。

将表 8.3.4 中的值进行比较,可以发现在根据附加和无附加 F-S 数据的格网数据建立的

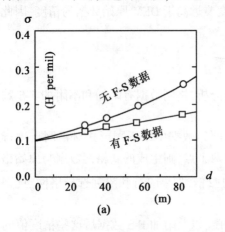
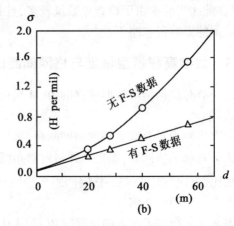

(a) Uppland 地区:上面为无 F-S 数据时的精度变化曲线,下面为有 F-S 数据时的精度变化曲线;
(b) Sohnstetten 地区:上面为无 F-S 数据时的精度变化曲线,下面为有 F-S 数据时的精度变化曲线

图 8.3.2　DEM 标准偏差值随格网间距的变化

DEM 精度之间一些内在的关系,这种比较可以回归分析的方式进行(Li,1990,1992)。

8.3.4　附加地形特征数据后数字高程模型精度的提高

本书试图从另一个角度来说明这种关系。如果将两种 DEM σ 值之间的差异与格网间距 d 之间的关系表现出来,则可以使用如下的数学模型:

$$\Delta\sigma = \sigma_r - \sigma_c = A + B \times d^2 \qquad (8.3.1)$$

此处 d 表示格网间距,A 与 B 是两个常数,σ_c 与 σ_r 分别表示附加或不附加 F-S 数据的 DEM 的标准偏差,$\Delta\sigma$ 代表这两个标准偏差之间的差值。

这个模型并非随意选择,它是对基于附加或不附加 F-S 数据的 DEM 进行理论分析后得出的(Li,1994)。

将表 8.3.4 中的 $\Delta\sigma$ 值绘于图 8.3.2 之中,其中的曲线是使用公式(8.3.1)对 $\Delta\sigma$ 进行回归分析而解求出来的(S 地区的数据因只有 3 个点而没有使用),对应两曲线(图 8.3.3 中的 L_1

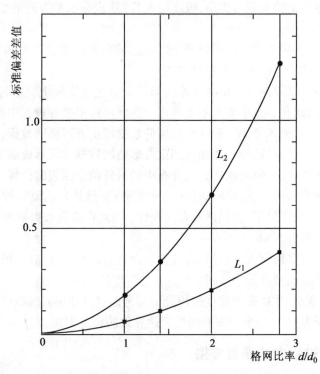

图 8.3.3　格网增加比率与 DEM 精度差异(在附加与不附加 F-S 数据的格网数据所建立的 DEM 的精度之间的差值)之间的关系(图中圆点或方形点代表测试结果,连续曲线为进行回归分析后计算出来的结果。L_1 和 L_2 为 QUADRATIC 曲线,分别代表 Uppland 和 Sohnstetten 地区。d/d_0 为格网间距除以最小格网间距后的比率)

和 L_2)的 A 值趋近于 0,因而这种情况下有:

$$\frac{\Delta \sigma_2}{\Delta \sigma_1} = \frac{d_2}{d_1} \tag{8.3.2}$$

此时 D 代表格网间距,$\Delta \sigma_1$ 和 $\Delta \sigma_2$ 分别代表对应 d_1 和 d_2 的差值。

8.4 根据格网数据建立的数字高程模型表面的精度：理论模型

在前一节我们介绍了一个经验模型,本节则介绍一个理论模型(Li,1993b)。

8.4.1 参数的选定

在地形表面的各种特征中,坡度被认为是最重要的描述因子,在测绘实践中具有广泛的用途。因此在本章推导理论模型的过程中,坡度与波长(地表在水平方向的变化)结合起来以描述地形表面。

在第二节中提到,直接建模方式可以避免因内插带来的地貌表达可信度的损失而导致整个推导的复杂性。因此本章仅考虑该建模方式。

格网节点的误差可以方差 σ_{nod}^2 和协方差的形式来表达。实际上,摄影测量数据之间的协方差是很难确定的,因此在实践中通常不予考虑。在此次模型推导过程中也不考虑协方差。

对数据分布而言,这里只考虑一种特殊结构的数据即正方形格网数据,因为这种数据仍是最为普遍使用的数据。另外特征点、线加入到正方形格网数据后可形成混合数据,对这种数据在此次推导中也将予以考虑,但将忽略数据分布中的另外两个因素即位置和方位。

在正方形格网数据的情况下,格网间距(以 d 表示)显然是表达原始数据密度的一个合适选择,即使在混合数据的情况下,它仍然具有代表性。因此在研究数据密度对表面精度的作用时将具体考虑格网间距的影响。

对于 DEM 表面,许多研究者已认识到,线性表面具有最小的歧义性,因此这种表面被作为典型的表面类型在本章模型推导中使用。

综上所述,在本章对 DEM 表面精度的研究中将考虑:(i)使用直接线性建模方法从格网量测数据传递来的误差;(ii)地形表面的线性表达导致的精度损失。

8.4.2 线性建模过程中的误差传播

正方形格网的线性建模方式意味着以连续的双线性面元来表达地形表面,此后双线性表面上某一点的高程便可通过内插计算出来。

当讨论线性建模方法的误差传播时,首先应该考虑的是剖面上的误差传播。如图 8.4.1 所示,假设点 A 和点 B 是间距为 d 的两格网节点,点 I 是 AB 之间需内插的点。如果从点 I 到

第八章 数字高程模型精度的数学模型

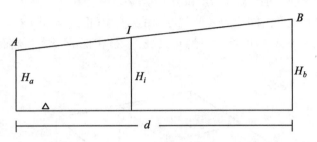

图 8.4.1 在点 AB 之间对点 I 的线性内插

点 A 的水平距离是 Δ,则:

$$H_i = \frac{d-\Delta}{d}H_a + \frac{\Delta}{d}H_b \tag{8.4.1}$$

此处 H_a 和 H_b 分别是点 A 和 B 的高程,H_i 是点 I 经内插计算后的高程。如果点 A 和点 B 的量测精度以方差 σ_{nod}^2 表示,则点 I 从两格网点传递过来的误差 σ_i^2 可表示为:

$$\sigma_i^2 = \left(\frac{d-\Delta}{d}\right)^2 \sigma_{nod}^2 + \left(\frac{\Delta}{d}\right)^2 \sigma_{nod}^2 \tag{8.4.2}$$

式(8.4.2)是在双线性表面某一边特定位置上点的精度表达式(以方差的形式表示),但这里令人感兴趣的是可作为此 DEM 剖面表征值的沿线段 AB 所有可能点的总体平均值。此时这些点到图 8.4.1 中 A 点的水平距离(式(8.4.1)中的 Δ)应被看做一变量,其变化范围从 0(在点 A 处)到 d(在点 B 处)。因此在点 A 和点 B 之间所有点的平均方差为:

$$\sigma_S^2 = \frac{1}{d}\int_0^d \left(\left(\frac{d-\Delta}{d}\right)^2 \sigma_{nod}^2 + \left(\frac{\Delta}{d}\right)^2 \sigma_{nod}^2\right) d\Delta = \frac{2}{3}\sigma_{nod}^2 \tag{8.4.3}$$

此处 σ_S^2 指格网间距为 d 的剖面上的所有点从原始数据(格网节点)传播过来的总体平均误差。

对剖面上点的总体精度来说,还需考虑因线性表达地形表面而导致的精度损失,从而可得到下面的公式:

$$\sigma_{Pr}^2 = \sigma_S^2 + \sigma_T^2 = \frac{2}{3}\sigma_{nod}^2 + \sigma_T^2 \tag{8.4.4}$$

这里 σ_T^2 代表以方差形式表示的因线性表达地形表面而导致的精度损失(对此后面有具体的讨论),σ_{nod}^2 代表格网点的精度,σ_{Pr}^2 表示在间距为 d 的剖面上的 DEM 点的总体精度。

在双线性表面的情况下,点的内插在两个相互垂直的方向上进行。假设点 A、B、C、D 为四个节点,点 E 为需内插的点。首先在线段 AB 和 DC 上使用式(8.4.1)内插点 I 和 J,然后在 IJ 之间内插点 E,也即:

$$H_e = \frac{d-\varepsilon}{d}H_i + \frac{\varepsilon}{d}H_j \tag{8.4.5}$$

此处 ε 是点 E 到点 I 的水平距离,H_e、H_i 和 H_j 分别是点 E、I 和 J 的高程。

式(8.4.5)再次表达了沿间距为 d 的剖面上的线性内插,它与式(8.4.1)并没有实质的区别,因此可以仿照对式(8.4.1)的推导得到与式(8.4.3)相似的公式。然而图8.4.2中点 I 和

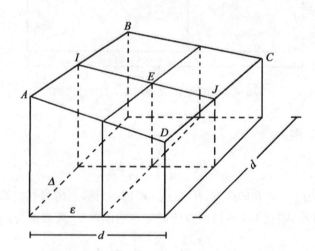

图 8.4.2 使用四个节点(A,B,C 和 D)对点 E 的双线性内插

J(与图中点 I 对应)的精度与点 A、B、C 和 D 的精度并不相同,其实际精度值随点 I 和 J 在两节点间位置及地形表面特征的变化而变化。因此式(8.4.4)所表达的平均值 σ_{Pr}^2 应作为图8.4.2中点 I 和 J 的精度值。另外对剖面 IJ 来说也存在因线性表达所带来的精度损失,因而与公式(8.4.4)对应可得到从线性表面上所获取的内插点的精度:

$$\sigma_{Surf}^2 = \frac{2}{3}\sigma_{Pr}^2 + \sigma_T^2 \tag{8.4.6}$$

将式(8.4.4)代入式(8.4.6)中,可得到如下表达式:

$$\begin{aligned}\sigma_{Surf}^2 &= \frac{2}{3}\left(\frac{2}{3}\sigma_{nod}^2 + \sigma_T^2\right) + \sigma_T^2 \\ &= \frac{4}{9}\sigma_{nod}^2 + \frac{3}{5}\sigma_T^2\end{aligned} \tag{8.4.7}$$

这里 σ_{Surf}^2 表示双线性表面上点的精度平均值,σ_{nod}^2 为节点的精度,σ_T^2 为线性表达地形剖面而导致的精度损失,所有精度均以方差的形式表示。

比较式(8.4.4)与式(8.4.7)可以看出,式(8.4.7)中 σ_{nod}^2 的系数要比式(8.4.4)中的对应值小,这是因为与剖面内插相比,双线性内插使用了更多的格网节点。举例来说,当内插点位于四个节点的中间时,四节点高程的平均值即内插点的高程,此时内插点的精度为 $(1/4)\sigma_{nod}^2$;而当内插点在剖面的中点时,内插点的高程是两节点的平均值,其精度为 $(1/2)\sigma_{nod}^2$,显然前者

的精度是后者的 2 倍。

8.4.3 地形表面的线性表达导致的精度损失

有关 DEM 表面精度模型的一般形式已由式(8.4.7)表达。在此模型的整个推导过程中,有两个问题需要解决:(i)格网节点的精度(σ_{nod}^2);(ii)地形表面的线性表达导致的精度损失(σ_T^2)。σ_{nod}^2 的估计并不困难,例如在摄影测量的静态量测模式下,解析测图仪的精度大致在 $0.07H‰$ 到 $0.1H‰$(每英里航高)之间,精密模拟测图仪的精度约为 $0.1H‰$ 到 $0.2H‰$,而动态量测模式下的精度期望值为 $0.3H‰$。因此下面的问题是如何取得 σ_T^2 的合适估值。

1. 确定 σ_T^2 的策略

地表形状显然随位置的不同而变化,因此不可能用解析的方式来描述地形的变化,特别对较小的局部偏离更是这样。对这些特征只能用统计的方法来处理。

在以线性方式建立地形表面模型的情况下,σ_T^2 应该表示地形表面与通过没有误差的节点所建立的线性面元(DEM 表面)之间所有高程差值(δ_h)的标准偏差。在这样的情况下,δ_h 是一随机变量。按统计学的观点,对某一随机变量,不管它服从何种分布,其 σ 值(此处指 σ_T)总可以作为表征其离散度的一个重要指标,用数学形式表达即为:

$$P(|\delta_h - \mu| \leq K\sigma_T) \geq f(K) \tag{8.4.8}$$

此处 μ 为平均值,K 为常数,$f(K)$ 是 K 的函数,其中 K 的取值范围在 0 到 1 之间。假设 δ_h 服从正态分布,且 K 取值为 3,则 $f(K)$ 等于 99.73%,这意味着对正态分布而言,δ_h 的值在 $-3\sigma+\mu$ 到 $3\sigma+\mu$ 之间的概率为 99.73%。此概率值如此之大,以致在误差理论中 3σ 被认为是最大可能的误差,任何大于此值的误差都被认为是粗差。因此按实际的误差理论,使用下列表达式应该是比较合适的:

$$\sigma_T = \frac{E_{max}}{K} \tag{8.4.9}$$

此时 σ_T 代表线性表达地形表面导致的精度损失,E_{max} 是可能的最大误差(对此后面将有具体的讨论),K 与式(8.4.8)中的 K 相同,其值取决于 δ_h 的分布,在上述正态分布的情况下,3 被认为是 K 比较合适的取值。

下面的问题是:(i)估计 E_{max};(ii)取得 K 的适当值。

2. 线性表达的误差极值 E_{max}

为分析 δ_h 的可能极值,需要考虑在极限情况下地形剖面的一些可能形状。既然只检查了极限的情况,那么有些分析可能并不符合实际的地表状况。

图 8.4.3(a)和 8.4.3(b)显示了在点 C 处可能出现最大误差的两种情形,此时地形特征相同,但节点的位置不同,最大误差是由于断裂线或其他地理结构导致坡度突变而引起的。如果与这种结构有关的完整描述信息不能得到的话,就有可能产生非常大的误差。这种误差的值 E_b 随着地形特征本身的性质而变化,因此不能通过分析的方法来估计,只能通过量测得到。

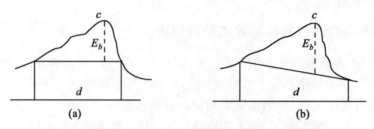

图 8.4.3 格网在不同位置时由于对地形断裂结构线性表达可能导致的最大误差

图 8.4.4(a)和 8.4.4(b)显示了在只有规则格网被采样(也就是不包含特征点)的情况下,位置不同的节点在 C 点处的最大正误差。这个误差的出现是由于没有选择局部最大与最小值,或者说没有量测特征点与沿特征线上的点而引起的。在图 8.4.4(a)中,点 C 位于两节点中心,此时 E_r 的最大可能误差可由下式计算:

$$E_{r,\max} = CB = \frac{1}{2} d \tan\beta \tag{8.4.10}$$

此处 $E_{r,\max}$ 表示在这种情况下的最大可能误差。最大负误差的计算与此类似。

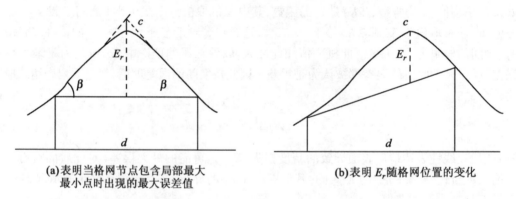

(a)表明当格网节点包含局部最大最小点时出现的最大误差值

(b)表明 E_r 随格网位置的变化

图 8.4.4 不包含特征数据的格网节点在不同位置对地形线性表达可能导致的最大误差

图 8.4.5(a)显示了含有特征点的凸形坡面上格网数据所产生的误差。这个图并不包含凹形和凸形坡面上的所有点,因为即使在那种为模拟地面测量而在立体模型上进行纯粹的选择采样的情况下,要采集所有的凹点和凸点也是不太可能的。图 8.4.5(b)是为了方便获取数字估值而对图 8.4.5(a)的变形夸张,其中点 C 表达了凸形坡面取得误差极值的情况。线段 AB 是线性结构的剖面,$\angle CAD$ 是点 A 处的坡度角(以 β 表示),线段 CE 是 C 点处的可能误差,因此:

$$CE = CF - EF = X\tan\beta - \frac{X^2\tan\beta}{d} \tag{8.4.11}$$

图 8.4.5(c)表示 E_c 随格网位置的变化。下一步需要做的事情是针对点 C 的不同水平位置求出 CE(图 8.4.5(b))的最大值。如果令 CE 的一阶导数为 0,则 CE 取最大值时点 C 的位置由下式决定:

$$\frac{d(CE)}{dX} = \tan\beta - \frac{2X\tan\beta}{d} = 0 \tag{8.4.12}$$

从式(8.4.12)可以看出 $X = d/2$,将此值代入式(8.4.11)中并以 E_c 代替 CE 则有:

$$E_{c,\max} = CB = \frac{1}{4}d\tan\beta \tag{8.4.13}$$

由此可见混合数据的最大极值是简单格网数据(不包含特征值)的最大极值的一半。对混合数据来说线性表达导致的最大误差就是 $E_{c,\max}$,但在只有格网数据时,情况就变得比较复杂。

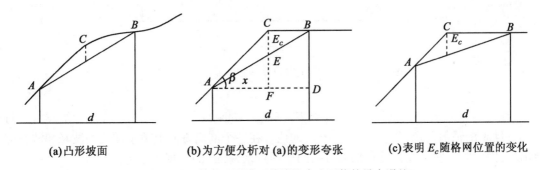

(a)凸形坡面　　　　(b)为方便分析对(a)的变形夸张　　　(c)表明 E_c 随格网位置的变化

图 8.4.5　普通地形坡面的线性表达可能的最大误差

3. 关于 $E_{\max}$ 和 σ 的实际考虑

前面区分的三种极值属于三类不同的分布,E_b 适用于横跨断裂地形结构的格网,E_r 与山顶点、山脊线和峡谷等地形周围的格网点有关,而 E_c 用于一般的地形特征,因而适用于格网分布的所有其他情形。假设包含 E_c、E_r 和 E_b 的格网比率分别为 $P(c)$、$P(r)$ 和 $P(b)$,则:

$$P(c) + P(r) + P(b) = 1 \tag{8.4.14}$$

对混合数据来说,$P(r)$ 和 $P(b)$ 都为 0,而规则格网数据只需要考虑 $P(r)$ 和 $P(b)$。如果没有断裂结构,如图 8.4.3 所显示的那样,则 $P(b)$ 为 0。否则,$P(b)$ 可以通过断裂结构地形范围内的格网点高程估计出来。

同样,$P(r)$ 的估计也不是一件容易的事情,对较小的区域,只能简单地计算跨越山脊和峡谷的格网点数目除以总格网数目的值,因为除此之外没有其他更好的方法。对大的区域可使用别的替代方法,此时 $P(r)$ 的值直接与地形变化的波长有关(见图 8.4.6),然而山体(以等高线表示)的平面形状是各不相同的,即使对同一座山,如果剖面取不同的方向,波长也会不同。

因此对波长作大致的估计(比如平均值)是有必要的。波长的平均值可由下式来估计:
$$\lambda = 2H\cot\alpha \tag{8.4.15}$$
此处 H 表示平均相对高程,α 是平均坡度角,λ 是平均波长。所有这些值都取自整个建模区域(见图8.4.6)。实际上,局部地形起伏的平均值(最大高程与最小高程差值的一半)可用以表示 H,因此:

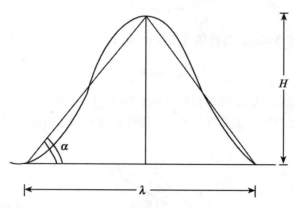

图 8.4.6 波长 λ 的估计(H 指高程变化的平均值)

$$\lambda = (H_{\max} - H_{\min})\cot\alpha \tag{8.4.16}$$

一旦 λ 的估值确定,就可以计算 $P(r)$ 的值。在一个剖面方向上单个波长的波峰和波谷都会出现,因此对有两个互相垂直剖面方向的格网点来说,E_r 的出现频率为:
$$P(r) = \frac{4d}{\lambda} \tag{8.4.17a}$$

上式中 λ 为平均波长,d 为格网间距,$P(r)$ 是 E_r 的出现频率。一个理想化的图形(见图 8.4.7)将有助于对 $P(r)$ 估值的理解。在这个例子中,总的正方形格网的数目是 $1.5\lambda/d \times 1.5\lambda/d$。假设沿两个方向的所有剖面都与此相同,则可能包含 E_r 的正方形格网总数目如图 8.4.7 中所标记的一样,大约等于 $6(1.5\lambda/d)$,因此 $P(r)$ 为 $4\lambda/d$。然而更重要的是考虑大小为 λ 的地区,图 8.4.7 表明了在此单位面积内 $P(r) = 4d/\lambda = d(4\lambda/\lambda^2)$,此时 4λ 等于此单位面积的周长,λ^2 表示其面积,因此,下式对估计 $P(r)$ 可能更为通用和恰当:
$$P(r) = Q \tag{8.4.17b}$$
其中,Q 为最低等高线的周长与最低等高线所包围的面积之比。式(8.4.17b)可能对在地图上表现为规则形状的等高线的 $P(r)$ 计算非常有用。

因此对根据格网数据(不含特征数据)所建立的线性 DEM 表面,其 σ_T 可由下式计算:
$$\sigma_T = \frac{P(r)E_{r,\max} + P(c)E_{c,\max} + P(b)E_{b,\max}}{K} \tag{8.4.18}$$

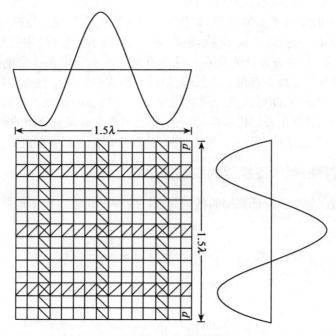

图 8.4.7 对包含局部最大最小点的格网节点比率 $P(r)$ 的估计

或许从统计学的观点来说,上式作为平均值计算公式的理由并不充分,因为 E_b、E_r 和 E_c 属于三种不同的分布。然而,在 DEM 实践中根本就不可能真正区别这三种类型的误差,估值也总是从包含所有类型误差的采样数据中计算出来的,因此上面的式子应该说是适当的。

实际上,E_b 极少出现,即使出现,也以正常方式处理。因此,可以将式(8.4.18)中的 E_b 忽略,也即:

$$\begin{aligned}\sigma_T &= \frac{P(r)E_{r,\max}+P(c)E_{c,\max}}{K}\\ &=\frac{P(r)E_{r,\max}+(1-P(r))E_{r,\max}}{K}\end{aligned} \quad (8.4.19)$$

最后需要确定 K 的值。

4. K 值的估计

如果线性表达导致的误差其分布已知,则 K 值的估计就比较容易了,但问题是误差服从什么分布并不知道。在有些情况下,它似乎服从正态分布,但在另外的情况下又似乎不是。在误差理论中对正态分布的一般假设也不一定适用,因而 K 值取 3 不一定正确。

从理论的观点来看,根据契比雪夫定理,不管误差服从什么分布,任一误差在 $-4\sigma+\mu$ 到 $4\sigma+\mu$ 范围内的概率至少为 94%。地形建模中误差分布比较接近正态分布,因此上述概率值会更大一些,所以 K 值取 4 应该是比较合适的。

通过对作者所做实验结果的分析,如果大于 4σ 的误差出现的频率在 $0.25\% \sim 0.30\%$ 之间,则 K 值可以取 4。实验结果从 74 次测试(使用 74 组不同数据)中得到,每次测试至少有 1 500 个以上的误差(指检查点处的残差),且所有测试并不集中在一个地区。残差与 σ 稍有不同,前者受格网节点与检查点误差的影响,但因为在这些测试中检查点的精度很高,因此它们与 σ_T 相比影响较小,从而可以认为这些结果反映了真实的情况。尽管在这些测试中采样范围有限,且不一定具有很好的代表性,但它们仍然有助于对误差分布的理解。因此不管是从理论还是从实践的角度来看,式(8.4.8)中的 K 值取 4 都是有足够理由的。

8.4.4 数字高程模型精度模型的数学表达式

前面的讨论表明,不含特征数据的格网数据以线性方式建立数字地面模型导致的精度损失可以写为:

$$\begin{aligned}
\sigma_{T,r} &= \frac{E_{c,\max}}{K}(1-P(r)) + \frac{E_{r,\max}}{K}P(r) \\
&= \frac{d\tan\alpha}{4K}(1-P(r)) + \frac{d\tan\alpha}{2K}P(r) \\
&= \frac{d\tan\alpha}{4K}(1+P(r)) \\
&= \frac{d\tan\alpha}{4K}\left(1+\frac{4d}{\lambda}\right)
\end{aligned} \quad (8.4.20)$$

在混合数据情况下此值为:

$$\sigma_{T,c} = \frac{E_{c,\max}}{K} = \frac{d\tan\alpha}{4K} \quad (8.4.21)$$

将式(8.4.20)和式(8.4.21)代入式(8.4.7)中,则混合数据与格网数据(不含特征数据)线性建立的 DEM 精度损失分别为:

$$\sigma_{Surf/c}^2 = \frac{4}{9}\sigma_{nod}^2 + \frac{5}{48K^2}(d\tan\alpha)^2 \quad (8.4.22\text{a})$$

$$\sigma_{Surf/r}^2 = \frac{4}{9}\sigma_{nod}^2 + \frac{5}{48K^2}(1+P(r))^2(d\tan\alpha)^2 \quad (8.4.22\text{b})$$

此处 $\sigma_{Surf/c}^2$ 和 $\sigma_{Surf/r}^2$ 分别表示混合数据与格网数据(不含特征数据)建立的数字高程模型的精度,σ_{nod}^2 是格网节点的量测误差,K 是常数(其值取决于地形表面的特性,大致为 4),α 是平均地面坡度,$P(r)$ 是包含 E_r(以式(8.4.17)表示)的格网节点所占的比率。

在此所有的公式推导都已完成,式(8.4.22)可进一步写为:

$$\sigma_{Surf/c} = \frac{2}{3}\sigma_{nod} + \frac{\sqrt{5}}{\sqrt{48}K}(d\tan\alpha) \quad (8.4.23\text{a})$$

$$\sigma_{Surf/r} = \frac{2}{3}\sigma_{nod} + \frac{\sqrt{5}}{\sqrt{48K}}(1+P(r))(d\tan\alpha) \qquad (8.4.23b)$$

在格网间距相对较小的情况下,式(8.4.23)是式(8.4.22)一个很好的近似表达式,显然在实践中式(8.4.23)使用更为方便。

8.4.5 对精度模型的实验评估

一旦 DEM 表面的精度数学模型建立起来,就需要对其在实际应用中的效果进行评估,为此使用了三组实验数据。有关这些实验设计与实施的细节以及获取的结果及其分析,在作者(Li,1992)的一篇论文中给出。这里需要指出的一点是实验的结果通过一基于三角网的程序包得出,也就是说 DEM 表面由三角形面元而不是连续的双线性面元构成,从这一点来说这个评估是不具有代表性的,但其结果仍然有助于对这些数学模型适用性的认识。

实验所选择的测试地区分别为 Uppland(瑞典)、Sohnstetten(德国)和 Spitze(德国),本章第三节对这些地区的情况有简单的介绍。这些地区与此次评估有关的数据分别为:平均坡度为 6°、15° 和 7°(根据摄影测量等高线数据计算);量测数据精度为 0.67m、0.16m 和 0.08m(以标准偏差表示);波长为 470m(根据式(8.4.16)计算)、214m(测试地区宽度)和 300m(测试地区宽度)。另外在 Spitze 地区沿道路两边各有一个陡坡,其断裂线的值在 3m 到 0.5m 之间,平均值为 1.25m,因此 $E_b = 1.25m$。

使用这些估值,便可利用式(8.4.22a)和(8.4.22b)进行理论精度预测。表 8.4.1 列出了预测值与实验结果的比较,从中可清楚地看出有些地区的预测值过高,而另外一些地区的预测值又太低,但从总体上看不符值仍在预期的范围内。进一步的研究表明,即使格网间距一样,但如果测试数据原点偏移量或者取向不同,精度也会有较大的差别。例如 Sohnstetten 地区的两组 56.56m 的格网数据标准偏差的最大差值为 0.26m,因此预测值与实验值之间 0.18m 的最大差值也就不足为怪了。

上面的实验表明这一节推导的两个精度模型可以得出比较合理的精度预测,这意味着它们可以在实际生产中给出 DEM 精度的概值。如果将结果精度、现实描述性、精确性、普遍性、综合性、实用性和简洁性这 7 个特性作为判断数学模型"优劣"的标准,则可对这些数学模型作进一步的理论分析。

总之,根据规则分布数据建立 DEM 表面的精度模型可以归纳为以下非常一般的形式:

$$\sigma_{Surf}^2 = K_1\sigma_{nod}^2 + K_2(1+K_3d)^2(d\tan\alpha)^2 \qquad (8.4.24)$$

其中,K_1 是一个常数,约为 4/9;K_2 是一个取决于地形表面特征的常数,约为 5/768;K_3 也是一个常数,对混合数据为 0,对格网数据约为 $4/\lambda$ 或者最低等高线的周长与面积之比;d 是格网间距;α 是平均坡度。该模型的主要优点是提供了表面精度的一个简单的数学表达形式,类似

表 8.4.1 预测精度与测试结果的比较

测试地区	格网间距	格网数据			混合数据		
		预测值(m)	测试值(m)	差 值(m)	预测值(m)	测试值(m)	差 值(m)
Uppland	28.28	0.54	0.63	-0.09	0.51	0.59	-0.08
	40	0.64	0.76	-0.13	0.56	0.66	-0.10
	56.56	0.85	0.93	-0.08	0.66	0.70	-0.04
	80	1.24	1.18	0.06	0.81	0.80	0.01
Sohnstetten	20	0.63	0.56	0.07	0.45	0.43	0.02
	28.28	0.97	0.87	0.10	0.63	0.56	0.07
	40	1.56	1.45	0.11	0.87	0.78	0.09
	56.56	2.58	2.40	0.18	1.23	1.08	0.15
Spitze	10	0.17	0.21	-0.04	0.12	0.16	-0.04
	14.14	0.25	0.28	-0.03	0.15	0.17	-0.02
	20	0.38	0.35	0.03	0.20	0.18	0.02

于传统地图的精度模型,因此非常便于实际应用,同时用于预测也是可靠的。该模型还能够引导对从 DEM 派生的等高线及其他产品精度数学模型的推导。当然,该模型由于还只限于正方形格网数据(包括特征数据)、线性表面、直接建设方法以及对 K 值非常粗略的估计、忽略格网的方向性与位置性差别和非常大的格网间距等情况,因此不可能由此得到绝对的精度预测值。

8.5 根据三角网数据建立的数字高程模型表面精度

在前一节我们介绍了一个基于格网的 DEM 精度的理论模型,本节则介绍一个基于三角网的理论模型(Li,1990)。由于三角形的形状千变万化,我们仅讨论由格网形成的三角网,即每一个三角形都是直角。为了仿照格网 DEM 精度分析的思路,我们采用了一种与格网双线性内插很近似的内插步骤(图 8.5.1)。其不同点为:

(1)任何平行格网的一边 DH 或 KF,都比网边(间距)小;

(2)斜边是格网边的 $\sqrt{2}$ 倍;

(3)一般来说,斜边的斜率是两格网方向的 1.06 倍。

在斜边上,点 H、G 和 F 由地形表达的不精确所引起的误差为:

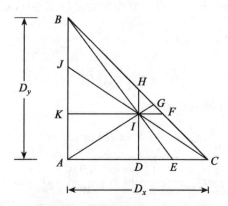

图 8.5.1　等腰三角形的线性内插

$$\sigma_{F_h} = K \times \sqrt{2} \times D_x \sqrt{2} \times \frac{3}{4} \tan \alpha = \frac{3}{2} K \times D_x \tan \alpha \tag{8.5.1}$$

因此,在斜边上,任何一个内插点的精度为:

$$\sigma_{hy}^2 = \frac{2}{3}\sigma_{\text{PMD}}^2 + \sigma_{F_h}^2 = \frac{2}{3}\sigma_{\text{PMD}}^2 + \frac{9}{4}(K \times D_x \times \tan \alpha)^2 \tag{8.5.2}$$

式中 σ_{PMD}^2 的下标为摄影测量观测值(Photogrammetric Measured Data)。下一步便是对从三角形中内插出的任何点作精度分析,以图 8.5.1 中在 HD 方向的内插为例,任何从三角形面上内插出的点的精度为:

$$\sigma_{tg}^2 = \frac{1}{3}\sigma_{pr}^2 + \frac{1}{3}\sigma_{hy}^2 + (K \times HD \times \tan \alpha)^2 \tag{8.5.3}$$

这里,右边的几项分别为 D 点(沿格网边)的精度损失;沿斜边方向的 H 点的精度损失及由于地形表达不准确引起的精度损失。这里,将线长 HD 作为一个变量,它的长度因位置不同而不同。因此 $(K \times HD \times \tan \alpha)^2$ 的均值应为:

$$(K \times HD \times \tan \alpha)^2 = \frac{(K \times \tan \alpha)^2}{D_x} \int_0^{D_x} y^2 \mathrm{d}y \tag{8.5.4}$$

沿剖面内插的 DEM 数据的精度为:

$$\sigma_{pr}^2 = \frac{2}{3}\sigma_{\text{PMD}}^2 + (K \times D_x \times \tan \alpha)^2 \tag{8.5.5}$$

将式(8.5.2)、(8.5.4)和(8.5.5)代入式(8.5.3),有:

$$\begin{aligned}\sigma_{tg}^2 &= \frac{1}{3}\left[\frac{2}{3}\sigma_{\text{PMD}}^2 + (K \times D_x \tan \alpha)^2\right] \\ &= \frac{1}{3}\left[\frac{1}{3}\sigma_{\text{PMD}}^2 + \frac{9}{4}(K \times D_x \tan \alpha)^2\right] + \frac{1}{3}(K \times D_x \times \tan \alpha)^2 \\ &= \frac{4}{9}\sigma_{\text{PMD}}^2 + \frac{17}{12}(K \times D_x \times \tan \alpha)^2\end{aligned} \tag{8.5.6}$$

运用与双线性内插同样的过程,我们可以得到由混合采样数据所建的TIN的精度为:

$$\begin{aligned} \sigma_{tg/c}^2 &= \frac{4}{9}\sigma_{PMD}^2 + \frac{17}{12}(K_c \times D_x \times \tan\alpha)^2 \\ &= \frac{4}{9}\sigma_{PMD}^2 + \frac{17}{3\,072}(D_x \times \tan\alpha)^2 \end{aligned} \quad (8.5.7)$$

仅由格网数据所建立的TIN的精度为:

$$\begin{aligned} \sigma_{tg/r}^2 &= \frac{4}{9}\sigma_{PMD}^2 + \frac{5}{3}(K_r \times D_x \tan\alpha)^2 \\ &= \frac{4}{9}\sigma_{PMD}^2 + \frac{17}{3\,072}\left[\left(1 + \frac{4D_x}{W}\right) \times D_x \times \tan\alpha\right]^2 \end{aligned} \quad (8.5.8)$$

也就是说,三角网DEM的精度应比格网DEM的精度略高。

8.6 数字高程模型精度与等高距的关系

上一节讨论了DEM精度与格网间距的关系,这一节讨论DEM精度与等高距的关系,主要考虑等高线数据这种重要的数据类型。同正方形格网数据一样,这种数据与特征数据结合后也可产生两种数据模型:等高线数据以及等高线数据附加F-S数据。因此相应的精度分析将集中在以下两个方面:(i)等高线DEM精度以及附加F-S数据后精度的提高;(ii)格网DEM精度与等高线DEM精度的比较。本节使用的实验数据详见上节。

8.6.1 数字高程模型精度与等高距的关系

此研究的目的在于确定等高距与最终DEM精度之间的关系,以及当F-S数据加入到原始数据中时对DEM精度的改善程度。表8.6.1中列出了三个地区根据等高线数据建立的DEM的精度,其中$+E_{max}$和$-E_{max}$分别表示正负最大误差。

表8.6.1　等高线数据附加F-S数据后DEM精度的提高

参　数	Uppland		Sohnstetten		Spitze	
	有F-S数据	无F-S数据	有F-S数据	无F-S数据	有F-S数据	无F-S数据
RMSE(m)	0.93	1.74	0.35	0.91	0.17	0.27
μ(m)	0.47	1.05	0.11	0.22	0.09	0.10
σ(m)	0.80	1.39	0.35	0.88	0.15	0.24

续表

参　数	Uppland		Sohnstetten		Spitze	
$+E_{max}$(m)	3.25	5.91	1.73	4.52	0.75	0.94
$-E_{max}$(m)	-5.18	-5.18	-2.48	-3.01	0.95	-0.95
σ/H(‰)	0.18	0.31	0.23	0.59	0.25	0.40
CI/σ	6.25	3.60	4.29	5.68	6.67	4.17
K(式(8.4.1))	27.7	4.5	21.3	5.9	9.2	4.6
σ 的改善	42.45%		60.23%		37.50%	

如果将标准偏差以"每千米航高"误差这种形式来表达，则它们在 0.3~0.6 的范围之间。有两个地区此值都要高于 0.3，而 0.3 是动态等高线量测模式下的期望值。出现这种现象的原因可以理解为由于以等高线选择性地表达地形，导致 DEM 模型可信度降低，从而出现了大的误差元素。

对等高线来说，等高距(Contour Interval, CI)是等高线数据最重要的一个参数，因而也可以作为根据等高线数据建立的 DEM 的精度模型中的参数，以对应表示地图精度的传统表达式。此次实验与等高线 DEM 有关的结果列于表 8.6.1 中，从表中结果可得出从摄影测量等高线数据建立的 DEM 其精度大约在 $CI/3$ ~ $CI/5$ 之间。如果等高线数据是从现有地图上通过数字化方式获取的，则最终 DEM 的精度肯定要低于前面给出的精度值，因为在数字化过程中，各种复杂的非线性因素如数字化仪误差、地图变形等，都会导致原始数据精度降低，从而对最终 DEM 的精度产生影响。

当考虑原始数据中的误差分布时，下面给出模拟传统地图精度规范的经验模型，用于进一步的 DEM 精度分析：

$$\sigma_{DTM}^2 = \frac{\sigma_{DCD}^2}{C} + \left(\frac{CI}{K}\right)^2 \quad (8.6.1)$$

在此，σ_{DCD} 代表数字化等高线数据的方差；CI 为等高距；K 和 C 为常数；σ_{DTM} 代表以方差表示的 DEM 精度。

基于对误差传播理论的模拟，尽管由于三角形的形状变化很大，很难给出 C 的确切值，但考虑到三角网 DEM 线性内插中只使用了三个点，因此式(8.6.1)中 C 取值为 3 应是比较合适的。K 值根据表 8.6.1 中结果的计算其值在 4.5~5.9 之间。这些结果表明由于只使用等高线对地形进行选择性表达而导致 DEM 表面可信度降低的误差估值大致在 $CI/4$ ~ $CI/6$ 之间，具体取值取决于地表特征。

当 F-S 数据加入到原始等高线数据中时，从表中可注意到标准偏差由原来的 $CI/3$ ~ $CI/5$ 降低到 $CI/6$ ~ $CI/15$，降低幅度约为 40%~60%。这些结果与 Tuladhar 和 MaKarovic(1988)给出的结果相符,当时他们在报告中曾指出当加入 F-S 数据时 DEM 精度提高了 53%。另一方面,在 F-S 数据加入后残差的量值也大为降低了。

如果将附加 F-S 数据后 DEM 的精度也以"每英里航高"误差的形式来表示的话,则此值在 0.2~0.25 之间,而根据式(8.6.1)计算出来的 K 值此时大约在 9~28 之间。

由此可见,在 F-S 数据加入到等高线数据中后,DEM 表面的可信度大为提高了。而由于使用等高线和 F-S 数据对地表进行选择性表达而导致 DEM 表面可信度的降低,其相应误差值在 $CI/30$~$CI/10$ 之间,具体值也取决于地表特征。

8.6.2 等高线数字高程模型精度与基于格网数字高程模型精度的比较

本节与上一节分别讨论了根据等高线和格网数据建立的 DEM 的精度,这一部分将对这两种精度进行比较(Li,1994)。

为了对两种 DEM 进行比较,首先有必要对不同 DEM 源数据间的数据密度进行比较。在等高线数据的情况下,数据密度以等高距 CI 表示,而在格网数据的情况下数据密度则以格网间距 d 表示。为了在这两者之间进行比较,对等高线数据应使用平面等高线间距(此处以 D 表示)的概念,即:

$$D = CI \times \cot \alpha \qquad (8.6.2)$$

此处 α 代表地表的平均坡度值,CI 指等高距,D 代表平面等高线间距。以此次实验中使用的数据为例,对应三个实验区域的平面等高线间距分别为:Uppland 地区 50m,Sohnstetten 地区 20m,Spitze 地区 10m。

如果地形表面一致,那么从理论上说,根据等高距为 CI 的等高线数据建立的 DEM 的精度应与格网间距为 D 的 DEM 的精度相同,原始数据中含有的误差对 DEM 的影响也应该一样。

此时如果对图 8.6.1 中显示的数据结果进行分析可以发现,Uppland 地区以 σ 表示的根据 5m 垂直等高距建立的 DEM 的精度要远远低于以 50m 间距的格网数据建立的 DEM 的精度,同时与 80m 格网 DEM 精度也不相同。对 Spitze 地区,1m 等高距的 DEM 精度比 10m 格网 DEM 的精度低(即 σ 更大),但高于 14m 格网的 DEM 精度。而对 Sohnstetten 地区来说,5m 等高距 DEM 的精度与 30m 格网 DEM 的精度相同,但还是低于 20m 格网 DEM 的精度。

即使根据式(8.6.1)将原始等高线数据的精度低于格网数据精度的因素考虑在内,根据等高线数据建立的 DEM 的精度还是低于用式(8.6.2)计算出来的相应格网间距 DEM 的精度。从这些有限的结果似乎可以得出与格网间距 d 相应的 D 值应是根据式(8.6.2)计算出来的 D 值的 1.2~2.0 倍,出现这种现象可能是因为格网数据比等高线数据分布更加均匀以及坡度估值不够精确的缘故。图 8.6.1 也显示出当等高线数据包含 F-S 数据后,K 值降低到了 1.0~1.5 的水平,因此对于 D 和 d 的关系可得出如下结论:

$$d = K \times D = K \times CI \times \cot \alpha \qquad (8.6.3)$$

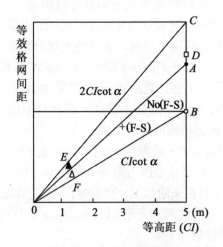

图 8.6.1　等高距 CI 与等效格网间距 d 之间的关系

（点 B 和点 A 分别代表 Uppland 地区附加和不附加 F-S 数据的测试结果；点 D 和 C，点 F 和点 E 分别对应 Sohnstetten 和 Spitze 地区附加和不附加 F-S 数据的测试结果。）

此处 K 值为一常数，当考虑 F-S 数据时它的值在 $1.5\sim 2.0$ 之间，当不考虑 F-S 数据时其值在 $1.0\sim 1.5$ 的范围内。

　　这个公式在实际生产中具有重要的意义。按国家 1：1 万地形图的测量规范和对地形的分类，平坦地区的等高距为 1m，平均地面坡度取 2°；丘陵地区的等高距为 2m，平均坡度取 15°；高山地区的等高距为 10m，平均地面坡度取 45°。由于 DEM 的应用常常不再考虑地形特征，根据公式（8.6.3）可以推算 1：1 万比例尺 DEM 的空间分辨率如果在 7m 到 42m 之间，则 DEM 的精度与常规 1：1 万等高线地形图的精度相当。大量的研究表明，自然地形起伏满足随机分形规律，也就是说高山地区和平坦地区只占整个地球陆地面积的很少部分，而绝大部分为丘陵或浅丘陵地区，即地面坡度一般在 2°～25° 之间。由此可以得到关于 DEM 的分辨率与等高距和地面平均坡度之间如表 8.6.2 所示的关系。

表 8.6.2　等高距、地面坡度和等价 DTM 的分辨率

等高距	1	2	10
坡度	2	15	45
分辨率	28～42	7～11	10～15

根据上述分析,参照国家现有的测量规范我们便可以确定 1∶1 万 DEM 的空间分辨率。考虑一般地形情况和各种误差影响,笔者认为主要 DEM 产品的基本格网间距采用 10m 比较合适。这种分辨率的 DEM 产品在精度上将可以满足绝大部分常规 1∶1 万比例尺地形图用户的应用要求;同时,一个标准图幅(如 6 410m×4 620m)的 DEM,数据量约 1MB,进一步应用也比较简单。当然,如果同时使用地形特征数据库,则建议采用 20m 的基本空间分辨率,二次应用则相对要复杂一些,并应有配套的专门处理软件。而其他空间分辨率如 5m 和 25m 等的 DEM 则可以作为辅助产品,以满足特殊的应用需要。

另外值得注意的一点是当附加 F-S 数据后,Sohnstetten 地区等高线 DEM 的精度要比 20m 格网 DEM 精度高(即 $K<1.0$)。这可能是因为附加 F-S 数据的等高线数据比未附加 F-S 数据的等高线数据分布更加均匀,并且在未附加 F-S 数据时,等高线数据比格网数据有更多的重要点被丢失了。这或许意味着在相对陡峭和光滑如 Sohnstetten 一样的地区,等高线采样是一种比规则格网采样更为可取的采样策略。

8.7　与其他理论模型的比较

从 20 世纪 70 年代初开始,人们在 DEM 的精度模型方面进行了许多研究。如 Makarovic(1972)、Kubik 和 Botman(1976)、Frederiksen(1980)、Tempfli(1980) 和 Frederiksen et al.(1986)等利用数学工具进行尝试并建立了许多 DTM 精度估计的数学模型。本节将对这些模型进行评估与比较(Li,1993a)。

8.7.1　现有理论模型的理论评价

(1) 基于傅立叶分析的模型

Makarovic(1972)用傅立叶分析对 DEM 表面的逼真度进行了研究。他考虑用正弦函数进行采样和重建。重建表面的逼真度由大量的线性结构的正弦波与输入波的振幅之比表示。转换函数可以由不同的内插方法得出。Makarovic(1974)尝试把逼真度图形转换成标准差值。用此方法,可以比较不同类型地形表面的不同 DEM 的精度。Ackermann(1980)指出:"原则上,基于傅立叶分析的模型理论是完备的……余下的任务就是考察不同地形类别的频率分布及其与理论模型和经验模型精度结果的关联关系。"

(2) 基于协方差和变差的模型

Kubik 和 Botman(1976)使用高程的协方差作为地形描述算子研究了使用不同内插技术的 DEM 精度问题。协方差值通过幂函数或高斯函数近似求出,基于此导出了实用的简单数学表达式。遗留的问题就是怎样的协方差函数才能更好地描述实际地形,并且被赋予不同的地形类别。作者的经验说明,不管用什么函数都很难获得协方差值良好的近似,并且最终的预测结果也是很不可靠的。

与上述方法类似,Kubik 和他的同事们(Frederiksen et al.(1986))使用均方差作为地形描述因子,结合变差和协方差产生了另一个 DEM 精度预测模型。遗留的问题仍是怎样的变差函数才能更好地描述实际地形,并且被赋予不同的地形类别。

(3)基于高频谱分析的模型

Frederiksen(1980)也设计了一个基于高频部分地形断面的傅立叶谱总和的数学模型,换句话说就是地形高于 $\frac{1}{2}D_x$,D_x 为采样间距。然而,作者认为该模型忽略了这样的事实,也就是随着数据采样间距的增大,频谱幅度将减小,因此会产生过于乐观的预测结果。

Tempfli(1980)认为数字地面模型系统作为一个线性系统,可以通过频谱分析估计精度。实际上,作者认为该模型与 Makarovic(1974)采用的方法没有太大的区别,都没有导出实用方便的数学表达式。

8.7.2 现有精度模型的实验评价

前面已经简要描述了几种 DEM 精度的数学模型,下面要研究两个模型可以产生怎样实用的预测。因为从基于傅立叶分析的模型无法产生方便实用的数学表达式,所以这个评价仅限于基于均方差分析的模型,并且傅立叶谱总和高于模型的高频部分。

(1)基于变差函数的模型评价

实验所选择的测试地区分别为 Uppland(瑞典)、Sohnstetten(德国)和 Spitze(德国),本章前面几节对这些地区的情况以及实验方法已经作过详细的介绍。

所谓变差是指具有一定间隔的两数据值方差的平均值。

$$2r(d) = \frac{1}{N}\sum_{i=1}^{N}(Z_i - Z_{i+d})^2 \tag{8.7.1}$$

式中:Z_i 和 Z_{i+d} 是具有一定间隔 d 的高程值,$r(d)$ 是变差的一半。$r(d)$ 可由下式表达:

$$2r(d) = Ad^b \tag{8.7.2}$$

式中 A 和 b 是两个常数。于是基于变差的精度模型可写为(Frederiksen et al.(1986)):

$$V_{\text{int}} = A\left(\frac{D_x}{L}\right)^b \left(-\frac{1}{6} + \frac{2}{(b+1)(b+2)}\right) \tag{8.7.3}$$

式中:V_{int} 表示 DEM 的精度,D_x 是源数据的采样间隔,L 是被用于计算参数 A 和 b 的剖面的采样间隔,由此可得最终表达式为:

$$V_{\text{DTM}} = V_{\text{raw}} + V_{\text{int}} \tag{8.7.4}$$

其中:V_{DTM} 表示结果 DEM 的精度;V_{raw} 表示测量数据的精度;V_{int} 表示由于采样和重建引起的精度损失。

根据三个地区的数据集算出的变差值如图 8.7.1 所示。对于每个地区,由具有最小采样间隔的数据集求出的变差值使用回归的方法可计算出系数 A 和 b。作者(Li,1990,1992)的实

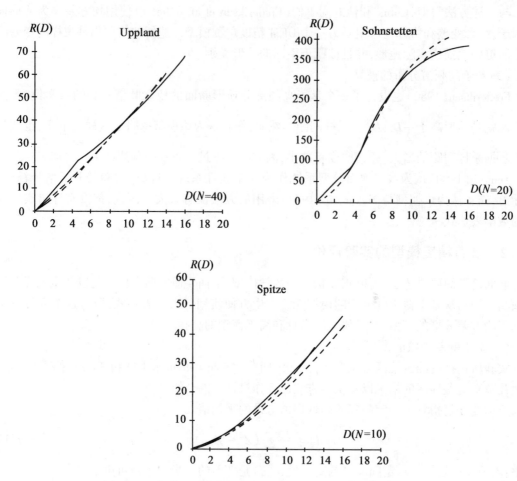

图 8.7.1 根据不同格网间距数据集计算的三个实验区的变差值

验结果列于表 8.7.1。可以看出除了具有较陡坡度的大格网(56.56)地区(Sohnstetten),预测精度与实验结果基本一致。然而,当使用由混合数据生成的 DEM 精度时,所有差值都很大,甚至出现不能接受的结果。

该模型产生的精度预测很接近由格网数据得到的实际结果,而与混合数据得到的结果相去甚远。其原因可能是因为模型所使用的变差是由格网数据而不是由混合数据得出的,因为由非格网数据计算变差不仅复杂而且困难。如果变差由间距很小的格网求得,那么由该模型产生的精度预测可能更接近于由混合数据产生的结果。

表 8.7.1 预测精度与测试结果的比较

测试地区	格网间距	格网数据			混合数据	
		预测值(m)	测试值(m)	差值(m)	测试值(m)	差值(m)
Uppland	40	1.04	0.76	0.28	0.66	0.38
	56.56	1.18	0.93	0.25	0.70	0.48
	80	1.38	1.18	0.20	0.80	0.58
Sohnstetten	20	0.74	0.56	0.18	0.43	0.31
	28.28	0.98	0.87	0.11	0.56	0.42
	40	1.38	1.45	-0.07	0.78	0.60
	56.56	1.77	2.40	-0.63	1.08	0.69
Spitze	10	0.29	0.21	0.08	0.16	0.13
	14.14	0.37	0.28	0.09	0.17	0.20
	20	0.48	0.35	0.13	0.18	0.30

(2) 基于高频分析的模型评价

基于高频分析的模型可表示为：

$$V_{DTM} = V_{raw} + \sum_{\lambda = 2D_x}^{0} P_\lambda \tag{8.7.5}$$

P_λ 是相应于波长 λ 的光谱值；D_x 是采样间隔；V_{raw} 表示源数据的误差；V_{DTM} 表示最终 DEM 的误差。

高密度的剖面可用于评价该模型。然而这样的数据无法获得，因此要使用其他数据，如 ISPRS DTM 测试数据。实验仍选择 Sohnstetten(德国)和 Spitze(德国)作为测试地区，但使用了与前面不同的格网间距和测量数据。实验过程不再详述，作者(Li,1990)的实验结果列于表 8.7.2。可以看出，结果并不理想，但是对混合数据而言，情况有所改善。

表 8.7.2 预测精度与测试结果的比较

测试地区	格网(m)	格网数据			混合数据	
		预测值(m)	测试值(m)	差值(m)	测试值(m)	差值(m)
Sohnstetten	15	0.26	0.46	-0.20	0.35	-0.09
Spitze	15	0.10	0.31	-0.21	0.20	-0.10
Drivdalen	20	1.25	1.57	-0.32	1.47	-0.22

该模型产生的精度预测很接近由混合数据得到的实际结果,这可能因为光谱是由高密度剖面数据求得的。在这种情况下,有关特征点线的信息在某种程度上很可能被包含在剖面数据中,因此该模型产生的精度预测很接近由混合数据得到的实际结果。

我们对已有的两个 DEM 精度模型进行了实验评价。通过测试值与预测值的比较可以看出这些模型有显著的不同。由基于变差的模型产生的精度预测很接近格网数据得到的实际结果,但不适合混合数据的结果。与此相反,由基于高频分析的模型产生的精度预测很接近混合数据得到的结果。

需要强调的是,基于变差分析模型的参数必须由整个数据点集合确定。而实际上,这是不可能做到的,因为给定采样间隔的 DEM 的精度预测必须在实际数据点测量之前进行。因此,即使该模型在某些条件下能产生理想的结果,但由于模型参数不易确定,所以不便于实际应用。

通过对现有模型的理论研究和实验分析,作者(Li,1993)认为:这些模型中,有些不便于实际应用,有些模型理论基础较薄弱,还有的模型不能产生可靠的估计,因此都不便于实际应用。而本章第三节和第四节中介绍的模型的精度可以和传统地图的精度相比拟,并且可以很方便地应用于实际生产。当然,这些优点还有待于研究和实践证明。

参考文献

Ackerman, F., 1980. The accuracy of digital terrain models. *Proceedings of 37th Photogrammetric Week*, University of Stuttgart, 113~143

Blace, A. E., 1987. Determination of optimum sampling interval in grid sampling of DTM for large-scale application. *International Archives of Photogrammetry and Remote Sensing*, 26(3): 40~53

Elfick, M., 1979. Contouring by use of a triangular mesh. *The Cartographic Journal*, 16: 24~29

Evans, I., 1972. General geomorphology, derivatives of altitude and the descriptive statistics, *Spatial analysis in geomorphology* (Editor R. Chorley). Methuen & Co. Ltd.. London, 17~90

Frederiksen, P., 1980. Terrain analysis and accuracy prediction by means of the Fourier Transformation. *International Archives of Photogrammetry and Remote Sensing*, 23(4): 284~293. Also *Photogrammetria*, 36(1981): 145~157

Frederoksen, P., Jacobi, O. & Bubik, K., 1986. Optimum sampling spacing in digital elevation models. *International Archives of Photogrammetry and Remote Sensing*, 26(3/1): 252~259

Kubik, K. and Botman, A., 1976. Interpolation accuracy for topographic and geological surfaces. *ITC Journal*, 2: 236~274

Ley, R., 1986. Accuracy assessment of digital terrain models. *Auto-Carto London*, 1: 455~464

Li, Zhilin, 1988. On the measure of digital terrain model accuracy. *Photogrammetric Record*, 12 (72): 873~877

Li, Zhilin, 1990, *Sampling Strategy and Accuracy Assessment for Digital Terrain Modelling*, Ph. D. Thesis, The University of Glasgow, 298

Li, Zhilin, 1992. Variation of the accuracy of digital terrain models with sampling interval. *Photogrammetric Record*, 14(79): 113~128

Li, Zhilin, 1993a. Theoretical models of the accuracy of digital terrain models: An evaluation and some observations. *Photogrammetric Record*, 14(82): 651~660

Li, Zhilin, 1993b. Mathematical models of the accuracy of digital terrain model surfaces linearly constructed from gridded data. *Photogrammetric Record*, 14(82): 661~674

Li, Zhilin, 1994. A comparative study of the accuracy of digital terrain models based on various data models. *ISPRS Journal of Photogrammetry and Remote Sensing*, 49(1): 2~11

Makarovic, B., 1972. Information transfer on construction of data from sampled points. *Photogrammetria*, 28(4): 111~130

Mark, D., 1975. Geomorphological parameters: a review and evaluation. *Geografiska Annaler*, 57A: 165~177

Tempfli, K., 1980. Spectral analysis of terrain relief for the accuracy estimation of digital terrain models. ITC Journal, 3: 487~510

Torlegard, K., Ostman, A. and Lindgren, R., 1986. A comparative test of photogrammetrically sampled digital elevation models. *Photogrammetria*, 41(1): 1~16

第九章　数字高程模型的多尺度表达

9.1　多尺度的概念与理论

"尺度是一个很容易让人混淆的概念,经常被错误理解,在不同的环境和学科背景下有着不同的含义。"(Quattrochi and Goodchild,1997)同时尺度也是制图学、地理学等地球科学中一个古老的命题。

在制图学领域,比例尺是尺度另外一种更通俗的说法,地图是按一定的尺度(如1:1万、1:10万)绘制的。当给定一个具有固定大小的区域时,比例尺越大,在地图上所占的(或被绘制成的地图)空间(或面积)也越大。由于地图空间的减少,人们直觉上认为大比例尺地图(1:1万)上表现的细节层次(LOD)并不能如实反映在小比例尺地图(1:10万)上,这意味着同一地区的同一地物在不同比例尺的地图上有着不同的表达。于是制图学中存在多尺度的命题,即如何通过一些诸如简化和有选择性省略的操作从大比例尺地图中获得小比例尺地图,这个问题叫做"地图综合"。多尺度问题在地图更新中也存在,即如何从最新更新的大比例尺地图中通过综合获得小比例尺地图。

DEM作为一种特殊的空间数据内容在国家空间数据基础设施中的作用越来越重要。为了满足对大比例尺基础数据集的各种需求,大规模DEM数据常常使用大比例尺的数据源并以很高的精度和分辨率进行生产。然而,许多应用更需要使用较小比例尺的DEM。正如地形图一样,DEM也应有不同的比例尺。

因此,如同制图学中的地图综合一样,开发一种能从大比例尺DEM数据自动抽取较小比例尺DEM的技术是十分必要的。这样,我们只要更新最大比例尺的DEM,就可随时根据需要生成小比例尺的DEM。关于DEM的多尺度表达问题自然也就成为人们十分关注的发展方向之一。

除此以外,地球科学的不同分支中尺度的含义也是非常不同的。例如:

(1)摄影测量学:对像片而言,尺度的含义与地图的相同;但对于立体模型,尺度是指模型显示与地表实际之间的比率;

(2)地理学:研究对象的相对大小,即地理环境(或研究范围)和细节等。

9.1.1 欧氏空间和地理空间的尺度变化

此处的地理空间是指现实世界,欧氏空间是指欧氏几何中使用的抽象空间。在欧氏空间中,任何对象都有一个整数维,即一个点为 0 维,一条线为 1 维,一个平面为 2 维,一个体为 3 维。尺度的放大(或缩小)会导致 2 维空间中长度增大(或缩短)以及 3 维空间中体积增大(或缩小),但是对象的形状保持不变。图 9.1.1 是一个在 2 维欧氏空间中尺度缩小的例子,尺度 2 是尺度 1 缩小 2 倍,尺度 3 是尺度 1 缩小 4 倍,在该变换过程中,对象的周长分别减少 2 倍和 4 倍,对象的大小各自减小 2^2 倍和 4^2 倍。当处在尺度 3 的对象放大 4 倍时,其与初始对象是相同的,也就是说,这种变换是可逆的。但在地理空间中,维数并不是整数,分数维的概念被引入(Mandelbrot,1967)。在此空间内,一条线的维数在 1~2 之间,一个面的维数在 2~3 之间。

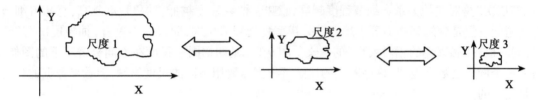

图 9.1.1　2 维欧氏空间尺度缩小示意图(李志林,2001)

很早以前就发现,在分维地理空间中,对于不同比例尺地图上的一条海岸线,会得到不同的长度值。如果用于测量的单元大小相同,从小比例尺地图上测得的长度会短些。这是因为测量的是不同层次的现实(即不同抽象程度的地球表面)。事实上,在较小比例尺下,对象的复杂程度被减小以便适应此比例尺。但当对象的表达从小比例尺放大到原始尺寸时,其复杂程度却不能恢复。图 9.1.2 说明了在地理空间中尺度的增加,图中表明在这样的空间中变换是不可逆的(李志林,2001)。

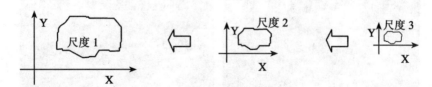

图 9.1.2　2 维地理空间尺度放大示意图(李志林,2001)

9.1.2 地理空间中的尺度和分辨率

类似地,如果使用具有不同单位尺寸的"尺子"测量一个海岸线,会得到不同的长度值。

测量单位越大,测得的数值就越小。如果量度是在一个宏观的尺度上,若使用一个以"光年"为基本测量单位的"尺子",那么用这把"尺子"测出的任何海岸线的距离都将是零。另一方面,若用一个以纳米(甚至更小的尺寸)为基本单位的"尺子",那么可以测量粒子的结构,一个海岸线的长度会超出人们的想像,实际上能达到无穷大。

这里,基本测量单位的大小称为分辨率。如果数据是栅格形式的,分辨率就是栅格像素的大小,像素(单位尺寸)越大,分辨率越低。

通常情况下空间数据的尺度和分辨率是一致的,因为我们人类用于观察和表达的分辨率是有限的。一个人的眼睛的分辨率是固定的,当人离观察的目标越近,目标在人眼中的影像就越大,按照地面距离得到的图像的像素更小,因此图像有较高的分辨率,反过来也一样。但是如果一个人借助望远镜改变了眼睛的分辨率,尺度和分辨率就不一致了。

也可以说,通常情况下,地理空间中的分辨率是尺度的一个指示器,因为"抽象程度"和"细节层次"是对偶的关系。细节程度越高,意味着抽象程度越低;抽象程度越高,意味着细节程度越低。但是分辨率并不等于尺度。分辨率是指细节层次,而尺度不仅有"抽象层次"的含义,同时也有"感兴趣的相对大小"的含义。图 9.1.3 是四幅同一尺度在不同分辨率下的图像。另外一个例子是数字地图,数字形式的地图可根据需要用不同的尺度绘制,但数字数据的分辨率是固定的。

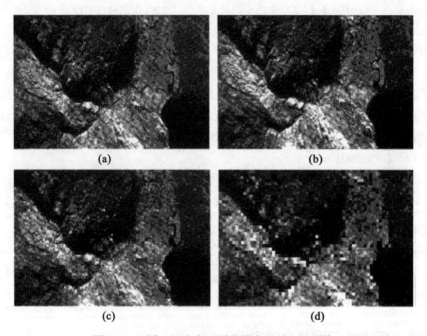

图 9.1.3　同一尺度在不同分辨率下的四幅图像

刚刚讨论的分辨率更确切地讲应称为"空间分辨率",因为空间数据还有其他形式的分辨率(即时间、光谱、辐射分辨率)。

随着空间分辨率的引入,现在就可以很容易地解释欧氏空间和地理空间的尺度变化之间的区别了。在欧氏空间中,一个对象表达尺寸的减小不会引起对象复杂度的改变。这一点可以按这样理解:当对象的表达尺寸被改变时,观测设备的基本分辨率也会按相同的量变化。另一方面,在地理空间中,当尺度减小时,空间表达也会相应地变化。这种复杂程度的变化可通过改变对象的尺寸和观测设备基本分辨率间的关系来实现。有几种方法可以达到这种结果。第一种方法是改变对象的表达尺寸,同时保持观测设备的基本分辨率。第二种方法是:(a)保持对象的表达尺寸不变,但改变观测设备的自然分辨率;(b)通过在欧氏空间中用简单的缩小来改变被观测对象的尺寸。

9.1.3 多尺度表达的理论基础:自然法则

大多数情况下,空间物体的分辨率会随着尺度的变化而变化。如果距离物体比较近,即尺度较大,那么将会看到更多的物体细节;相反,如果距离物体比较远,即尺度较小,那么只能看到物体的主要特征。这也就是分辨率随着物体的尺度变化而变化的规律。因此在大多数情况下,DEM 的多尺度表达与多分辨率表达是一致的,这意味着一定的尺度对应一定的分辨率。比如在建立国家级的多尺度 DEM 时,每个尺度的 DEM 都有特定的分辨率定义。当然,针对大范围内地形起伏的剧烈变化,同一尺度的 DEM 在不同的地区也会设计不同的分辨率。特别的,大范围地形的无缝实时漫游往往要求根据人眼视觉机理,在不同的观察距离和不同的视角能看到不同的地形细节即不同的分辨率表示。因此,对同一尺度的数据进行简化或融合不同尺度的数据以得到同一视场内地形的多分辨率表达也是最基本的要求。

人观察周围物体时,眼睛的分辨率是有限的。也就是说,人只能在一定的分辨率内观察空间物体,超出了这个分辨率人们将看不到物体。人们站在不同的高度观察空间物体,将会看到抽象程度不同的地形表面,这就是人眼分辨率有限的缘故。如果视点较高,人眼只能看到地表较大的物体,而地表却更加抽象。如果通过影像建立立体模型,那么影像分辨率就决定了立体模型分辨率。Li 和 Openshaw(1993)提出了尺度变换自然规律,具体内容为:

> 在一定的尺度中,如果基于空间变换的地理目标的大小低于最小规定尺寸,那么它就会被忽略而将不再被表达。

目前,这一规律已经作为空间尺度变换的基本准则,即利用人眼的分辨率有限的基本原理,忽略掉那些人眼所不能看到的空间物体的细节,进而得到各种不同分辨率的 DEM 模型,如图 9.1.4。基于此规律,目前已有许多学者进行了各种变化模型研究。

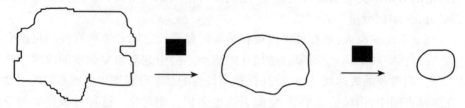

图 9.1.4　忽略小于图示黑色方块大小的细节上的差异,即可简化多边形形状

9.2　多尺度数字高程模型的表达方法:层次结构

在大范围 DEM 的实时可视化过程中,为了控制场景的复杂性、加快图形描绘速度,广泛使用细节层次模型,即 LOD(Levels of Detail)模型。LOD 模型是指对同一个区域或区域中的局部使用具有不同细节的描述方法得到的一组模型。

9.2.1　金字塔结构

多比例尺的 LOD 模型等同于 DEM 金字塔,不同的比例尺对应着不同的分辨率即不同的细节层次。金字塔结构在图像处理中最为常用。图 9.2.1 分别是方格网和三角网的三层金字塔结构,即第三层的四个四边形(或三角形)合成一个第二层的四边形(或三角形)。同样,第二层的四个四边形(或三角形)合成一个第一层的四边形(或三角形)。它们的关系是:第 n 层四边形(三角形)个数 $=4^{n-1}$。

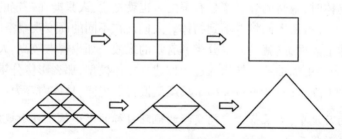

图 9.2.1　格网和三角网的金字塔表达

在同一层的金字塔结构中,四边形的大小是一样的。图 9.2.2 是格网金字塔 DEM 表达的一例。它对原始 DEM 作了三个层次的表达。四合一作业时,高程值采用了简单平均值。例如,将第三层中的四个格网的高程值平均后作为第二层中的新格网的高程。

简单金字塔的层次概念强调格网大小(尺寸)的层次,即不同比例尺的表达。对于数据库

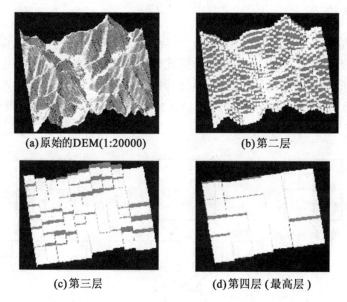

图 9.2.2　格网 DEM 的金字塔表达

级的多尺度表达,一般直接将不同分辨率的规则格网 DEM 数据通过一体化管理建立金字塔数据库。其中关键问题在于不同分辨率 DEM 数据的自适应度和数据融合。由于数据库级的多尺度表达取决于多分辨率 DEM 数据的获取和数据库管理,它已有比较成功的技术。另外,通过 DEM 实时细节分层建立 LOD 模型达到多尺度表达则是当前的一个热点问题。

对可视化而言,最简单的基于规则格网模型的 LOD 生成方法是直接采用网格减少的方法来简化场景,该方法不考虑地形特征,简便易行,但往往因丢失重要的表面特征而产生较明显的视觉误差。当考虑视点的变化时,不同细节模型之间的接边问题也需要妥善处理。其他基于规则四边形格网的简化方法如自适应递归方法、基于顶点移去的方法等因为考虑地形起伏特征,可以产生更加真实的可视化效果,如图 9.2.3 所示为简化程度不同的格网 DEM。

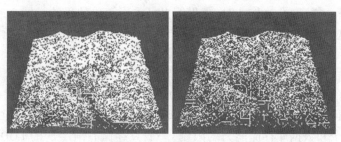

图 9.2.3　简化程度不同的格网 DEM 的可视化

9.2.2 四叉树结构

简单金字塔结构的不足之处是不管地形复杂与简单,同一层的格网的间距都是一样的。但实际上,有的地方比较复杂,而另一些地方则比较简单。这样,人们就想用大格网来表达简单的地形,而用小格网来表达复杂的地形,以达到保持复杂地形起伏的高逼真度表达。四叉树是一种常用的数据结构。图 9.2.4 是格网的四叉树表达。事实上,三角形也可用四叉树的方法来表示,图 9.2.5 是其一例。

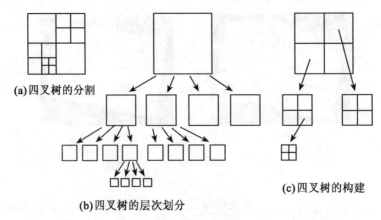

图 9.2.4 利用四叉树对地形规则格网进行的层次描述(陈刚,2000)

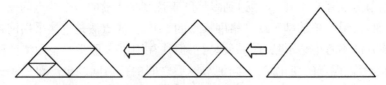

图 9.2.5 利用四叉树对地形三角网进行的层次描述

与简单金字塔一样,四合一作业时,高程值也可采用简单的平均。图 9.2.6 是用四叉树表达的地形层次。这里的层次强调所表达的复杂度的层次,也被称为同一比例尺的层次表达(LOD)。

对可视化而言,同一比例尺的 LOD 模型是为了更加真实和快速地显示三维场景,根据视点的变化将 DEM 的细节分为不同的层次。图 9.2.6 所示为同一比例尺数据的 LOD 表达。从实时显示的需要看,把尽可能多的细节层次模型预先生成并保存在数据库中是最好的办法。但是,由于数据冗余和数据库存储能力的限制,一般只存储有限层次的 LOD 模型,如 3~5 个细节层次,而其他的细节层次模型则采用一定简化算法实时生成。

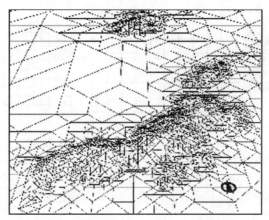

图9.2.6 同一比例尺DEM的LOD可视化表达(陈刚,2000)

9.3 多尺度数字高程模型的表达方法:表面综合

9.3.1 格网式数字高程模型的表面综合

从图9.2.2中可以看出,通过采用金字塔结构合并格网的方法来表达DEM时,地表产生了不连续性。严格意义上,它仅仅是近似的表达,其主要目的是为了快速显示。

当我们想从大比例尺DEM生产小比例尺DEM时,这种方法就不太合适了。也就是说,我们要采用理论上更为严密的方法。以下介绍一种基于自然法则的DEM综合方法(Li and Li, 1993,1999):

其原理如图9.3.1和图9.3.2所示。首先,根据输出比例尺的大小来计算出在该比例尺下的相应的最小可分辨尺寸。其简单的算法为:

$$R_1 = dS_0 \tag{9.3.1}$$

式中,S_0为输出比例尺的分母,d是一个常数(大量实验表明,d取0.6~0.7mm较好),R为最小可分辨尺寸。在这里,输入DEM的比例尺S_i完全被忽略。但事实上,当S_i很接近S_0时,综合程度应小些。作为一个特例,当$S_i = S_0$时,不应作任何综合。考虑到这些因素,我们将式(9.3.1)改写为(Li and Openshaw,1993):

$$R_2 = dS_0(1 - S_i/S_0) \tag{9.3.2}$$

这时R_2的单位为地面长度。然后,我们便将R_2转变成格网数:

$$R = [R_2/D + 1] \tag{9.3.3}$$

其中D表示格网间距。

接下来便是综合,即将一个$R \times R$的格网作为一个模片,在X和Y两方向上移动。每到一

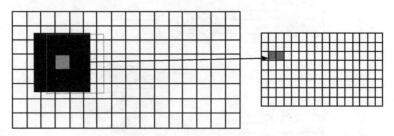

图 9.3.1　DEM 表面综合时模片在 X 和 Y 方向的移动(在最小可分辨尺寸范围内(这里为 3×3),所有的空间变化细节都应被忽略。将最小分辨率模片沿行、列方向移动,便可使整个表面达到综合的效果)

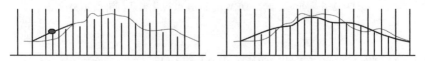

图 9.3.2　DEM 表面综合时高程的综合(图中细线是原始 DEM;粗线是综合后的 DEM)

个地方,将该模片下的地形综合。综合的方法可以分两种:一种是将整个范围的高程按简单平均或带权平均;另一种是仅仅将周围的一圈平均。图 9.3.3 和图 9.3.4 给出了后一种算法的结果。

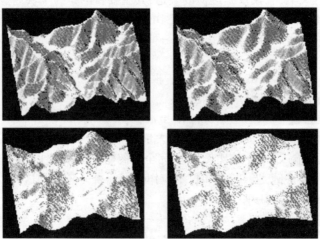

图 9.3.3　不同比例尺 DEMs 透视晕渲表示(左上:1:2 万,右上:综合成 1:5 万,左下:综合成 1:10 万,右下:综合成 1:20 万)

这里值得一提的是,这种方法跟图像处理中的滤波很相似。它可以每次将模片移动一格(大比例尺 DEM 中的一格),也可以移动多格。这样,每相邻两次的模片位置具有重叠性,这样解决了连续性问题。当重叠度为 0 时,这一方法便退化为简单的金字塔结构。

图 9.3.4 不同比例尺 DEMs 等高线表示(左上:1∶2 万,右上:综合成 1∶5 万,左下:综合成 1∶10 万,右下:综合成 1∶20 万)

9.3.2 三角网式数字高程模型的表面综合

与规则格网式的 DEM 相反,由于三角网中的点与线的分布密度和结构完全可以与地表的特征相协调,因而不规则三角网(TIN)可以将地表的特征表现得淋漓尽致。因此在许多场合,TIN 被用于逼真三维建模。对基于 TIN 的多尺度表达的研究主要集中在顾及地形起伏特征的实时简化方法上。由于简化算法必须尽可能保留模型的形状和表面特征,因此必须首先找出特征信息,如平面曲率、尖点和特征边等,然后才能通过融合平坦的区域和线性变化的特征边来简化模型。

如今,大多数算法是采用合并曲率较小的相邻面的方法,并通过门限值来控制简化。门限值可以定义为相邻平面法向量的角度值,即超过门限值的平面不予以合并,且门限值越大,简化程度越高。当然,针对不同的应用,其他简化方法如共面合并法、重新布点法、能量函数优化法、顶点类聚法、小波简化法等也引起了广泛关注。如图 9.3.5 所示为典型的几何元素删除简化方法。

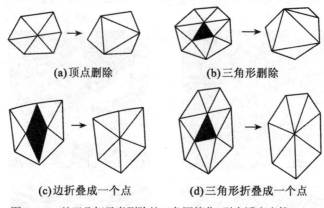

图 9.3.5　基于几何元素删除的三角网简化(引自潘志庚等,1998)

9.4　全国的多尺度数字高程模型

我国到目前为止,已经建成了覆盖全国范围的 1∶100 万、1∶25 万、1∶5 万数字高程模型(DEM)从及七大江河重点防洪区 1∶1 万的 DEM。在此基础上,省级 1∶1 万数据库的建库工作也已经全面启动。

9.4.1　全国 1∶100 万数字高程模型

国家基础地理信息系统全国 1∶100 万数字高程模型利用 1 万多幅 1∶5 万和 1∶10 万地形图,按照 28″.125×18″.750(经差×纬差)的格网间隔,采集格网交叉点的高程值,经过编辑处理,以 1∶50 万图幅为单位入库。原始数据的高程允许最大误差为 10~20m。利用该数据内插国内任一点高程值的中误差,如表 9.4.1 所示。这样的内插精度符合 1∶100 万地形图要求。全国 1∶100 万数字高程模型的总点数为 2 500 万点(引自国家基础地理信息中心网站)。

表 9.4.1　1∶100 万数字高程模型(引自国家基础地理信息中心网站)

精度＼地区	高山	中、低山	丘陵	平原
中误差/m	70	41	20	1

9.4.2 全国1∶25万数字高程模型

国家基础地理信息系统全国1∶25万数字高程模型的格网间隔为100m×100m和3″×3″两种。陆地和岛屿上格网值代表地面高程,海洋区域格网值代表水深。1∶25万数字高程模型由1∶25万图上的等高线、高程点、等深线、水深点,采用不规则三角网模型(TIN)内插获得。

全国1∶25万数字高程模型以两种常用坐标系统分别存储两套数据:高斯-克吕格投影和地理坐标。高斯-克吕格投影的数字高程模型数据,格网尺寸为100m×100m。以图幅为单元,每幅图数据均按包含图幅范围的矩形划定,相邻图幅间均有一定的重叠。地理坐标的数字高程模型数据,格网尺寸为3″×3″,每幅图行列数为1 201×1 801,所有图幅范围都为大小相等的矩形。

用数字高程模型的高程值分别与1∶25万地形图等高线高程、水准点高程和三角点高程比较测试,中误差均在1/3或1/2等高距之内。(引自国家基础地理信息中心网站)

9.4.3 全国1∶5万数字高程模型

1∶5万DEM使用1∶5万、1∶10万、1∶1万三种比例尺的地形图资料。1∶5万DEM生产成果全部采用1980西安坐标系、1985国家高程基准、高斯-克吕格投影。1∶5万DEM的精度与地形及所使用的资料有关,见表9.4.2(引自国家基础地理信息中心网站)。

表9.4.2 1∶5万DEM高程精度与所使用的资料

(引自国家基础地理信息中心网站)

地形类别	1∶5万		1∶10万		1∶1万	
	CI/m	σ_g/m	CI/m	σ_g/m	CI/m	σ_g/m
平地	10(5)	4			1	1
丘陵	10	7	20	10	2.5	2.5
山地	20	11	40	20		
高山地	20	19	40	40		

注:σ_g=格网点高程中误差;CI=基本等高距。

格网点对于附近野外控制点的高程中误差不得大于表9.4.3的规定。

表 9.4.3 格网点和内插点的高程中误差
（引自国家基础地理信息中心网站）

地形类别	CI/m	地面坡度	高差/m	σ_g/m	σ_h/m
平地	10(5)	2°以下	<80	4	4×1.2
丘陵地	10	2°~6°	80~300	7	7×1.2
山地	20	6°~25°	300~600	11	11×1.2
高山地	20	25°以上	>600	19	19×1.2

注：σ_g = 格网点高程中误差；σ_h = DEM 内插点高程中误差。

9.4.4 全国 1∶1 万数字高程模型

1∶1 万比例尺 DEM 主要以省为单位组织生产，其中国家测绘局于 1999 年安排生产了七大江河流域范围的 1∶1 万数字高程模型，其格网尺寸为 12.5m×12.5m，已完成 13 781 幅，数据量达 24GB。各省的 DEM 分布范围见图 9.4.1（引自国家基础地理信息中心网站）：

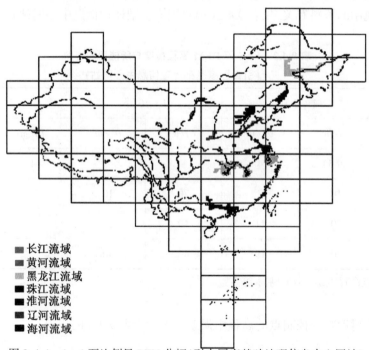

图 9.4.1　1∶1 万比例尺 DEM 分幅（引自国家基础地理信息中心网站）

参考文献

陈刚.2000.虚拟地形环境的层次描述与实时渲染技术的研究:[博士论文].郑州:解放军信息工程大学测绘学院

潘志庚,马小虎,石教英.1998.多细节层次模型自动生成技术综述.中国图像图形学报,3(9):754~759

齐敏,郝重阳,佟明安.2000.三维地形生成及实时显示技术研究进展.中国图像图形学报,5(4):269~275

Fritsch, Dieter and Spiller, Rudi, (eds.), 1999. *Photogrammetric Week '99*, Germany: Wichmann

Li, Zhilin, 1997. Scale Issues in Geographical Information Science, *Proceeding of International Workshop on Dynamic and Multi-dimensional GIS*, 143~158

Li, Zhilin and Li, Chengming, 1999. Objective generalization of DEM based on a natural principle. *Proceedings of 2nd International Workshop on Dymanic and Multi-dimensional GIS*. 4~6, Oct. 1999, Beijing. 17~22

Li, Zhilin and Openshaw, S., 1993. A natural principle for objective generalisation of digital map data, *Cartography and Geographic Information System*, 20(1), 19~29

Quattrochi, Dale A. and Goodchild, Michael F. (eds.), 1997. *Scale in Remote Sensing and GIS*. CRC Press

Zhou Kun, Pan Zhigeng and Shi Jiaoying, 2001, A Real-Time Rendering Algorithm Based on Hybrid Multple Level-of-Detail Methods, *Journal of Software(In Chinese)*, 12(1):74~82

第十章　数字高程模型的数据组织与管理

10.1　数据组织与数据库管理概述

计算机效率在很大程度上取决于数据的组织。对虚拟存储的计算机来说,重要的是将那些有可能互相存取的数据值存放在存储器中靠近的位置,否则页的反复跳动而造成的过多内、外存储器间的数据交换可能延缓处理过程。在信息系统中,对高效率数据结构的普遍关注对地理信息系统来说尤为重要。数据的组织常常必须满足按空间寻找数据的需要,这种寻找是在许多方向上并以二维以上的方式进行的。因为大型的 DEM 数据处理系统要投入巨额资金或成千上万小时的人力资源,又由于这些系统将会影响到公共政策、资金投放和未来环境的质量等,其设计必须做到认真、慎重,兼顾到未来的灵活性和当前的功效。

数字高程模型数据组织目的就是要将所有相关的 DEM 数据通过数据库有效地管理起来,并根据其地理分布建立统一的空间索引,进而可以快速调度数据库中任意范围的数据,实现对整个研究区域 DEM 数据的无缝漫游。数据库的功能先取决于数据模型即库存数据的结构。从地理现象到计算机存储器,一般要经过三种结构转换,即用户理解的地理现象结构、概念结构和数据库结构。这里主要讨论后两种结构。根据第四章的论述,DEM 的概念结构主要有三种不同的形式,即正方形格网 Grid 结构、不规则三角网 TIN 结构以及 Grid 与 TIN 的混合结构。由于不同的概念结构在数据模型、所需的存储空间和空间索引机制等方面差别很大,必须设计恰当而有效的数据库结构和管理策略,才能达到最优的数据存取、最少的存储空间和最短的处理过程,满足各种场合、各种规模的应用需求。DEM 数据建库往往要遵循以下基本原则:

（1）适用性原则:满足主要用户的需求,并充分兼顾潜在用户的需求。

（2）运行原则:迅速显示、查询,始终保持正常运行,可以及时提供数据产品。

（3）更新原则:满足增加、修改、删除的原则,可以方便地扩充和更新。

（4）相关性原则:保证与其他基础地理信息产品的相关性,使数据库在数学基础、坐标系统以及产品一致性方面相关。

（5）相容性原则:与其他类型数据库系统兼容,可以共享或相互交换数据。

（6）先进性原则:采用科学的技术手段,使系统保持一定的先进性。

(7) 高质量原则:与原始资料一致,数据质量可靠,数据标准、规范。
(8) 完备性原则:除了基本的数据体外,还要有完备的元数据内容。
(9) 安全性原则:有严密的权限控制机制。

10.2 数字高程模型的数据结构

数据结构研究的是数据的逻辑关系和数据表示。它的抽象定义为:数据结构 B 是一个二元组 B=(E,R),其中 E 是实体或称结点的有限集合,R 是集合 E 上关系的有限集合。两者的有机结合就是数据结构。

10.2.1 正方形格网结构(Grid)

把数字高程模型的覆盖区域划分成为规则排列的正方形格网,DEM 实际就是规则间隔的正方形格网点或经纬网点阵列,每一个格网点与其他相邻格网点之间的拓扑关系都已经隐含在该阵列的行列号当中。这时,根据该区域的原点坐标和格网间距,对任意格网点的平面位置可用相应矩阵元素的行列号经过简单的运算而获得。因此,Grid 数据除了每个格网点处的高程值以外,只需要记录一个起算点的位置坐标和格网间距。由于正方形格网 DEM 的存储量很小,结构简单,操作方便,因而非常适合于大规模的使用和管理。但其缺点是:对于复杂的地形地貌特征,难以确定合适的格网大小。比如,在地形简单的地区容易产生大量冗余数据,而在地形起伏比较复杂的地区,又不能准确表示地形的各种微起伏特征。

如图 10.2.1 所示,Grid 数据结构为典型的栅格数据结构。它非常适宜于直接采用栅格矩阵进行存储。采用栅格矩阵不仅结构简单,占用存储空间少,而且还可以借助于其他简单的栅格数据处理方法进行进一步的数据压缩处理,如行程编码法、四叉树方法、多级格网法和霍夫曼码法等。

一个 Grid 一般包括三个逻辑部分:
(1) 元数据:描述 DEM 一般特征的数据,如名称、边界、测量单位、投影参数等;
(2) 数据头:定义 DEM 起点坐标、坐标类型、格网间隔、行列数等;
(3) 数据体:沿行列分布的高程数字阵列。

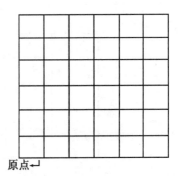

图 10.2.1 规则格网 DEM(Grid)

10.2.2 不规则三角网结构(TIN)

根据一定规则将按地形特征采集的点连接成覆盖整个区域且互不重叠的许多三角形,构成一个不规则三角网,通常称为三角网 DEM 或 TIN。TIN 与 Grid 不同之处在于 TIN 能较好地顾及地貌特征点、线,逼真地表示复杂地形的起伏特征,并能克服地形起伏变化不大的地区产生冗余数据的问题。但由于数据量大、数据结构复杂和难以建立,TIN 一般只适宜于小范围、大比例尺、高精度的地形建模。近年来,借助于计算机软硬件技术的飞速发展,在 TIN 的快速构成、压缩存储以及应用等方面已经取得了突破性的进展。

如图 10.2.2 和图 10.2.3 所示,TIN 模型是一种典型的矢量拓扑结构,通过边与节点的关系以及三角形面与边的关系显式地表示地形参考点之间的拓扑关系。TIN 与 Grid 的存储方式有很大不同,它不仅要存储每个网点的高程值,而且还要存储相应点的位置坐标(如 X,Y)以及描述网点之间拓扑关系的信息。一般采用如图 10.2.4 所示最简洁的链表结构:数据由节点列表和三角形列表两组记录组成。

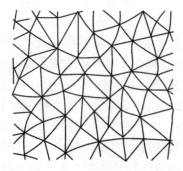

图 10.2.2　不规则三角网　　　　　　　图 10.2.3　不规则三角网

编号	X	Y	Z
1	429	200	57.5
2	437	266	60.2
3	507	234	55.3
4	607	265	56.1
5	555	190	50.2

(a)节点三维坐标列表

编号	顶点 1	顶点 2	顶点 3
1	1	2	3
2	1	3	5
3	3	4	5
4	2	4	3

(b)三角形连接表

图 10.2.4　表达 TIN 的链表结构

上述链表完整地表达了 TIN 最基本的几何信息。当然,根据数据编辑与快速检索的需要,在该链表结构的基础上还可以增加描述三角形之间邻接关系以及参考点不同特性的信息。由于三角形是最简单的多边形,根据欧拉公式,N 个顶点的三角形网络可达到 $3N-6$ 条边和 $2N-5$ 个三角形。可见,TIN 的结构很复杂,而且数据存储量要比 Grid 大得多。为了能节省表示所有拓扑关系的存储数据,基于各种不规则中点多边形与正中点六边形之间的变换关系和数学形态学理论的规则化变换方法,可以达到 TIN 的规则化压缩存储目的(陈晓勇,1991)。

10.2.3 格网与不规则三角网结构混合的结构

格网与不规则三角网结构混合的结构,即 TIN 与规则格网混合的结构。由于规则格网 DEM 和不规则三角网各有各的优缺点,在实际应用中,大范围内一般采用规则格网附加地形特征数据,如地形特征点、山脊线、山谷线、断裂线等的形式,构成全局高效、局部完美的 DEM。

栅格网络 Grid 常剖分成三角形网络以形成连续的线性面片,这有利于解决等高线跟踪的二义性和图形描绘的复杂性问题。反之,TIN 也可以通过内插生成 Grid。

关于混合结构的研究主要针对在已有的 Grid 基础上增加地形特征线和特殊范围线的情况。这时,规则的 Grid 格网被分割而形成一个局部的不规则三角网,如图 10.2.5 所示。但由

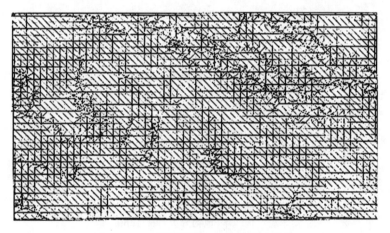

图 10.2.5 规则格网和 TIN 的混合结构

于特性线作为矢量数据具有比 Grid 复杂得多的拓扑结构和属性内容,一般还是采用混合的数据结构分别进行处理。当然也可以设计一个一体化的数据结构同时组织这些不同类型的数据,比如将所有矢量都栅格化。另外,考虑到混合结构将导致数据管理复杂化并降低数据检索的效率,根据研究区域的大小和软件性能,应用时常常将其实时地完全转换为 TIN 的数据结构。特征点、线的数据结构用表 10.2.1 描述。

点数为 1 表示一个点特征,否则为线特征。

表 10.2.1 特征点、线的数据结构

DwFeatureid	FeatureCode	SnPointNumber	Coordinates
OID 标识	特征要素编码	点数	空间坐标

10.3 数字高程模型的数据库结构

数据库结构实质上是一种索引结构,即通过建立空间索引,实现数据库的快速查找、数据存取和分析操作等。从前面介绍的 DEM 的数据结构来看,TIN 本身就是一种有效的空间索引结构。对于大型数据库,往往还需要建立专门的索引文件。图 10.3.1 所示为 GeoStar 系统所采用的数据库模型,它是一个集矢量、影像、DEM、属性和多媒体数据为一体的空间数据库模型。

图 10.3.1 无缝地理数据库模型

10.3.1 格网的数据库结构

栅格 DEM 在数据库中主要采用基于格网单元、分块、分区的层次结构,如图 10.3.2 所示。一个研究区域作为一个工程,可以划分为若干个标准的子区域,如一个国家的 DEM 数据库可

以分流域或地区分别进行管理。而每个子区域又包括若干标准的子块,每个子块作为单独的工作区是 DEM 生产和调度最基本的单元,如果按国家标准的图幅大小进行子块的划分,这时一个块就是一幅图的范围。每一块由若干行和若干列的格网单元组成。通过"工程—工作区—行列"结构索引,便可惟一地确定 DEM 数据库范围内任意空间位置的 DEM 值。显然,每个块的存储还可以使用各种有效的压缩编码结构,如自适应行程编码和四叉树编码等。由这种分区、分块和行列层次划分形成的空间索引可以保证栅格 DEM 数据的快速查找和无缝存取。

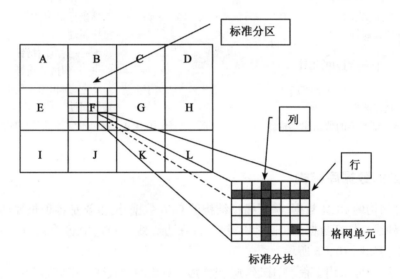

图 10.3.2　基于格网单元、分块、分区的层次结构

对于 TIN,也可以按上述结构组织大范围的数据。但由于每个子区域的 TIN 边界不规则,为了避免相邻块之间的接边问题,一般在进行数据分块时要考虑一定的重叠度。

10.3.2　不规则三角网结构的数据库结构

TIN 把结点看做数据库中的基本实体,拓扑关系的描述则在数据库中建立指针系统来表示每个三角形与结点的邻里关系、结点到邻近结点的关系、三角形到邻里三角形的关系等。这样的指针系统保证了很高的查找效率,比如在较大的 TIN 中进行诸如等值线引绘、剖面内插等连续性索引操作时。如图 10.3.3 和图 10.3.4 所示为 TIN 的数据库结构。

关于大规模 TIN 的数据检索,已有许多成熟有效的算法。最简单的方法是遍历每一个三角形的外接矩形或立方体范围。另外,如果根据最近的已知点(种子点)和所在的三角形,利用"穿行算法"也可以快速查找到任何点所在的三角形。"穿行算法"的实质是通过未知点与已知点之间的连线、根据 TIN 的拓扑关系快速得到直线所"穿行"的所有三角形,从而形成一条三角形构成的"最短路径",到达未知点所在的三角形并得到查询结果。经证明,"穿行算法"的计算效率为:$O(\lg N)$。

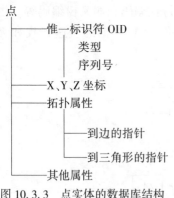

图 10.3.3　点实体的数据库结构

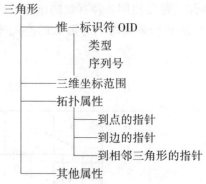

图 10.3.4　三角形实体的数据库结构

10.3.3　矢量的数据库结构

对于混合结构的 DEM 数据,除了栅格结构的 Grid 数据外,主要是各种重要的地形特征数据,特别是各种线性特征数据(如地形断裂线、特殊边界线、山脊、山谷等)。这些线状目标在数据库中的结构如图 10.3.5 所示。

矢量数据库一般采用工程、工作区、层、地物类、对象的方式建立空间索引。地物类是指具有相同空间几何特征和属性特征的空间对象的集合,如河流、公路、行政区域、居民地等都可作为地物类;层定义在地物类之上,它是多个地物类的集合;工作区是指一定区域范围内的地物层的集合;工程是具有相同特征的工作区的集合,用来管理大型的空间数据。工程的数据目录结构组织如图 10.3.6 所示。

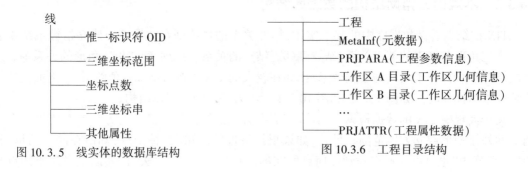

图 10.3.5　线实体的数据库结构　　　　图 10.3.6　工程目录结构

为了建立大型无缝数据库有效的空间索引机制，还可以采用根据矢量目标大小分层聚簇(Cluster)式的数据组织，这也是数据库级的细节层次概念。如图10.3.7所示，当浏览范围较小时，系统将自动从较低的层次读取较丰富的内容；反之，浏览大范围时，则调用较高层次更大、更少的对象。

10.3.4 元数据的数据库结构

（1）简介

元数据(metadata)是关于数据的数据，它描述数据的内容、质量、状况和其他特征，帮助人们定位和理解数据。元数据是实现空间数据共享的重要基础。用户只有通过查询和浏览描述 DEM 有关特征的元数据信息，才能了解究竟有哪些可用的数据、是否有他们感兴趣的数据以及这些数据放在哪里等情况。作为空间数据基础设施建设的首要任务，空间数据交换网站(clearing house)是指连接空间数据生产者、管理者和

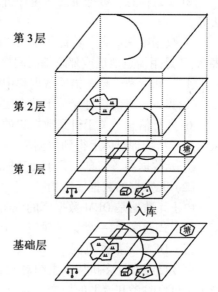

图 10.3.7　分层聚簇式的数据组织

用户的一个分布式电子网络，而并不是真正存储具体数据集的中心仓库。借助于该交换网站，找到空间数据就好像在国外通过自动提款机提取现金那样容易。交换网站的主要工作方式是提供基于元数据的查询互操作。通过元数据就可以很方便地得到有关空间数据的说明信息以及空间数据本身。在不同空间数据服务器之间的查询互操作，需要客户服务器软件用以建立一种连接，传递格式化的查询命令、返回查询结果，并以若干格式中的一种将确认的空间数据文档呈现给客户。基于 Web 技术，用户通过交换网站可以远程存取基于文本的元数据并能使用客户端程序进行阅读，进而决定其是否满足自己的要求。特别是超文本技术支持元数据与不在同一服务器上的数据体之间的正确连接，即使数据体不能在线得到，用户也可通过元数据知道怎样去订购。

可见，元数据具有四个基本的作用：

① 可用性(availability)：用以确定是否存在关于某个地理位置的一组数据。

② 适用性(fitness for use)：用以评估这组数据是否适用。

③ 存取(access)：用以确定获得验证过的数据的手段。

④ 变换(transfer)：用以成功地处理(如变换)和使用这组数据。

元数据一般包括以下内容：

① 基本标识信息。关于数据最基本的信息，如标题、地理覆盖范围、现势性、获取或使用规则等。

② 质量信息。数据集的质量评价,包括位置和属性精度、完整性、一致性、信息源、生产方法等。

③ 数据组织信息。数据集中用来表示空间信息的机制,如空间位置是用栅格或矢量直接表示,还是用街道地址或邮政编码间接表示等。

④ 空间参考信息。描述数据集中的坐标系统包括投影名称、参数、平面和高程基准等。

⑤ 实体与属性信息。关于数据集内容的信息,包括类型、属性、取值范围等。

⑥ 发行信息。关于得到数据集的信息,如与发行人的联系、可得到的格式以及关于怎样从网上或从物理媒体上得到数据和价格的信息。

⑦ 元数据参考信息。关于元数据本身的现实性和负责人等的描述信息。

(2) 元数据的数据库结构

由于元数据是 DEM 数据库的说明性文件,全部为文本和数字型数据,一般采用关系型数据库的形式建库,每一条记录对应一个 DEM 实体数据。

(3) DEM 元数据范例

至今已经有许多机构或组织对元数据所描述的空间数据特征信息进行了规划和分类,并制定了可供参考和遵循的标准。表 10.3.1 列出了国际上几个著名的元数据标准名称。

表 10.3.1 国际上几种著名的空间数据元数据标准

序号	名 称	机构或组织
1	数字地理空间元数据内容标准 CSDGM	美国联邦地理数据委员会 FGDC
2	目录交换格式 DIF	美国宇航局 NASA 和全球变化数据管理国际工作组 IWGEMGC
3	政府信息定位服务 GILS	美国联邦政府
4	CEN 地理信息—数据描述—元数据	CEN/TC287
5	数据集描述方法 GDDDD	欧洲地图事务组织 MEGRIN
6	数字地理参考集的目录信息 CGSB	加拿大通用标准委员会 CGSB 地理信息专业委员会
7	ISO 地理信息元数据	ISO/TC211

我国 DEM 元数据分为内部使用和外部上网查询两部分,其中后者由前者选择性地派生得到。

10.4 数字高程模型数据库管理

10.4.1 数据组织

如果一个区域很小,并且 DEM 的分辨率也很低,那么 DEM 的数据量不会很大,通过一个数据文件即可进行有效的管理。相反,对于一个较大的区域,DEM 的数据量往往超过数百 MB,甚至几十 GB,如果还是用一个文件进行存储管理,则操作的效率将非常低,而且大多数计算机也将难以胜任这样的工作。为了满足各种应用对数据库操作特别是数据检索高效可靠的要求,对于大量的数据,不管是通过多个文件还是通过关系数据库进行管理,数据在计算机中的有效组织都是非常关键的。

尽管对一个大型三维数据集的交互式透视浏览与专门的计算机软硬件有关,但为了在中低档桌面工作站上也能达到令人满意的实时交互操作效果,必须采用比较优化的方法来组织和检索数据。以下几项技术被证明是最有用的:

(1) 细节层次 LOD 概念被经常提到并广泛采用,以此描述同一个对象的一系列不同分辨率和质量(不同的细节层次)的矢量数据模型。对于栅格数据,影像的多分辨率概念即影像金字塔(image pyramid)与此是等价的。

(2) 渐进描绘技术用于控制场景质量,一般采取的策略是缩减可见的范围或根据细节层次结构简化数据质量。

(3) 动态装载也是必须应用的技术,如果一个大区域整个 DEMs 数据库都可以得到,那么不可能将所有数据都保存在工作站的内存当中。动态装载要求有组织得很好的数据库和快速数据索引机制以保证能实时提供任何所需的子数据集。

数字高程模型 DEMs 既作为独立的基础产品,又用来代替传统地形图中等高线对地形进行描述。根据所采用数据源的不同,DEM 产品分为两大类:一类产品指利用航空影像经解析摄影测量或全数字摄影测量采集数据并进一步由 TIN 建模技术内插生成的标准正方形格网数据;另一类产品指利用既有基本地形图经扫描数字化采集数据(或直接用 DLG)并进一步由 TIN 建模技术内插生成的标准正方形格网数据。国家级的 DEMs 跟过去的等高线地形图一样,也按传统的比例尺进行分类,如 1:25 万、1:5 万和 1:1 万,用空间分辨率(格网间距)表示分别为 100m、25m 和 12.5m。为了方便数据的生产、管理和更新,所有类别的 DEM 产品均采用一致的栅格数据结构,并按国家基本比例尺地形图分幅规定的图幅范围为单位(即最小的分块)组织数据。格网点所对应的平面位置坐标类型包括高斯平面坐标(南北 X/东西 Y)和大地坐标(经度/纬度)两种,都纳入国家 1980 年大地坐标系。格网点高程为国家 1954 年黄海平均海平面海拔高程。考虑数据量的限制和应用需求,一般将小于 1:5 万比例尺的 DEMs 建立全国统一的数据库,而将其他更大比例尺的 DEMs 按地区(如省、市)、流域等分别建立数据库。

为了满足不同细节层次数据快速浏览的需要,一般在物理上也建立金字塔层次结构的多比例尺数据库,而不同比例尺的数据库之间可以自适应地进行数据调度,这样就既可以在瞬时一览全貌,也可以迅速看到局部地方的微小细节。由于栅格 DEM 本身具有多尺度的性质,一方面可以通过建立金字塔数据库获得数据库级的 LOD,还可以借助于快速处理算法实时地从大比例尺数据中自动地抽取更小比例尺的数据。

对于我国这样一个地域广阔的国家,为了建立一个连续无缝的 DEM 数据库,比较理想的是采用地理坐标即经纬度形式的平面坐标体系,而在实际应用中,需求更多的是高斯投影的数据,因此 DEM 数据库必须解决这其中的矛盾。最简单的办法是同时建立两种投影的数据库。另外一种方法就是利用快速投影变换算法进行实时的正反变换,当然这种变换还涉及到数据的重采样问题。如果要把高斯坐标的 DEM 建成地理坐标的数据库,则在入库的时候就应采用更高的重采样分辨率,以保证数据出库时经投影变换后的 DEM 具有与原来相近的精度。

10.4.2 数据库管理系统

数据库管理系统是一个非常复杂的软件系统,其基本职能有:

(1) 管理数据库。包括控制整个数据库系统的运行,控制用户的并发性访问,执行对数据库的安全、保密、完整性检验;实施对数据的检索、插入、删除、修改等操作。

(2) 维护数据库。包括初始时装入数据库;运行时记录工作日志,监视数据库性能;在性能低下时重新组织数据库;在系统软硬件发生故障时恢复数据库等。

(3) 数据通信。负责处理数据的流动。

利用数据库系统建立空间数据和 GIS 是技术发展的必然,所采用的数据库系统可以是关系型数据库(RDBMS)、对象关系数据库(ORDBMS)或面向对象的数据库管理系统(OODBMS),利用同一数据库管理空间数据和其属性的目的是利用数据库系统的特点来使空间数据管理规范化。DEMs 数据库管理系统的实现主要有两种方式:一是基于文件系统和空间索引的方式,二是基于关系型数据库的方式。在数据的分层次组织和基于格网或四叉树的空间索引机制方面,这两种方式的实质是一样的。在一个关系数据库里最普通的对象是关系表(table),其他对象如索引、视图、序列、同义字和数据字典等都是用来进行查询和数据存取用的。表是基本的存储结构,是一个由若干行和列的数据元素组成的二维矩阵。表的每一行包含了描述一个实体的所有信息,而其中的一列则表示这个实体的一个属性。由于关系数据库对大数据量的 DEM 的访问要经过比文件系统更多的步骤,在同样的条件下,基于文件系统的数据库效率因此要高一些。但基于文件系统的数据库管理系统在事务处理、多用户访问、网络协议和安全机制等方面的能力是十分有限的。

有别于数据库内容,允许本地和远程存取数据库以及将数据库与其他信息系统进行连接是数字高程模型从单一的文件向未来复杂的信息系统发展的关键步骤。表 10.4.1 表示的是 DEMs 数据库的不同发展层次。

DEMs 数据库管理系统不仅能够支持数据录入和分发,还要能支持以下基本功能:

(1) DEM 数据显示与查询功能,包括按图幅、经纬度、坐标等任意范围条件进行查询和多种图形显示如格网、晕渲和具有真实感的图形等;

(2) 基本的 DEM 分析与应用示范功能,如坡度/坡向分析、可视域分析等;

表 10.4.1 DEMs 数据库的不同发展层次

信息水平	系统
地形表面特征的几何描述	CAD 模型、DTM
信息系统和数据库管理系统	二维或三维 GIS
对数据库的本地与远程存取	地学服务器
与其他信息系统的连接	CyberCity、数字地球

(3) 数据提取功能,包括提取任意范围并以多种格式和不同投影输出 DEM 数据;

(4) 建立空间索引和 DEM 数据递交入库功能,包括接受多种格式、不同投影的数据和范围检查等;

(5) DEM 数据库与其他数据库(包括元数据库)的连接和数据复合显示等功能;

(6) 权限控制等。

10.5 吉奥之星数字高程模型数据库系统

GeoStar(吉奥之星)是由武汉大学研究开发的通用的基础地理信息系统软件的注册商标名称,该软件的系统体系结构如图 10.5.1 所示。

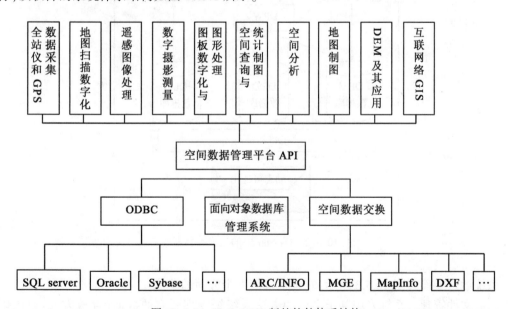

图 10.5.1 GeoStar NT 版的软件体系结构

GeoStar 采用 Client/Server 体系结构的大型关系数据库管理系统或面向对象的数据库管理系统同时管理 GIS 中的图形数据、属性数据、影像数据和 DEM 数据。是一个彻底的、无缝的集成化解决方案。通过 ODBC 可以与各种商用数据库管理系统连接,如 SQL、Server、Sybase、Oracle 等,通过自行开发的空间数据交换模块可以与当前流行的 GIS 软件及我国未来的空间数据交换格式交换数据。吉奥之星的核心模块是空间数据管理平台,它具有安全机制、并发控制、事务处理、多用户操作等功能,负责空间数据的接收、处理、查询、调度、索引和发送,保持数据的一致性和完整性。GeoStar 的空间数据库是一个无缝的、分级表达的大型数据库。从空间数据管理平台抽象出一套应用程序开发函数(API),上层数据处理与应用系统使用这一套公共函数开发数据采集、空间查询、空间分析及应用模块,所有模块共享一个空间数据库。

图 10.5.2 所示为 GeoStar 中 DEM 与影像和矢量三种类型数据集成的数据流框图。其中,DEM 数据库通过"工程—工作区—行列"结构,便可惟一地确定任意空间位置的高程。为了提高对整体数据的浏览效率,系统采用了金字塔层次结构来组织数据,并根据显示范围的大小来自动调入不同层次的数据。

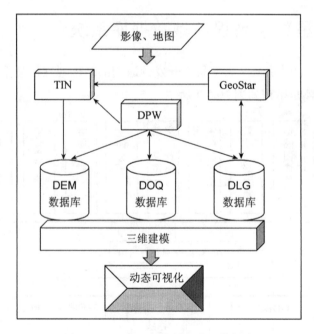

图 10.5.2 GeoStar 中的三库一体概念

系统运行界面如图 10.5.3 所示,它包括以下七个方面的功能:

(1) 文件管理。系统采用基于文件的方法来组织管理所有的数据(存放方式:以图幅为单位的标准格网点或经纬网点),在一个目录下保存所有信息文件。一个工作区指一幅完整

第十章　数字高程模型的数据组织与管理　　199

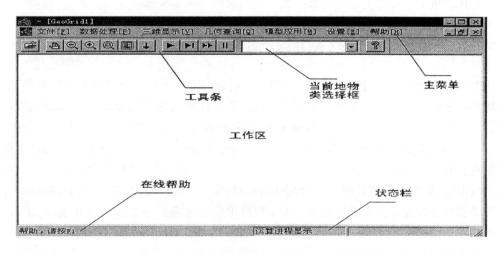

图 10.5.3　DEM 数据库管理系统运行界面

的 DEM 数据。系统可以处理一个独立的工作区数据，也可以根据需要将若干工作区组织在一起成为工程(DEM 建库)，实现工作区数据之间的无缝漫游。文件管理包括建立空间索引、从大比例尺数据到小比例尺数据的自动综合、打开、关闭以及与其他类型数据库的连接等基本功能。

（2）数据处理。数据处理包括对航空影像或卫星遥感图像作镶嵌、定位；向 DEM 数据库递交 DEM 数据；从库内提取、更新、投影变换、镶嵌与分解 DEM；标注地名等。

（3）三维显示。这是进行 DEM 数据及其他复合数据浏览的主要功能选项，有两种不同的具有真实感的表面模型用以表达地形起伏，即灰度浓淡模型和纹理景观模型。前者只是根据 DEM 和特定的光源和视点位置，模拟光照效果，产生灰度晕渲的透视模型；后者则直接将航空影像或卫星图像数据叠加到 DEM 表面，产生逼真的地形景观模型。各种矢量数据也能叠加到 DEM 表面，特别是根据平面几何数据和高度属性，系统还能够重建诸如房屋等的三维表面模型。用户可以方便地改变各种参数以得到不同的观察效果，比如可以决定是产生透视投影图像还是正射投影图像，是浏览静态图像还是以动画的方式模拟穿行或飞行的视觉效果等。

（4）几何查询。对显示的三维模型可以进行基本的几何量算，如坡度/坡向、表面积与水平投影面积、体积、各种剖面、可视域和通视性、任意位置的高程以及场地平整的填挖方等。

（5）模型应用。组合前面的若干功能，提供了洪水淹没分析与仿真、最佳观察位置的确定等模型应用。

（6）系统参数设置。主要设置系统运行所需的若干环境参数，如查找的距离容差、三维显示的细节水平、动画显示的路径等，并可以将当前的所有参数保存下来，以利于后续直接使用。

(7) 在线帮助。提供了关于所有功能的使用说明与注意事项等。

10.6 数字高程模型数据的数据交换标准

DEM 数据共享的意义十分简单明了,因为我们只有一个地球。随着诸如高分辨率卫星成像系统和数字摄影测量系统等技术的进步,DEM 数据获取的总量迅速增长,获取数据和使用数据的个人与组织也在不断膨胀。30 多年来,许多研究机构或组织机构在其发展过程中逐渐形成了多个独立的 DEM 数据应用系统。一个部门内可能由于组织关系或研究目的的不同,又有许多独立的应用系统。大量的数据往往涉及若干不同的部门或单位、不同的软硬件环境和不同的数据源,数据模型和数据结构、数据库管理与操作、数据分析与应用功能、终端用户的计算机环境和地理位置等也都千差万别。为了更好地研究复杂的自然界的变化规律,了解各种要素的相互作用机制以及响应模式,我们需要集成多个不同的系统,甚至将来自不同学科的相关数据集成在一起,从多学科多角度综合地去感知这个世界。显然,要达到数据或系统集成的目的必须首先实现数据的共享。通常解决空间数据共享的办法是在不同系统之间进行数据交换或称数据转换。为此,我们国家颁布了如下的 DEM 数据交换格式标准,见表 10.6.1。

表 10.6.1 DEM 数据交换格式标准

项目名	对项目值的说明
DataMark	中国地球空间数据交换格式—DEMs 数据交换格式(CNSDTF-DEM)的标志。基本部分,不可缺省。
Version	该空间数据交换格式的版本号,如 1.0。基本部分,不可缺省。
Unit	坐标单位,K 表示公里,M 表示米,D 表示以度为单位的经纬度,S 表示以度、分、秒表示的经纬度(此时坐标格式为 DDDMMSS.SSSS,DDD 为度,MM 为分,SS.SSSS 为秒)。基本部分,不可缺省。
Alpha	方向角。基本部分,不可缺省。
Compress	压缩方法。0 表示不压缩,1 表示游程编码。基本部分,不可缺省。
X_0	左上角原点 X 坐标。基本部分,不可缺省。
Y_0	左上角原点 Y 坐标。基本部分,不可缺省。
DX	X 方向的间距。基本部分,不可缺省。
DY	Y 方向的间距。基本部分,不可缺省。
Row	行数。基本部分,不可缺省。
Col	列数。基本部分,不可缺省。

续表

项目名	对项目值的说明
ValueType	高程值的类型。基本部分,不可缺省。
HZoom	高程放大倍率。基本部分,不可缺省。设置高程的放大倍率,使高程数据可以整数存储,如高程精度精确到厘米,高程的放大倍率为100。
Coordinate	坐标系,G 表示测量坐标系、M 表示数学坐标系。基本部分,缺省为 M。
Projection	投影类型。附加部分。
Spheroid	参考椭球体。附加部分。
Parameters	投影参数。根据不同的投影有不同的参数表,格式不作严格限定,但必须在同一行内表达完毕。附加部分。
MinV	格网最小值。附加部分。这里指乘了放大倍率以后的最小值。
MaxV	格网最大值。附加部分。这里指乘了放大倍率以后的最大值。

国家级的 DEMs 虽然以栅格形式存储,但不宜直接采用 TIFF 或 BMP 文件,所以须定义 DEMs 的数据交换格式。数据文件包含文件头和数据体两部分。DEMs 数据体采取从北到南,从西到东的顺序,并以 ASCII 码方式存储。

文件头分两类数据:一类是基本的必须的数据,一类是扩充的附加信息。附加部分可以省略。文件头的基本组成单元是项目,格式为"项目名:项目值",每个项目单独占一行。

DEMs 文件的基本内容和格式如下:

DataMark:字符型,表示国家空间数据交换格式(DEM 交换格式(NSDTF-DEM))的标志。

Version:数值型,该空间数据交换格式的版本号。

Unit:字符型,坐标单位。M 表示米,D 表示经纬度。

X_0:数值型,左上角原点 X 坐标。

Y_0:数值型,左上角原点 Y 坐标。

DX:数值型,X 方向的间距。

DY:数值型,Y 方向的间距。

Row:数值型,行数。

Col:数值型,列数。

H00 H01…:沿行列分布的格网点高程值。

HZoom:数值型,高程的放大倍率。设置高程的放大倍率,使高程数据可以以整形方式存储,如高程精度精确到厘米,高程的放大倍率为 100。

参考文献

陈晓勇.1991.数学形态学与影像分析.北京:测绘出版社
龚健雅.1993.整体 SIS 的数据组织与处理方法.武汉:武汉测绘科技大学出版社
龚健雅(主编).1999.当代 GIS 的若干理论与技术.武汉:武汉测绘科技大学出版社
李德仁,龚健雅,朱欣焰,梁宜希.1998.我国地球空间数据框架的设计思想与技术路线.武汉测绘科技大学学报,23(4):297~303
李朋德.1999.省级国土资源基础信息系统的设计与实施:[博士学位论文].武汉:武汉测绘科技大学
朱庆,李志林,龚健雅,眭海刚.1999.论我国"1∶1 万数字高程模型的更新与建库".武汉测绘科技大学学报,24(2):129~133
Environmental Systems Research Institute (ESRI), 1992. *Cell-based Modeling with GRID* 6.1, ARC/INFO USER'S GUIDE

第十一章 从数字高程模型内插等高线

从 DEM 内插等高线一直是计算机辅助地图制图的基本任务之一,也是 DEM 最重要的应用之一。从 DEM 内插等高线主要包括两个步骤:首先从 DEM 跟踪等高线点,其次是进一步插补加密等高线点以形成光滑的曲线(即等高线的拟合或光滑)。根据 DEM 的数据结构,搜索与跟踪等高线的方法又有基于规则格网的矢量法和栅格法以及基于三角网的矢量法之分。而等高线的光滑则根据数据点的分布密度可以选择许多不同的曲线拟合方法,如果 DEM 格网点本身就很密集,将内插的等高线点直接用直线连接也可以满足许多图形显示和绘图对曲线光滑的需要。如果等高线点随地形特征不同而非均匀分布且十分稀疏,则还要选用合适的曲线拟合方法如分段三次多项式、B 样条、张力样条等进行曲线插补处理(王来生等,1993),以便绘制出光滑的等高线图形。由于曲线拟合的数学方法很多,且属于一般计算几何问题,本书将不再重复介绍,而重点讨论等高线的搜索与跟踪问题。

11.1 从格网式数字高程模型用矢量法内插等高线

从格网式数字高程模型内插等高线有多种方法。尽管不同的方法各有差异,但它们在主要过程上是一致的,其基本问题有:
(1)计算各条等高线和网格边交点的坐标值;
(2)找出一条等高线的起始点并确定判断和识别条件,以跟踪一条等高线的全部等高点。

11.1.1 搜索格网边上的等高线点

这是一种按逐条等高线的走向进行边搜索边插点的方法。为了在整个 DEM 范围内跟踪等高线,首先根据 DEM 最低点的高程 Z_{min} 与最高点的高程 Z_{max} 求得最低等高线和最高等高线的高程 h_{min} 和 h_{max},然后再由低到高(或由高到低)逐条对等高线进行搜索与跟踪。

设等高距为 Δh,则最低和最高等高线的高程为:

$$\begin{cases} h_{min} = [Z_{min}//\Delta h + 1] \times \Delta h \\ h_{max} = [Z_{max}//\Delta h] \times \Delta h \end{cases} \quad (11.1.1)$$

式中的"//"表示整除,即对计算结果取整(舍去小数部分)。

搜索某一条等高线的算法是:分别遍历所有格网单元的水平边和竖直边,找到等高线起点所在的边和对应的格网单元。跟踪一条等高线的算法是:判断等高线在该单元中的出口边,并将处理单元移至出口边所在的新格网单元。依此跟踪下去,直至等高线回到起点或到达 DEM 边缘为止。

由于开曲线的起点总是位于 DEM 格网的外围边上,为了保证开曲线的完整性,往往从 DEM 边缘开始进行搜索。而闭曲线的起点则位于格网的内部边上,所以,每个格网都要搜索一遍。

判断格网的一条边(例如图 11.1.1 中的 $\overline{P_1P_2}$)是否与某一条高程为 h 的等高线相交,就要看这条边的两个端点的高程值是否"含有"这个 h 值。假如格网边两个端点 P_1、P_2 的高程分别为 Z_{P_1} 及 Z_{P_2},那么:

$$\begin{cases} Z_{P_1} \geq h \geq Z_{P_2} \text{ 或 } Z_{P_1} \leq h \leq Z_{P_2} & \Rightarrow \text{ 有} \\ \text{否则} & \Rightarrow \text{ 无} \end{cases} \tag{11.1.2}$$

换言之,只要式(11.1.3)成立,$\overline{P_1P_2}$ 边便有等高线通过。

$$(Z_{P_1} - h)(Z_{P_2} - h) \leq 0 \tag{11.1.3}$$

式中为等号时,等高线通过格网点。通常作为"退化"的情况给予处理,即将该格网点的高程减去或加上一个很小的常数值即可。

11.1.2 内插等高线点与等高线跟踪

在 $\overline{P_1P_2}$ 上确定高程为 h 的等高线位置时,一般采用线性内插。即:

$$\begin{cases} X_h = \dfrac{(h - Z_{P_1})(X_{P_2} - X_{P_1})}{(Z_{P_2} - Z_{P_1})} + X_{P_1} \\ Y_h = \dfrac{(h - Z_{P_1})(Y_{P_2} - Y_{P_1})}{(Z_{P_2} - Z_{P_1})} + Y_{P_1} \end{cases} \tag{11.1.4}$$

跟踪等高线的基本原则是一个格网单元的出口边自然就是下一个相邻格网单元的进入边。如图 11.1.1 所示,假设等高线从位于 B 格网的下方即边 $\overline{P_1P_2}$ 进入格网 D,边 $\overline{P_1P_2}$ 既是 B 格网的出口边,又是 D 格网的进入边。进入格网 D 后,有三个可能的出口,依次为左、下、右边。

通常同样高程的等高线在整个测图范围内可能有几条,因此在搜索完一条等高线后,还要搜索新的起点与新的等高线。用同样的方法完成 DEM 范围内所有等高线的搜索与内插。如图 11.1.2 所示为从正方形格网内插的等高线图形。这些等高线在拐弯的地方不太光滑,所以需要对等高线进行

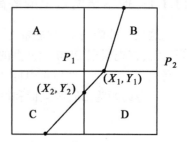

图 11.1.1 等高线内插与跟踪

光滑。

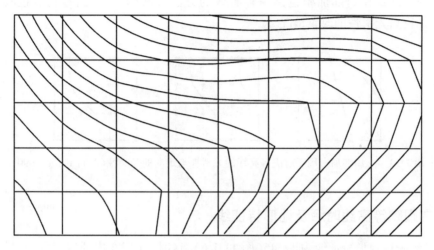

图 11.1.2 用格网 DEM 矢量法内插等高线

11.1.3 等高线的特殊处理：取向的二义性与光滑

等高线取向的二义性指的是在一个格网单元的四边都有同一高程的等高点，这样导致走向的不确定性。图 11.1.3 表示等高线走向的二义性的五种不同情况。第三种是不可能情况。解决的方法通常是增加一个中心点，它的高程取四个格网点的均值参加内插，外加一个优先条

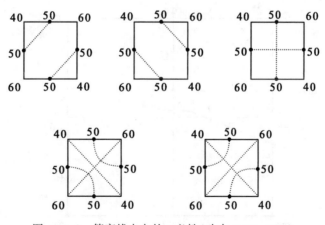

图 11.1.3 等高线走向的二义性(改自 Petrie, 1990)

件(如右边是高地)。

其实,用多项式在局部加密也是一种有效的方法。这样,产生的等高线也较光滑。图 11.1.4 表示加密后光滑性的改善情况。

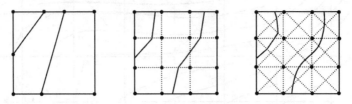

图 11.1.4　局部加密用于解决等高线的光滑性与走向的二义性(改自 Petrie,1990)

11.1.4　在跟踪等高线时顾及地形特征线

假如已经测得地形特征线为 12345(图 11.1.5),这时,我们在内插等高线时,就要考虑这条特征线。步骤如下:

(1) 用已知的特征线上的高程点,内插出特征线与格网的交点(A、B、C 和 D),并求得它们的高程。

(2) 然后,在内插等高线时,如有必要,应将 A,B,C 和 D 点考虑在内。例如,用 c_2 点和 B 点来内插 Q 点高程;B 点和 C 点内插 R 点高程;B 点和 c_7 点内插 S 点高程。

(3) 最后的等高线点为 P,Q,R,S,T,U。

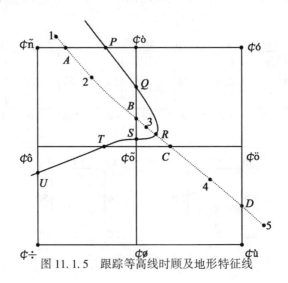

图 11.1.5　跟踪等高线时顾及地形特征线

11.2 从格网式数字高程模型用栅格法内插等高线

随着 DEM 分辨率的提高和数据量的急剧增加,有时使用栅格方法直接表示等高线比传统的矢量跟踪方法更简便。栅格方法特别适合于早期的高分辨率静电绘图仪绘图。用栅格法绘制等高线有两种方式:第一种称为二值等高线法,即等高线表示为不同色调的高程等级间的边界(无宽度);第二种称为边界等高线法,用与格网单元尺寸相等的线宽显示等高线,该方法涉及到边界查找算法。Eyton(1984)对这一方法作了全面的探讨。本章将对 Eyton 提出的几种方法逐一进行介绍。

11.2.1 二值等高线法

该方法的基本思想是把具有相同等高距的高程等级用黑色和白色交替表示,然后定义黑和白的交界线为等高线。实现该方法时,先将一行 DEM 高程值读入内存,然后根据公式(11.2.1)计算高程等级:

$$N_Z = (Z_J - Z_M)/CI + 1 \quad (J = 1, 2, \cdots, N_C) \tag{11.2.1}$$

式中:N_C 表示一行 DEM 高程等级的个数;

Z 表示高程值行向量;

Z_M 表示最小参考高程;

CI 表示等高距。

其中,对等式右边的计算结果取整后赋值给高程等级数(N_Z)。如果 N_Z 为奇数,在相应位置画一黑色像素(灰度值为 0),如果 N_Z 为偶数则画一白色像素(灰度值为 255)。将所有 DEM 格网点都按照公式(11.2.1)进行计算,可以得到一个关于高程等级数(N_Z)的矩阵,根据 N_Z 的奇偶性,指定相应的像素为黑色或白色,这样就得到了一幅黑白二值图。黑色和白色的交界线就是等高线。使用公式(11.2.1)时,首先要选择合适的等高距(CI)和最小参考高程(Z_M)。最小参考高程应小于最小实际高程,并且其他等高线的高程值依最小参考高程而定。例如,要从一个最小高程为 1 282 米的 DEM 生产出二值栅格等高线图,如果选择 $CI = 200, Z_M = 1\ 200$,则等高线的值应为 1 200,1 400,1 600,1 800 等。假设最大高程为 2 243 米,则有六个高程等级,可以绘制 5 条等高线,如表(11.2.1)所示。

表 11.2.1 二值等高线图的高程等级(引自 Eyton,1984)

高程等级数	高程下限(m)	高程上限(m)	等高线(m)
1	1200	<1400	1400
2	1400	<1600	1600

续表

高程等级数	高程下限(m)	高程上限(m)	等高线(m)
3	1600	<1800	1800
4	1800	<2000	2000
5	2000	<2200	2200
6	2200	<2400	

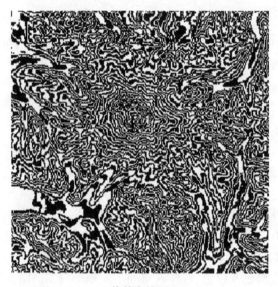

图 11.2.1　二值等高线图(Eyton, 1984)

11.2.2　边界等高线法

为了将实际等高线表示成各自独立的黑线,还需要采用边缘跟踪算法确定两高程等级之间的交界线。具体实现步骤如下:

(1) 从 DEM 中将一行高程数据读入内存,按公式(11.2.1)转化为高程等级数,将各个高程等级数存储在一个大小为 $2 \times N_C$ (N_C 是 DEM 矩阵的列数)的矩阵 N_Z 中,并作为矩阵 N_Z 的第一行。

(2) 从 DEM 中将相邻的下一行高程数据读入内存,按公式(11.2.1)转化为高程等级数并存储在矩阵 N_Z 的第二行。用矩阵 N_Z 第一行中的每个高程等级数和与其相邻的三个高程等级数作比较,如图 11.2.2 所示,$N_Z(1,J)$ 和 $N_Z(1,J+1)$、$N_Z(2,J)$、$N_Z(2,J+1)$ 相比较 ($J=1,2,\cdots,N_C-1$),当 $J=N_C$ 时(N_C 表示一行 DEM 高程数据的个数),$N_Z(1,J)$ 只与 $N_Z(2,J)$ 相比较。

如果参考格网单元的高程等级数不同于相邻的三个格网单元,该格网单元就是边界,指定其灰度值为 0 (黑色);如果参考格网单元的高程等级数与相邻格网单元均相同,就指定其灰度值为 255(白色)。

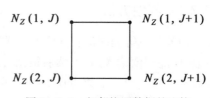

图 11.2.2 相邻格网数据的比较

(3) 矩阵 N_Z 第一行中的每个数据与其相邻的三个数据比较并指定了相应的灰度值后,把矩阵 N_Z 的第二行前移,作为第一行。反复执行第(2)、(3)、(4)步,直到 DEM 的最后一行高程数据被读入内存,按公式(11.2.1)转化为高程等级数并存储在矩阵 N_Z 的第二行。该行数据与相邻数据比较时,只需用 $N_Z(2,J)$ 与 $N_Z(2,J+1)$ 相比较。按照上述方法,便可得到等高线图(见图 11.2.3)。

以上介绍了用栅格方式绘制等高线的两种基本方法。对这两种方法稍作修改,可以形成许多新的方法,如三色等高线法、高亮边界等高线法、高程灰阶等高线法、明暗等高线法等。

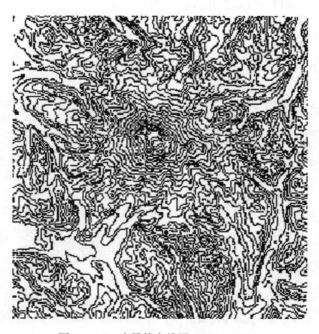

图 11.2.3 边界等高线图(Eyton, 1984)

11.2.3 其他方法

(1) 三色等高线法：三色等高线法是在二值等高线法的基础上经过一些改进得到的。先将 DEM 高程值读入内存，然后根据公式(11.2.1)计算高程等级数。将高程等级数除以 3，根据余数指定灰度值。余数为 0,1,2 时，分别指定灰度值为 0(黑色)、127(灰色)、255(白色)。其余过程与二值等高线法相同(图 11.2.4)。

(2) 高亮边界等高线法：在边界等高线法的基础上，用边界查找算法找出等高线后，指定其灰度值为 127(灰色)。每隔四条灰色等高线，使灰度值为 0(黑色)，绘一条黑色等高线，从而使计曲线高亮显示(图 11.2.5)。

(3) 高程灰阶等高线法：将 DEM 高程数据用公式(11.2.1)化为高程等级数，然后将高程等级数用公式(11.2.2)转化为灰度值。用边界查找算法找出等高线，指定等高线的灰度值为 255(白色)，非等高线处的高程按下式计算相应的灰阶(图 11.2.6)。

$$L(J) = (N_Z(1,J) - N_{Z1})/(N_{Z2} - N_{Z1}) \times 200, \quad J = 1, 2, \cdots, N_C \quad (11.2.2)$$

式中：N_C 表示一行 DEM 高程值的个数；

L 表示灰度值向量；

N_Z 表示一个关于高程等级数的矩阵；

N_{Z1} 表示最小高程等级数；

N_{Z2} 表示最大高程等级数；

200 表示灰度值。

图 11.2.4 三色等高线图(Eyton, 1984)

图 11.2.5 高亮等高线图(Eyton, 1984)

(4) 明暗等高线法:根据高程值用边界查找算法找出等高线。根据坡向值确定等高线的灰度值,设光源在正西方向(270°),坡向在1°~180°的等高线像元的灰度值为0(即黑色),坡向在181°~360°的等高线像元的灰度值为255(即白色)。非等高线的地方,灰度值都指定为127,这样就使等高线图具有了灰色背景及光照明暗效果(图11.2.7)。

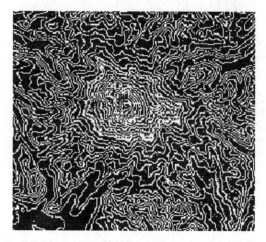

图11.2.6 高程灰阶等高线图(Eyton,1984)

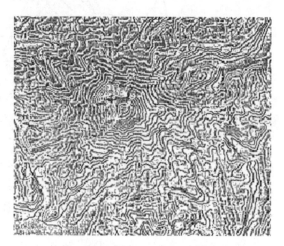

图11.2.7 明暗等高线图(Eyton,1984)

11.3 从三角网式数字高程模型用矢量法跟踪等高线

基于三角网(TIN)跟踪等高线由于直接利用了原始观测数据,不仅避免了由于DEM内插造成的精度损失,而且能更逼真地表达地形特征。同一高程的等高线穿过一个三角形最多一次,因而程序设计也较简单。但是,由于TIN的存储结构不同,因而等高线的跟踪方法也有所不同。

基于三角网绘制等高线的方法与基于格网的方法相类似。首先,根据DEM最低点与最高点的高程,求得最低和最高的等高线高程。然后,由低到高(或由高到低)逐条等高线进行跟踪(图11.3.1)。

跟踪某一条等高线的算法是:

(1) 分别遍历所有三角网的三条边,找到等高线起点所在的边和对应的三角形。由于开曲线的起点总是位于DEM三角网的外围边上,为了保证开曲线的完整性,往往从三角网边缘开始进行搜索。

(2) 判断等高线在三角形的出口边,并将处理单元移至出口边所在的三角网。依此跟踪下去,直至等高线回到起点或到达DEM边缘为止。

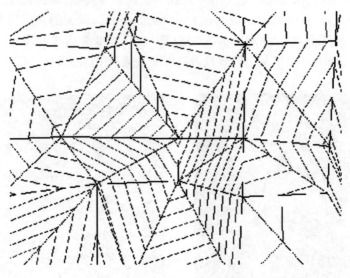

图 11.3.1 根据 TIN 引绘等高线

判断格网的一条边是否与某一条高程为 h 的等高线相交,就要看这条边的两个端点的高程值是否"含有"这个 h 值,例如点 A、B 是某个三角网边的两个顶点,其高程分别为 Z_A 及 Z_B,那么 $\overline{AB}$ 是否与高程为 h 的等高线相交,应判断不等式

$$(Z_A - h)(Z_B - h) \leq 0 \quad (11.3.1)$$

是否满足,就可以知道边 $\overline{AB}$ 是否与等高线相交。

11.4 从格网式数字高程模型产生立体等高线匹配图

人类生活的世界是一个三维的立体世界。在这个立体世界里包含了丰富多彩的三维物体信息。人们通过双眼视差感知、接收这些信息,从而形成立体。视差的引入在我们把传统的二维投影向三维场景转换的过程中起到了至关重要的作用。

正射影像纠正了像片倾斜和地形起伏引起的像点位移,但单张正射影像不包括高程信息。因此,为了观测立体,人们为正射像片制作出一张所谓的立体匹配片,正射像片与立体匹配片共同称为立体正射像片对。我们可以利用这种立体正射像片来勾绘等高线匹配片图。

11.4.1 立体视差的引入

要获得立体匹配片,其关键在于将 DEM 格网点的 X、Y、Z 坐标用共线方程变换到像片上的同时,引入一个立体视差。该视差的大小应反映实地地形起伏情况。引入视差的方法有多种,这里我们介绍最简单的基于斜平行投影的视差引入法(李德仁等,2001)。

以斜平行投影为例,制作立体正射像片的基本原理如图 11.4.1 所示。对于 11.4.1(c)中地面上的任意一点 P,它相对于投影面的高差为 ΔZ,该点的正射投影为 P_0,斜平行投影为 P_1,正射投影得到正射像片,斜平行投影得到立体匹配片。立体观测所得到的左右视差 p,显然有:

$$\Delta p = \tan\alpha \times \Delta Z \tag{11.4.1}$$

由上式可知,高程越大则位移越大。由于斜平行投影方向平行于 XZ 平面,所以正射相片和立体匹配片的同名像点坐标仅有左右视差,没有上下视差,这就满足了立体观测的先决条件,从而构成了立体正射像对。在这样的像对上进行立体量测,既可以保证点的平面位置,又可以方便地解求点的高程。

在以上的方法中,Δp 可用于计算高差。但当仅要立体效果而无需量测时,视差可用引入

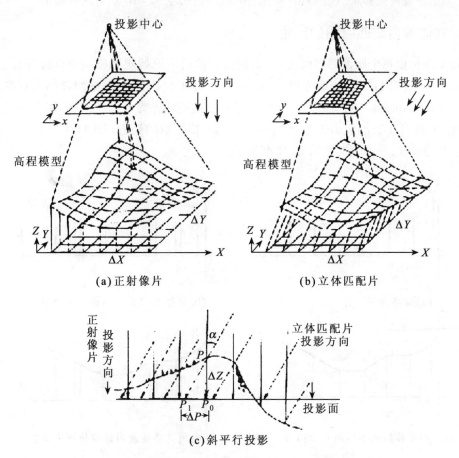

图 11.4.1 正射像片与立体匹配片的投影关系(李德仁等,2001)

以下近似的方法,即按比例通过移动格网 DEM 的 X 坐标。新的 X 坐标由加减一个偏移量后的一行 DEM 中的每个高程值决定,或者取决于原始格网的 X 坐标。偏移量是高程的函数,由下式计算(Eyton,1984):

$$SHIFT = (Z_J - Z_1)/(Z_2 - Z_1) \times S_F \tag{11.4.2}$$

式中:$J = 1,2,\cdots,N_C$;

N_C 表示 DEM 中高程值的个数;

$SHIFT$ 表示每个高程值在 X 方向上的偏移(向左或向右);

Z_1 = 最小高程值;

Z_2 = 最大高程值;

S_F = DEM 最大偏移量(控制垂直伸缩,由试凑法决定,$S_F = 10$ 是常用起始值)。

11.4.2 立体等高线匹配图的产生

新的 X 坐标由每个原始高程值决定,新的高程值可由原始规则格网坐标线性插值获得。如图 11.4.2 所示,图 11.4.2(a)为原格网的一行;图 11.4.2(b)表示每格网点都向右按比例平移;平移后的点不再等间距,所以原来的格网形式已被破坏。为了方便,我们用平移后的点来拟合一曲线(图 11.4.2(c)),并用它来内插出所用原格网点的高程(图 11.4.2(d))。对 DEM 每行重复上述过程,一个带视差的 DEM 产生了。

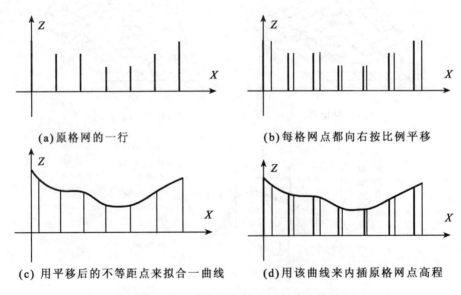

图 11.4.2 带视差的新 DEM 的产生过程

利用新的 DEM 就可以产生一个等高线图，它就是所谓的等高线匹配图。这样，利用这个等高线匹配图就可以方便地观察到真立体等高线形态。图 11.4.3 是等高线图的立体匹配对的实例。

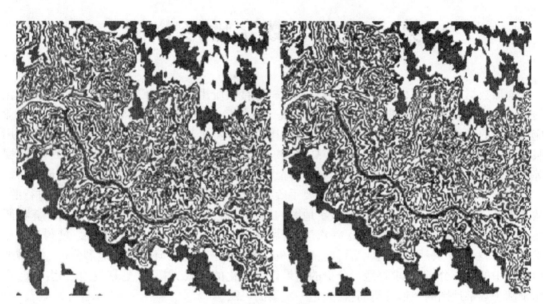

图 11.4.3 等高线图的立体匹配对(Eyton, 1984)

参考文献

李德仁.1996.摄影测量新技术讲座.武汉:武汉测绘科技大学出版社

李德仁,周月琴,金为铣.2001.摄影测量与遥感概论.北京:测绘出版社

王来生,鞠时光,郭铁雄.1993.大比例尺地形图机助绘图算法及程序.北京:测绘出版社

Eyton, J. R., 1984, Raster contouring, *Geo-Processing*, 2:221~242

Li, Zhilin, 1990. *Sampling Strategy and Accuracy Assessment for Digital Terran Modelling*, Ph.D. Thesis, The University of Glasgow

Monmonier, Mark S., 1982. *Computer-Assisted Cartography*: *principles and prospects*, Prentice-Hall, Inc., Englewood

Petrie, G. and Kennie, T. (eds.), 1990. *Terrain Modelling in Surveying and Civil Engineering*, Whittles Publishing, Caitness, England

第十二章 数字地形分析

地形数据的应用可以分为两类,第一类是一种直接应用,即将 DEM 本身作为测图自动化的重要组成部分和地理信息数据库的基础;第二类是将 DEM 经过某种变换产生满足各专业应用需求的各种派生产品,这是面向用户的间接应用。实际上,第一类应用也是为第二类应用服务的。长期以来,人们已习惯于用等高线、坡度与坡向、剖面、汇水面积、填挖方和三维透视等派生图形或数据来表达实际地形的各种特征。产生这些派生产品的过程被称为地形分析。

地形分析是地形环境认知的一种重要手段,传统的地形分析是基于二维平面地图进行的。从基于纸质地图的地形分析到基于数字地图的地形分析,大量的人工计算和绘制被计算机所替代,地形分析的手段、功能发生了一次飞跃;可视化技术和虚拟现实技术的发展,使得建立三维实时、交互的仿真地形环境成为可能,同时也需要实现三维地形环境中的地形分析。三维地形环境中的地形分析,要求将地形分析的结果以可视化的形式更精确、更直观地表达出来,相比于基于数字地图的地形分析而言,又是一次新的飞跃。

从地形分析的复杂性角度,可以将地形分析分为两大部分:一部分是基本地形因子(包括坡度、坡向、粗糙度等)的计算,另一部分是复杂的地形分析包括可视性分析、地形特征提取、水系特征分析、道路分析等。这些地形分析的内容与地形模型是紧密相关的。不同结构的地形模型对应的地形分析方法也不同,如基于正方形格网的地形分析与基于 TIN 地形模型的地形分析以及基于等高线的地形分析在算法与处理上都不尽相同。

12.1 基本地形因子计算

正如前面章节中所指出的,DEM 是地形的一个数学模型。从这个意义上讲,可将 DEM 看做一个或多个函数的和。实际上许多地形因子就是从这些函数中推导出来的。如果对函数求一阶导数并进行组合,则可得到一系列的因子值如坡度/坡向、变差系数、变异系数等的函数;如果求二阶导数并进行组合则可得坡度变化率、坡向变化率、曲率、凸凹系数等的函数。从理论上说,还可以继续求三阶、四阶等更高阶的导数直到无穷阶以派生更多的地形因子,但在实际应用中,对 DEM 进行高于二阶的求导意义已经很小,至少到目前为止还没有探讨过高于二阶的应用价值。这些地形因子也可称为地貌因子。

本节将对一些常用的基本地形因子的计算分析进行详尽的阐述,为方便起见,也是从实际应用的角度考虑,所有这些地形因子的计算主要是基于格网 DEM 的。

12.1.1 坡度/坡向的计算

地面上某点的坡度是表示地表面在该点倾斜程度的一个量。因此,它是一个既有大小又有方向的量,即矢量。坡度矢量从数学上来讲,其模等于地表曲面函数在该点的切平面与水平面夹角的正切,其方向等于在该切平面上沿最大倾斜方向的某一矢量在水平面上的投影方向也即坡向。可以证明:任一斜面的坡度等于它在该斜面上两个互相垂直方向上的坡度分量的矢量和。

应当指出,在实际应用中,尽管人们总是将坡度值当做坡度来使用,但严格地讲,坡度值是坡度矢量的模,不能将二者混为一谈。为方便理解起见,本书仍使用"坡度"这个词来表示实际意义上的坡度值。

自从 DEM 理论形成以来,人们就对计算坡度的方法进行了大量的研究和试验。迄今为止,其计算方法可归纳为五种:四块法、空间矢量分析法、拟合平面法、拟合曲面法、直接解法。前三种方法是为解求地面平均坡度而设计的,后两种方法是为解求地面最大坡度而设计的(有关这些方法的详细内容请参见文献)。实践证明,发现拟合曲面法是解求坡度的最佳方法。

拟合曲面法一般采用二次曲面,即 3×3 的窗口(如图 12.1.1)。每个窗口中心为一个高程点。点 e 的坡度/坡向的解求公式如下:

坡度的计算公式:

$$Slope = \tan\sqrt{Slope_{we}^2 + Slope_{sn}^2} \tag{12.1.1}$$

坡向的计算公式:

$$Aspect = Slope_{sn}/Slope_{we} \tag{12.1.2}$$

式中:$Slope$ 为坡度,$Aspect$ 为坡向,$Slope_{we}$ 为 X 方向上的坡度,$Slope_{sn}$ 为 Y 方向上的坡度。

e5	e2	e6
e1	e	e3
e8	e4	e7

图 12.1.1 3×3 的窗口计算点的坡度/坡向

关于 $Slope_{we}$、$Slope_{sn}$ 的计算可采用以下几种常用算法:

(1) 算法 1

$$Slope_{we} = \frac{e_1 - e_3}{2 \times cellsize}$$
$$Slope_{sn} = \frac{e_4 - e_2}{2 \times cellsize} \tag{12.1.3}$$

(2) 算法 2

$$Slope_{we} = \frac{(e_8 + 2e_1 + e_5) - (e_7 + 2e_3 + e_6)}{8 \times cellsize}$$

$$Slope_{sn} = \frac{(e_7 + 2e_4 + e_8) - (e_6 + 2e_2 + e_5)}{8 \times cellsize} \quad (12.1.4)$$

(3) 算法 3

$$Slope_{we} = \frac{(e_8 + \sqrt{2}e_1 + e_5) - (e_7 + \sqrt{2}e_3 + e_6)}{8 \times cellsize}$$

$$Slope_{sn} = \frac{(e_7 + \sqrt{2}e_4 + e_8) - (e_6 + \sqrt{2}e_2 + e_5)}{8 \times cellsize} \quad (12.1.5)$$

(4) 算法 4

$$Slope_{we} = \frac{(e_8 + e_1 + e_5) - (e_7 + e_3 + e_6)}{8 \times cellsize}$$

$$Slope_{sn} = \frac{(e_7 + e_4 + e_8) - (e_6 + e_2 + e_5)}{8 \times cellsize} \quad (12.1.6)$$

式中 cellsize 为格网 DEM 的间隔长度。

刘学军(2002)对有关坡度计算的算法进行比较后得出结论:算法 1 的精度最高,计算效率也是最高的,其次是算法 2。同时也需要指出,在一些常见的商用 GIS 软件中,有关坡度/坡向计算的算法采用的不是算法 1。如 ERDAS Imagine 采用的是算法 4,ARC/INFO 和 ArcView 采用的是算法 2。

12.1.2 面积和体积的计算

(1) 表面积的计算:如果是格网 DEM,则将格网 DEM 的每个格网分解为三角形,计算三角形的表面积使用海伦公式:

$$S = \sqrt{P(P - D_1)(P - D_2)(P - D_3)}$$

$$P = \frac{1}{2}(D_1 + D_2 + D_3) \quad (12.1.7)$$

$$D_i = \sqrt{\Delta X^2 + \Delta Y^2 + \Delta Z^2} \quad (1 \leq i \leq 3)$$

式中:D_i 表示第 $i(1 \leq i \leq 3)$ 对三角形两顶点之间的表面距离,S 表示三角形的表面积,P 表示三角形周长的一半。整个 DEM 的表面积则是每个三角形表面积的累加。

(2) 投影面积的计算:投影面积指的是任意多边形在水平面上的面积。当然可以直接采用海伦公式进行计算,只要将(12.1.7)式中的距离改为平面上两点的距离即可。而更简单的方法是根据梯形法则,如果一个多边形由顺序排列的 N 个点(X_i, Y_i) $(i = 1, 2, \cdots, N)$ 组成并且第 N 个点与第 1 个点相同,则水平投影面积计算公式为:

$$S = \frac{1}{2} \sum_{i=1}^{N-1} (X_i Y_{i+1} - X_{i+1} Y_i) \tag{12.1.8}$$

如果多边形顶点按顺时针方向排列,则计算的面积值为负;反之为正。

(3) 体积的计算:DEM 体积可由四棱柱和三棱柱的体积进行累加得到。四棱柱上表面可用抛物双曲面拟合,三棱柱上表面可用斜平面拟合,下表面均为水平面或参考平面,计算公式分别为:

$$V_3 = \frac{Z_1 + Z_2 + Z_3}{3} \cdot S_3$$
$$V_4 = \frac{Z_1 + Z_2 + Z_3 + Z_4}{4} \cdot S_4 \tag{12.1.9}$$

其中 S_3 与 S_4 分别是三棱柱与四棱柱的底面积。

根据这个体积公式,可计算 DEM 的挖填方,在对 DEM 进行挖或填后,体积可由原始 DEM 体积减去新的 DEM 体积求得。

$$V = V_{老DEM} - V_{新DEM} \tag{12.1.10}$$

式中:当 $V>0$ 时,表示挖方;当 $V<0$ 时,表示填方;当 $V=0$ 时,表示既不挖方也不填方。

(4) 剖面积的计算:根据工程设计的线路,可计算其与各格网边交点 $P_i(X_i, Y_i, Z_i)$,则线路剖面积为:

$$S = \sum_{i=1}^{n-1} \frac{Z_i + Z_{i+1}}{2} \cdot D_{i,i+1} \tag{12.1.11}$$

其中 n 为交点数;$D_{i,i+1}$ 为 P_i 与 P_{i+1} 之间的距离:

$$D_{i,i+1} = \sqrt{(x_{i+1} - x_i)^2 + (y_{i+1} - y_i)^2}$$

同理可计算任意横断面及其面积。

12.1.3 坡度变化率/坡向变化率的计算

如图 12.1.2,假设"0"号格网点的坡度为 a_0,"j"号格网点的坡度为 $a_j, j=1,2,\cdots,7,8$。

7	6	5
8	0	4
1	2	3

图 12.1.2 九个相邻格网点的编号

记

$$S_j = \begin{cases} \dfrac{a_j - a_0}{D}, & \text{当 } j = 2,4,6,8 \\ \dfrac{a_j - a_0}{\sqrt{2} D}, & \text{当 } j = 1,3,5,7 \end{cases} \tag{12.1.12}$$

式中 D 为格网的边长。

于是，可定义"0"号数据点的坡度变化率 S_0 为：

$$S_0 = SGN_{S_{max}} |S_{max}| \tag{12.1.13}$$

式中：$|S_{max}| = \text{MAX}(|S_1|,|S_2|,|S_3|,|S_4|,|S_5|,|S_6|,|S_7|,|S_8|)$，$SGN_{S_{max}}$ 表示 S_0 的方向与 S_{max} 相同。

也就是说，在格网内部，任一格网点的坡度变化率应取该格网点相邻八个格网点坡度变化率中绝对值最大的一个，并与它有相同的符号。

对于位于四角的格网点，它的坡度变化率根据相邻三个格网点的坡度变化率确定，位于边沿但非四角的格网点，根据它对相邻五个格网点的坡度变化率确定。坡向变化率的求法与坡度变化率的求法非常类似，只要将坡度换为坡向即可。

12.1.4 格点面元的参数计算

（1）格点面元的相对高差：格点面元指的是在格网 DEM 的水平投影面上，以四个相邻格点 (i,j)、$(i,j+1)$、$(i+1,j+1)$ 和 $(i+1,j)$ 为顶点的面积范围。格点面元的相对高差指的是在格点面元的四个格点中，最高点与最低点之差，记做 Δh：

$$\Delta h = \text{MAX}(h_{00},h_{01},h_{20},h_{11}) - \text{MIN}(h_{00},h_{01},h_{20},h_{11}) \tag{12.1.14}$$

式中：$h_{ij}(i,j=0,1)$ 为四个格点的高程。

（2）格点面元的粗糙度：格点面元的粗糙度指的是格点面元所对应的 DEM 上的表面积与其水平投影面积的比，记为 C_Z：

$$C_Z = S_{表面积}/S_{投影面积} \tag{12.1.15}$$

当 $C_Z = 1$ 时，粗糙度最小，格点面元的实际表面为水平面。

（3）格点面元的凸凹系数：格点面元的四个格点中，最高点与其对角线的连线称做格点面元主轴，主轴两端点高程的平均值与格点面元平均高程的比，称做格点面元凸凹系数，记为 C_D：

$$C_D = \left(\frac{h_{max} + h'_{max}}{2}\right)/\bar{h} \tag{12.1.16}$$

式中：h_{max} 为最高格点高程，h'_{max} 为最高格点对角格点的高程，$\bar{h}$ 为格点面元格点高程的平均值。当 C_D 为正值时，格点面元的实际表面为凸形坡；当 C_D 为负值时，格点面元的实际表面为凹形坡；当 C_D 为零时，格点面元的实际表面为平面坡。

12.2 地形特征提取

12.2.1 地形特征提取内容与方法

DEM 特征提取中最重要的有两部分：一是地形特征的提取，二是水系特征的提取。地形特征是指对于描述地形形态有着特别意义的地形表面上的点、线、面，它们构成了地形变化起伏的骨架。特征与地形表面的局部特性密切相关，曲面上的点属于哪个特征类依赖于它周围的曲面结构。地形特征包括山峰点、谷底点、鞍部点等。地形特征线包括山脊线、山谷线等。地形面状特征包括地面的凸凹性，一般与两个垂直方向的曲率有关。实际上，水系特征与地形特征的提取内容大致相同，因为从物理意义上讲：山脊线具有分水性，山谷线具有合水性，因此提取分水线与合水线的实质就是提取山脊线与山谷线。水系特征分析与地形特征分析的最大不同点之一是许多应用中需要分析水系的流域范围如汇水流域等。

如何从数字化等高线数据和数字高程模型数据中自动提取其中所隐含的地形特征线来进行地形分析、建立高逼真度的 DEM 和为应用部门提供有关地形特征线的数据一直是地学工作者面临的一个课题。特别是近年来随着 GIS 技术的应用和发展，自动从数字化等高线数据和数字高程模型数据中提取地形特征线的方法和技术对于扩充 GIS 系统的应用功能具有特别的意义。目前此项技术的研究较为活跃。同时，有关地形特征线数据的应用领域也十分广阔。在自动化地图制图领域中利用从数字化等高线数据中提取的地形特征线进行等高线成组综合。陈晓勇（1991）从扫描等高线数据中提取地形特征线用于扫描等高线图中等高线高程的自动推算。从数字化等高线数据中提取地形特征线，并将其用于高逼真度的地形表示。在地形数据压缩方面，利用高斯算子从数字高程模型数据中自动提取地形结构线上的点，并将其用于规则格网状的数字高程模型的数据压缩。在水利工程及地形分析中，利用流水物理模拟的方法从数字高程模型数据中提取水文数据（汇水线等）和进行地形区域的水文分析。

大多数有关地形特征提取的算法是基于规则格网 DEM 的，算法的原理大致可归纳为以下四种：

（1）基于图像处理的特征提取；
（2）基于地形曲面几何分析的原理；
（3）基于地形曲面流水物理模拟分析的原理；
（4）基于地形曲面几何分析和流水物理模拟分析相结合的原理。

基于 TIN 地形模型的特征提取可以利用三角形的边作为分段的地形特征线，相应的顶点为地形特征点。利用三角网的拓扑结构将这些分段地形特征线连接起来，即可得到地形特征线。基于等高线数据提取地形特征，相对而言则要复杂一些，主要的思路是通过分析地形曲面的几何特性比如等高线的曲率变化等来提取地形特征。

水系特征的提取方法与地形特征提取的方法基本相同。对于确定汇水流域的范围，可以通过对区域流水量进行跟踪以及分析地形的凸凹变化等方法实现。

12.2.2　基于规则格网数字高程模型的特征提取

（1）基于图像处理的方法

基于图像处理的格网 DEM 特征提取的思路主要源于图像处理的特征提取。因为规则格网DEM可以看做是栅格的,所以总是可以使用栅格的方式来进行处理。图像处理的特征提取方法大都是采用各种滤波算子进行边缘提取。

简单的移动窗口算法的思路是将一个2×2的窗口对DEM格网阵进行扫描,在窗口中的具有最低高程值的点做标志,而剩余的未做标志的点将表示山脊线上的点。类似地,对在窗口中的具有最高高程值的点做标志,而剩余的未做标志的点将表示山谷线上的点。通过这样的计算,特征便被提取出来。显然,这种算法仅仅将DEM中可能的特征点提了出来,但并没有将它们连接为特征线。计算DEM每个格网点的汇水量,如果格网点的汇水量超过用户给定的阈值则此格网点将被认为是山谷中的点,山脊线被定义为汇水量为零的格网点的集合。但算法的一个主要问题是特征线的不连续性,特别是对于坡度比较小的地形。

实际上,基于图像处理的格网DEM特征提取的主要内容有两个:一是将特征点提出来,二是将这些特征点连成线。提取特征点并非特别困难,但必须排除DEM中噪声的影响。将特征点连成线可能是个难点,尽管许多学者对此提出各种算法,但并不能解决所有的问题。

(2) 断面极值法

该方法的基本思想是地形断面上高程变化的极大值点是分水点,地形断面上高程变化的极小值点是合水点。该方法首先找出规则格网状数字高程模型的纵、横地形断面上高程变化的极大值点和极小值点作为区域地形特征线上点的备选点,然后再根据一定的条件来判定这些地形特征线上的点各自所属的地形特征线(黄培之,1995)。

该方法在提取地形特征线时将地形特征线上的点的判定和其所属的地形特征线的判定分开考虑。在确定地形特征线上的点时,全区域采用一个相同的曲率阈值作为判定地形特征线上点的条件,因此,它忽略了每条地形特征线自身的变化规律。当阈值选择较大时,会丢失许多地形特征线上的点,使得后续所跟踪的地形特征线较短且存在间断。当阈值选择过小时,会将许多本来不是地形特征线上的点误认为是地形特征线上的点,这将给后续地形特征线的跟踪带来麻烦。另外,该方法仅选取纵、横两个断面来确定其高程变化的极值点,因此,它所确定的地形特征线有一定的近似性,有些时候会遗漏某些地形特征线。有些学者在分析该方法后提出在规则格网状的数字地面模型数据中增加规则格网对角线方向上的一组断面用于克服上述缺陷,但仍不能很好地解决上述问题。

(3) 基于地形曲面流水物理模拟分析的方法

其基本思想是,依照流水从高至低的自然规律,顺序计算每一地形点的汇水量,然后按汇水量的变化找出区域中的每一条合水线,即合水线上点依高程从高至低的顺序其汇水量单调增加。根据已得到的合水线通过计算找出各自的汇水区域的边界线,即为分水线。

从上面所述不难了解,该方法是以区域地形整体分析为依据确定地形特征线的方法。由于该方法所计算出的地形点汇水量的大小与该点的高程有关,其高程值大的地形特征线上的点的汇水量小,高程值小的地形特征线上的点的汇水量大,所以有时处于低处的非地形特征线上点的汇水量也很大。因此,用该方法所确定的地形特征线(合水线)的两端效果甚差,即处于高处的地形特征线上的点由于其汇水量小而被丢失,处于地形低处的非地形特征线上的点由于其汇水量大而被误认为地形特征线上的点。另外,由于该方法是将各个汇水区域的公共边界视为分水线,因此,它所确定的分水线均为闭合曲线,这与实际地形变化不相符合。

(4) 基于地形曲面几何分析和流水物理模拟分析相结合的方法

基于地形曲面几何分析的方法通常分为两步,即先对地形曲面的局部变化进行几何分析,找出地形特征线上点的备选点集,然后根据地形特征线的有关知识将已确定的地形特征线上点的备选点集中的点归为各自所属的地形特征线;而基于地形曲面流水物理模拟的方法则是通过对区域地形曲面的流水物理模拟分析,逐条逐条地找出区域内地形特征线(黄培之,1995)。由于基于区域地形曲面几何分析的方法未顾及每条地形特征线变化的自身规律,即全区域采用同一个阈值,使得后续地形结构线的寻找判断不便,即使有些学者应用专家系统的有关理论来进行寻找,其效果也不尽理想。而基于地形曲面流水物理模拟分析的地形特征线提取的方法在寻找区域地形特征线时,由于方法本身原理限制在所寻找出的地形特征线的两端存在遗漏和多出,因此,有些学者提出将基于地形曲面几何分析与地形曲面流水物理模拟相结合的办法来实现区域地形特征线的提取。

这种方法的思路是首先采用较稀的 DEM 格网数据用地形流水物理分析方法提取区域内概略的地形特征线,然后用其引导,在其周围邻近区域对地形进行几何分析来精确地确定区域的地形特征线。其方法如下:求出已提取的概略的地形特征线与 DEM 格网线的交点,在该交点附近的一个小区域,对 DEM 数据进行几何分析,即找出该区域内与概略的地形特征线正交方向地形断面上高程变化的极值点,该点即为该条地形特征线的精确位置。图 12.2.1 所示为

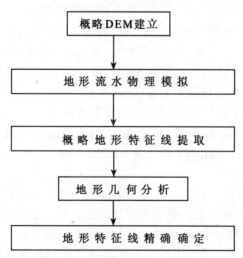

图 12.2.1 基于地形流水物理模拟和几何分析
的特征提取流程(黄培之,1995)

基于地形几何分析与基于流水物理模拟方法相结合的地形特征提取过程。

12.2.3 基于等高线的特征提取

(1) 等高线曲率判别法

等高线曲率判别法用于从数字化等高线数据中提取地形特征线。该方法在提取地形特征线时主要有两个步骤。首先计算出每条等高线上一定间距的离散点的曲率绝对值,然后将曲率绝对值大于一给定阈值的点选择出来,这些点被视为地形特征线上点的备选点。在计算等高线曲率值时,通常采用样条函数进行等高线内插。待全区域所有等高线处理完毕,找出区域内的山顶点和谷底点并以这些点为起始点,根据一定的条件和搜索策略将已确定的地形特征线上点的备选点确定为各自所在的山脊线和山谷线。

该方法在确定地形特征线时,将地形特征线上点的判定与该点所属的地形特征线的确定分开来考虑。因此,它有着同断面极值法一样的缺陷。另外,在地形破碎地区或等高线不光滑(存在噪声)区域,使得地形特征线的跟踪十分困难。

(2) 等高线垂线跟踪法

等高线垂线跟踪法用于从数字化等高线数据中提取地形特征线,该方法以一定的步长在每条等高线上选取样点,并计算每个样点处的等高线的法线方向单位矢量。将该矢量分解为 X 坐标轴和 Y 坐标轴上的分量,然后通过内插得到所需点(非等高线上的点)处的等高线法线方向矢量。由已得到的各点处等高线的法线方向矢量按其高程从高至低的顺序进行等高线法线方向矢量跟踪,跟踪所得的各个等高线垂线轨迹线的交汇点所组成的线为地形特征线。在不规则随机三角网中进行等高线垂线跟踪的快速算法的基本思想是:三角网中同一个三角形的三个点位于同一条等高线上的三角区域为等高线垂线跟踪区域,否则不属于跟踪区域。在已确定的跟踪区域中通过内插得出所需其中各点的等高线垂线方向矢量,然后进行跟踪。

该方法在确定地形特征线时跟踪等高线垂线,其实质是跟踪找出地形曲面上每点的流水轨迹线,这些流水轨迹线终点所组成的线就是合水线,起点所组成的线就是分水线。此方法在确定地形特征线时,通过分析区域流水状态,跟踪每点处的流水线,得到其端点作为地形特征线上的点。然后依据一定的条件,判定其所属的每条地形特征线。因此,该方法是以整体分析为基础的,它比起局部分析法(如等高线曲率判别法)有着抗干扰(噪声)能力强的优点。但它只是间接分析与寻找地形特征线,因此有着计算量大和地形特征线上的点的确定比较麻烦的缺点。

(3) 等高线骨架化法

骨架化法又称中心轴化法,近年来被广泛地用于图像、图形处理。所谓图形骨架就是二维图形边界内距其两侧边界等距离点的集合所组成的线。换句话说,图形的骨架或中心轴是二维几何图形内各个互不包含的所有最大内切圆的圆心轨迹线。武汉测绘科技大学的研究人员(陈晓勇,1991)用数学形态学的有关算法求取等高线二值影像的骨架,以此得到地形特征线。通过对等高线进行等距变换求取其中心轴线,认为同一根等高线上的中心轴线为地形特征线。用该方法和等高线垂线跟踪法对同一地形区域的等高线进行地形特征线的提取,其所得结果大致相同。

由上述介绍不难看出,骨架化法是将同一条等高线的中心轴线视为地形特征线。因此,该方法实质上是将地形特征线两侧的地形视为对称变化。显然这与大多数地形变化不相符合,因此,用该方法所提取的地形特征线有很大程度的近似性。当对同一地形特征线上相邻近的两条等高线用该方法进行处理时,所提取的地形特征线并不一致,当等高线不光滑或存在噪音时,其所得结果更令人失望。

（4）基于 Voronoi 图的骨架法

从数学和物理学可知,位于地形曲面某点处的质点在地形曲面上的运动方向为地形曲面函数在该点处的等高线的梯度反方向,该方向矢量在水平面上的投影方向垂直于过该点处的等高线。换句话说也就是位于地形曲面某点处的质点在地形曲面上的运动方向为其高程下降的最快方向或坡度方向,这意味着地形特征线总是由垂直于等高线的线生成的。另一方面,Voronoi 多边形是 Delaunay 三角形的对称图形。每个 Delaunay 三角形外接圆的圆心即为 Voronoi 多边形的顶点,Voronoi 多边形的边垂直于所对应三角形的边。

正如前面章节所指出的,基于 Delaunay 的不规则三角网(TIN)由于有许多优良的特性而被广泛使用。如果使用原始的等高线数据生成不规则三角网(TIN),则显然它对应的 Voronoi 多边形的各个顶点将构成地形的骨架点。由这些骨架点构成的内容有三部分:主要的部分是骨架线或中心轴线;一部分则是地形特征线,另一部分是很小的毛刺,如图 12.2.2。中心轴线上的点的高程值是两等高线高程的平均值,而地形特征线上的高程值则可通过内插方式求得。毛刺的形成主要是由于等高线的不光滑以及许多小的弯曲造成的。

这种方法的一个最大优点是当建立起 TIN/Voronoi 图时,骨架线和地形特征线可立即得

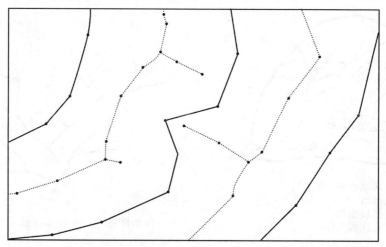

图 12.2.2　由 Voronoi 多边形的顶点构成的骨架（Thibault and Gold, 1999）（图中,黑色的线为等高线,长的虚线为中心轴线,短的虚线为地形特征线）

到。骨架线可用于等高线的简化、综合等方面,但必须对骨架线做处理,以消除其上的小毛刺。另外,地形特征线也需以合理的方法进行连接。

12.3 水文分析

从 DEM 生成的集水流域和水流网络数据,是大多数地表水文分析模型的主要输入数据。表面水文分析模型用于研究与地表水流有关的各种自然现象如洪水水位及泛滥情况,或者划定受污染源影响的地区,以及预测当改变某一地区的地貌时对整个地区将造成的后果等。在城市和区域规划、农业及森林等许多领域,对地球表面形状的理解具有十分重要的意义。这些领域需要知道水流怎样流经某一地区,以及这个地区地貌的改变会以什么样的方式影响水流的流动。本节先简要解释与水文分析有关的一些基本概念,然后叙述从 DEM 中提取水文信息的基本方法。

12.3.1 水文分析的内容

水文分析的主要内容有:集水流域、水流网络及排水系统的分析。

集水流域是指水流及其他物质流向出口的过程中所流经的地区,与此相关的各种术语如集水盆地、流域盆地等都代表相同的意思,即流向集水出口的水流所流经的整个地区。集水出口是指水流离开集水流域的点,这一点是集水流域边界上的最低点。子流域是更大的集水流域网状结构中的一部分。两集水流域的相邻边界称分水岭或集水流域边界(图 12.3.1(a))。

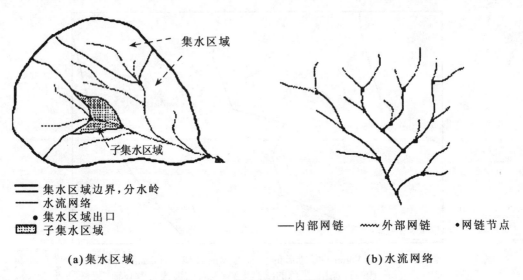

图 12.3.1 集水区域及水流网络

水流网络是水流到达出口所流经的网络。它可视做一树状结构,在此结构中树的根部即集水出口,树的分支是水流渠道,两水流渠道之交点称汇合点或网链节点,连接两相邻节点或节点与集水出口之间的部分为网络中水流流经的内部网链,外部网链指树之分支的末端(也即没有其他的分支)(图12.3.1(b))。

集水流域和将水流导向水流出口的水流网络称为排水系统。排水系统中水的流动是通常所称的水流循环的一部分,水流循环包括水的渗透和蒸发等过程。

12.3.2 水文基本因子计算

(1) 概述

地表的物理特性决定了流经其上的水流的特性,同时水流的流动将反过来影响地表的特性。对地表影响最大的水流特性为水流的方向和速度。水流方向由地表上每一点的方位决定。水流能量由地表坡度决定,坡度越大,水流能量也越大。当水流能量增加时,其携带更多和更大泥沙颗粒的能力也相应增加,因此更陡的坡度意味着对地表更大的侵蚀能力。另外由不同地表曲率决定的凸形或凹形地表也会对水流的流动产生影响,在凸形地表区域,水流加速,能量增大,其携带泥沙的能力增加,因而凸形剖面的区域为水流侵蚀地区。与此相反,在凹形剖面处水流流速降低,能量减少,导致泥沙的沉积。因此对水文分析来说,关键在于确定地表的物理特征,然后在此特征之上再现水流的流动过程,最终完成水文分析的过程。

从数字高程模型中可提取出大量的陆地表面形态信息,这些形态信息包括坡度、方位以及阴影等。在大多数栅格处理系统中,使用传统的邻域操作便可以提取这些信息。集水流域和陆地水流路径与坡度、方位之类的信息密切相关,但同时也需要一些非邻域的操作计算,比如确定大的平坦地区范围内的水流方向等,因此简单的邻域操作对这些计算是不够的。为克服这些限制,达到提取地形形态的目的,一些研究者提出了既使用邻域技术又使用可称之为区域生长过程的空间迭代技术的算法,这些算法提供了从DEM中提取集水流域、地表水流路径以及排水网络等形态特征的能力。

上述算法的发展大体上经历了两个阶段,前一个阶段的算法一般基于格网点与空间相邻的8个格网之间的邻域操作,但不能很好地处理洼地;后一阶段的算法与此类似,但能完整地处理洼地与平坦地区。

以前的研究普遍认为被高程较高的区域围绕的洼地是进行水文分析的一大障碍,因为在决定水流方向以前,必须先将洼地填充。有些洼地是在DEM生成过程中带来的数据错误,但另外一些却表示了真实的地形特征如采石场或岩洞等。一些研究者曾试图通过平滑处理来消除洼地,但平滑方法只能处理较浅的洼地,更深的洼地仍然得以保留。处理洼地的另一种方法是通过将洼地中的每一格网赋以洼地边缘的最小高程值,从而达到消除洼地的目的。

下面介绍的算法以第二种方法为基础。通过将洼地填充,这些算法使洼地成为水流能通过的平坦地区。整个水文因子的计算由三个主要步骤组成,即无洼地DEM的生成、水流方向矩阵的计算和水流累积矩阵的计算,下面将分别进行介绍。需要指出的一点是,在整个 DEM 水文分析基础数据的计算过程中,虽然无洼地的 DEM 数据应首先生成,但在确定 DEM 洼地的过程中,使用了每一格网的方向数据,因此 DEM 水流方向矩阵的计算应最先进行,作为洼地填平算法的输入数据,在无洼地 DEM 的计算完成之后,重新计算经填平处理的格网的方向,生成最终的水流方向矩阵。

(2) 无洼地 DEM 的生成

地形洼地是区域地形的集水区域,洼地底点(谷底点)的高程通常小于其相邻近点(至少八邻域点)的高程。对原始 DEM 先进行水流方向矩阵的计算,将结果矩阵中方向值满足下列条件的格网点作为洼地底点:①格网点的方向值为负值;②八邻域格网点对的水流方向互相指向对方。对于自然地形进行分析不难知道,地形洼地一般有三种,它们分别是单点洼地、独立洼地区域、复合洼地区域。对于这三种洼地区域我们分别采用以下三种方法进行填平(黄培之,1995):

(1) 单格网洼地填平的方法

数字地面高程模型中的单格网洼地是指数字地面高程模型中的某一点的八邻域点的高程都大于该点的高程,并且该点的八邻域点至少有一个点是该洼地的边缘点(即洼地区域集水流水的出口),对于这样的单格网洼地可直接赋以其邻域格网中的最小高程值或邻域格网高程的平均值。

(2) 独立洼地区域的填平方法

独立洼地区域是指洼地区域内只有一个谷底点,并且该点的八邻域点中没有一个是该洼地区域的边缘点。对独立洼地区域的填平我们采用以下方法:首先以谷底点为起点,按流水的反方向进行区域增长算法(见图 12.3.2)找出独立洼地区域的边界线,即水流流向该谷底点的区域边界线。在该独立洼地区域边缘上找出其高程最小的点,即该独立洼地区域的集水流出点,将独立洼地区域内的高程值低于该点高程值的所有点的高程用该点的高程代替,这样就实现了独立洼地区域的填平。

(3) 复合洼地的区域的填平方法

复合洼地区域是指洼地区域中有多个谷底点,并且各个谷底点所构成的洼地区域相互邻接(图 12.3.3)。复合洼地区域是地形洼地区域的一种主要表现形式。对于复合洼地的填平可采用下述方法:

首先以复合洼地区域的各个谷底点为起点,按水流的反方向应用区域增长算法,找出各个谷底点所在的洼地的边缘和它们之间的相互关联关系以及各个谷底点所在洼地的集水出水口所在的点位。出水口点的位置有两种,即在与"0"区域(非洼地区域)关联的边上或在与非"0"区域(洼地区域)相关联的边上。对于出水口位于与"0"区域相关联的边上的洼地区域,找出其出水口的高程最小的洼地区域,并将该区域内高程值低于该点的那些点的高程用该出水口的高程值代替。与该洼地区域相邻的洼地区域的集水出水口位于其所在洼地区域与该区

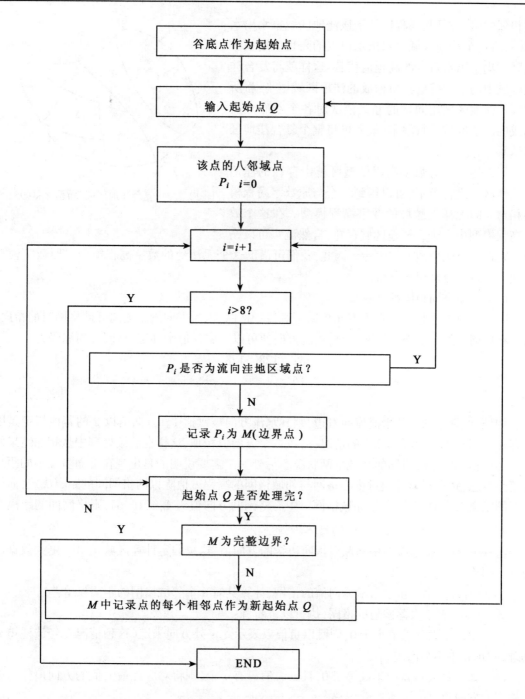

图 12.3.2 水流反方向进行区域增长算法框图(黄培之,1995)

域相邻的边缘,且其高程值低于该洼地区域集水出水口时,将这个洼地区域集水出水口点的高程值用该洼地区域集水出水口点的高程值代替,这样就将复合洼地区域中的一个谷底点所构成的洼地区域填平,将所剩复合洼地区域用同样的办法依次对各个谷底点所构成的洼地区域进行填平,最后可将整个复合洼地区域填平。

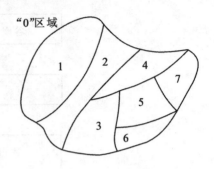

图 12.3.3　复合洼地区域(黄培之,1995)

用上述方法对数字高程模型区域中存在的洼地及洼地区域进行填平,可以得到一个与原数字高程模型相对应的无洼地区域的数字高程模型。在这个数字高程模型中由于无洼地区域存在,自然流水可以畅通无阻地流至区域地形的边缘。因此,我们可借助这个无洼地的数字高程模型对原数字模型区域进行自然流水模拟分析。

(3) 水流方向矩阵的计算

阶段的第二步是生成水流方向数据。对每一格网,水流方向指水流离开此格网时的指向。通过将格网 x 的 8 个邻域格网编码,水流方向便可以其中一值来确定,格网方向编码为:

$$
\begin{array}{ccc}
32 & 128 & 128 \\
16 & x & 1 \\
8 & 4 & 2
\end{array}
$$

例如,如果格网 x 的水流流向右边,则其水流方向被赋值 1。方向值以 2 的幂值指定是因为存在格网水流方向不能确定的情况,需将数个方向值相加,这样在后续处理中从相加结果便可以确定相加时中心格网的邻域格网状况。另外一个需要说明的是出现在下面步骤中的距离权落差概念,距离权落差通过中心格网与邻域格网的高程差值除以两格网间的距离决定,而格网间的距离与方向有关,如果邻域格网对中心格网的方向值为 1,4,16,64,则格网间的距离为 1,否则距离为 $\sqrt{2}$。确定水流方向的具体步骤是:

① 对所有数据边缘的格网赋以指向边缘的方向值,这里假定计算区域是另一更大数据区域的一部分。

② 对所有在第一步中未赋方向值的格网,计算其对 8 个邻域格网的距离权落差。

③ 确定具有最大落差值的格网,执行以下步骤:

(a) 如果最大落差值小于 0,则赋以负值以表示此格外方向未定(这种情况在经洼地填充处理的 DEM 中不会出现);

(b) 如果最大落差大于或等于 0,且最大值只有一个,则将对应此最大值的方向值作为中心格网的方向值;

(c) 如果最大落差大于 0,且有一个以上的最大值,则在逻辑上以查表方式确定水流方向。也就是说,如果中心格网在一条边上的三个邻域点有相同的落差,则中间的格网方向被作为中心格网的水流方向,又如果中心格网的相对边上有两个邻域格网落差相同,则任选一格网方向作为水流方向;

(d) 如果最大落差等于0,且有一个以上的0值,则以这些0值所对应的方向值相加。在极端情况下,如果8个邻域高程值都与中心格网高程值相同,则中心格网方向值赋以255。

④ 对没有赋以负值0,1,2,4,…,128的每一格网,检查对中心格网有最大落差的邻域格网。如果邻域格网的水流方向值为1,2,4,…,128,且此方向没有指向中心格网,则以此格网的方向值作为中心格网的方向值。

5) 重复④,直至没有任何格网能被赋以方向值;对方向值不为1,2,4,…,128的格网赋以负值(这种情况在经洼地填充处理的DEM中不会出现)。

(4) 水流累积矩阵的计算

区域流水量累积数值矩阵表示区域地形每点的流水累积量,它可以用区域地形曲面的流水模拟方法获得。流水模拟可以用区域的数字地面高程模型的流水方向数值矩阵来进行。其基本思想是:以规则格网表示的数字地面高程模型每点处有一个单位的水量,按照自然水流从高处往低处的自然规律,根据区域地形的水流方向数字矩阵计算每点处所流过的水量数值,便可得到该区域水流累积数字矩阵。在此过程中实际上使用了权值全为1的权矩阵,如果考虑特殊情况如降水并不均匀的因素,则可以使用特定的权矩阵,以更精确地计算水流累积值。图12.3.4(a)(b)(c)分别给出了一个简单的原始DEM矩阵以及计算出来的水流方向矩阵和水流累积矩阵。

78	72	69	71	58	49
74	67	56	49	46	50
69	53	44	37	38	48
64	58	55	22	31	24
68	61	47	21	16	19
74	53	34	12	11	12

(a) 原始DEM矩阵

2	2	2	4	4	8
2	2	2	4	4	8
1	1	2	4	8	4
128	128	1	2	2	8
2	2	1	4	4	4
1	1	1	1	4	16

(b) 水流方向矩阵

0	0	0	0	0	0
0	1	1	2	2	0
0	3	7	5	4	0
0	0	0	20	0	1
0	0	0	1	24	0
0	2	4	7	35	2

(c) 水流累积矩阵

图12.3.4 一个简单的DEM矩阵及其计算结果

(5) 算法分析

上述算法是传统的水文分析模型的基础算法,已经在一些商业软件中得到了实现。但在实际使用中这个算法存在下面一些问题:

① 计算复杂,计算量大,且随DEM格网的增大而成数倍增加;

② 当 DEM 格网较密时，不仅增加了计算量，而且给地形流水分析带来困难并产生了各种错误。当 DEM 格网较稀时，所提取的地形结构线与实际地形的情况存在较大差距；

③ 由于地形点的积水量与该点的高程有关，因此处于地形高处的地形特征点由于积水量较小常常被丢失；而处于低处的非地形结构线上的点由于积水量大，所提取的地形结构线又与实际地形不符。

另外，由于此算法建立在假设从 DEM 格网点流出的水流将流向此格网 8 个邻域格网所决定的方向之一的基础之上，与实际的流水情况并不十分相符，因此有研究者认为此算法过于简单，有时会产生明显的错误，并提出如果以根据 8 个方向的梯度按比例来分配从格网中流出的水流的话，在非平坦地区将会产生更理想的结果。

12.3.3 基本水文分析应用

前面介绍了关于基本水文因子的三个数字矩阵的计算，这些矩阵可作为进一步应用的基础。下面部分讲述与此相关的几个基本水文分析应用。

（1）特定集水流域的描绘

集水流域的描绘需要水流方向数据以及作为起始条件的数据。将水流方向和水流累积数据以彩色编码显示将有助于起始数据的产生，比如当需要描绘水文站或研究水质和沉积化学物质的采样站所对应的集水流域时，以光标在显示数据上指定便可获取所需要的起始数据。如果需要描绘大的特征地物如水坝的集水流域时，起始数据将以格网块的形式给出。

（2）子集水流域数目的确定

在有些水文应用中，需要将集水流域划分为由主要支流决定的子集水流域。下面部分给出了确定子集水流域数目的计算过程：

① 定义限制子集水流域最小面积的阈值；

② 将所有格网赋以-1 值；

③ 计算每一格网的 Δ 值，Δ 值通过从格网的方向累积值中减去它所流向的下一格网的累积值来确定；

④ 对方向累积值和 Δ 值都大于阈值的格网，根据起始数据中相应值对此格网指定惟一正值；

⑤ 记录子集水流域数目。

（3）排水网络

如果预先设定一阈值，将方向累积数据中高于此阈值的格网连接起来，便可形成排水网络。当阈值减少时，网络的密度便相应增加。如果 DEM 经过填充处理，则以此方式得到的排水网络将是一完整连接的图形，对此图形进行从栅格到矢量的转化处理，便可得到矢量格式的数据。

由于区域地形经洼地填平后，区域地形上各点的水流经各个支汇水线流入主汇水线，最后流出区域,因此,主汇水线的终点在区域的边界上,且该点具有较大的水流量累积值。当主汇水线终点确定后,按水流反方向比较水流流入该点各个邻近点的水流量累积值,该数值最大的一个地形点,即是主汇水线的上一个流入点。依此方法进行,直至主汇水线搜寻完毕。当主汇水线确定后,沿主汇水线按从低至高的顺序对其两侧的相邻地形点进行分析。当某点的水流量累积数值较大时,则该点是此主汇水线的支汇水线的根节点,该点的水流量累积值就是该支汇水线的汇水面积。对所得到的各条一级支汇水线进行同样的分析,确定它们各自的下一级支汇水线,依此进行,便可建立区域地形汇水线的树状结构关系。

(4) 陆地水流路径

如果需要格网或格网群的水流路径,则在水流方向数据中通过格网到格网的跟踪直至数据边缘,便可产生所需的路径。这个过程与集水流域生成过程有些相似,这就是当计算集水流域时,流向集水流域起始格网的格网被赋以起始格网的集水流域标志,而追踪水流路径时,水流路径起始格网流向的格网被赋以起始格网的水流路径标志。水流路径的一个实际应用是追踪污染源进入排水网络的污染路径。

12.4 可视性分析

12.4.1 可视性分析的基本因子

可视性分析也称通视分析,它实质属于对地形进行最优化处理的范畴,比如设置雷达站、电视台的发射站、道路选择、航海导航等,在军事上如布设阵地(炮兵阵地、电子对抗阵地)、设置观察哨所、铺架通信线路等。

可视性分析的基本因子有两个,一个是两点之间的可视性(intervisibility),另一个是可视域(viewshed),即对于给定的观察点所覆盖的区域。

(1) 判断两点之间的可视性的算法

比较常见的一种算法基本思路如下:

① 确定过观察点和目标点所在的线段与 XY 平面垂直的平面 S;

② 求出地形模型中与平面 S 相交的所有边;

③ 判断相交的边是否位于观察点和目标点所在的线段之上,如果有一条边在其上,则观察点和目标点不可视。

另一种算法是所谓的"射线追踪法"。这种算法的基本思想是对于给定的观察点 V 和某个观察方向,从观察点 V 开始沿着观察方向计算地形模型中与射线相交的第一个面元,如果这个面元存在,则不再计算。显然这种方法既可用于判断两点相互间是否可视,又可以用于限定区域的水平可视计算。

需要指出的是,以上两种算法对于基于规则格网地形模型和基于 TIN 模型的可视分析都适用。对于基于等高线的可视分析,适宜使用前一种方法。对于线状目标和面状目标,则需要确定通视部分和不通视部分的边界。

(2) 计算可视域的算法

计算可视域的算法对于规则格网 DEM 和基于 TIN 的地形模型则有所区别。基于规则格网 DEM 的可视域算法在 GIS 分析中应用较广。在规则格网 DEM 中,可视域经常是以离散的形式表示,即将每个格网点表示为可视或不可视,这就是所谓的"可视矩阵"。

计算基于规则格网 DEM 的可视域,一种简单的方法就是沿着视线的方向,从视点开始到目标格网点,计算与视线相交的格网单元(边或面),判断相交的格网单元是否可视,从而确定视点与目标视点之间是否可视。显然这种方法存在大量的冗余计算。总的来说,由于规则格网 DEM 的格网点一般都比较多,相应的时间消耗比较大。针对规则格网 DEM 的特点,比较好的处理方法是采用并行处理。

基于 TIN 地形模型的可视域计算一般通过计算地形中单个的三角形面元可视的部分实现。实际上基于 TIN 地形模型的可视域计算与三维场景中的隐藏面消去问题相似,可以将隐藏面消去算法加以改进,用于基于 TIN 地形模型的可视域计算。这种方法在最复杂的情形下,时间复杂度为 $O(n^2)$。各种改进的算法基本上都是围绕提高可视分析的速度展开的。

(3) 考虑地物高度的可视性计算模型

在实际应用中,有些分析的目的要求将地物的高度加入到 DEM 中,这时可视性的计算就不仅仅是上述所采用的只关心地形的计算,而应该采用新的计算方法。如图 12.4.1 所示,计算图中所示建筑物 A 的顶层能看到的地面范围。设不可视的部分长度为 s,则有

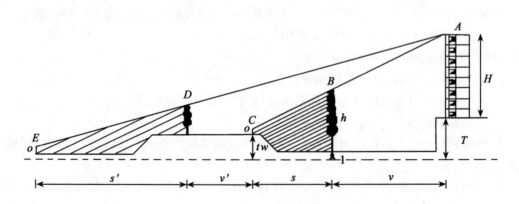

图 12.4.1 可视性计算示意图(眭海刚,1999)

$$s = \frac{v \times [(h+t) - (o+tw)]}{(H+T) - (h+t)} \tag{12.4.1}$$

式中：s 为不可视部分的长度，v 为可视部分的长度，H 为建筑物高度，T 为建筑物所在位置的地面高程，h 为中间障碍物的高度，t 为中间障碍物的地面高度，o 和 tw 分别为观察者的身高和所在位置的地面高程。

12.4.2 可视性分析的基本用途与应用领域

可视性分析最基本的用途可以分为三种：

(1) 可视查询：可视查询主要是指对于给定的地形环境中的目标对象(或区域)，确定从某个观察点观察，该目标对象是可视还是某一部分可视。可视查询中，与某个目标点相关的可视只需要确定该点是否可视即可。对于非点的目标对象，如线状、面状对象，则需要确定某一部分可视或不可视。由此，也可以将可视查询分为点状目标可视查询、线状目标可视查询和面状目标可视查询等。

(2) 地形可视结构计算(即可视域的计算)。地形可视结构计算主要是针对环境自身而言，计算对于给定的观察点，地形环境中通视的区域及不通视的区域。地形环境中基本的可视结构就是可视域，它是构成地形模型的点中相对于某个观察点所有通视的点的集合。利用这些可视点，即可将地形表面可视的区域表示出来，从而为可视查询提供丰富的信息。

(3) 水平可视计算。水平可视计算是指对于地形环境给定的边界范围，确定围绕观察点所有射线方向上距离观察点最远的可视点。水平可视计算是地形可视结构计算的一种特殊形式，在一些特殊领域中有着广泛的应用，而且需要的存储空间很小。

可以将与数字高程模型问题有关的可视性应用分为三个方面：

(1) 观察点问题。比较典型的设置观察点问题是在地形环境中选择数量最少的观察点，使得地形环境中的每一个点至少有一个观察点与之可视，如配置哨位、设置炮兵观察哨、配置雷达站等问题。作为这类问题的延伸的一种常见问题，就是对于给定的观察点数目(甚至给定观察点高程)，确定地形环境中可视的最大范围。另一类问题就是与单个观察点相关的问题。如确定能够通视整个地形环境的高程值最小的观察点问题，或者给定高程，查找能够通视整个地形环境的观察点。这方面的例子如森林烽火塔的定位、电视塔的定位、旅游塔的定位等。

(2) 视线通信问题。视线通信问题就是对于给定的两个或多个点，找到一个可视网络(visibility network)，使得可视网络中任意两个相邻的点之间可视。这类问题的一般应用多在微波站、广播电台、数字数据传输站点等网络的设计方面。另一种形式是对于给定的两个点，确定能够使得两个点之间任意相邻点可视的最小数目如通信线路的铺设问题等，这种形式一般称之为"通视图"问题。

(3) 表面路径问题。路径问题是指地形环境中与通视相关的路径设置问题。如对于给定两点和预设的观察点,求出给定两点之间的路径中,从预设观察点观察,没有一个点可通视的最短路径。相反的一种情况,即为找到每一个点都通视的最短路径。前者的应用例子如走私者设计的走私路线;后者的应用例子,如旅游风景点中旅游路线的设置。

12.4.3 基于 GIS 的可视性分析

在实际应用中,人们常常面临这样一个事实:在确定某一与可视性分析有关的问题时,常常需要大量的外部因素条件,而不仅仅是地形因素。比如,为了确定电视塔的最佳位置,除地形因素外,还不得不考虑地质、地理位置、社会经济条件(例如不能修建在文物古迹处,不能修建在繁华的商业区中等)以及其他条件(例如不能修建在军事禁地等)。对于这样复杂的应用,仅仅依靠 DEM 是无法完成的。一种较好的方法是利用 GIS 中的数据库,辅助数字高程模型进行可视性分析,这样得到的结果是令人满意的。

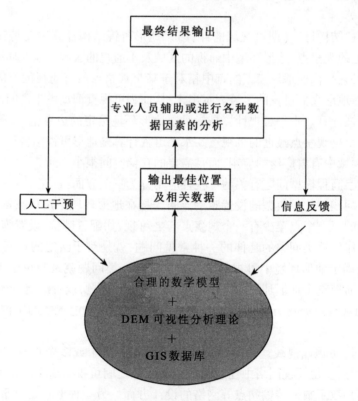

图 12.4.2　使用 GIS 进行可视性分析自动确定最佳观察位置
　　　　　的处理流程图(眭海刚、朱庆,1999)

本节以一基于 GIS 的观察位置的自动确定为例。图 12.4.2 所示的是使用 GIS 进行可视性分析自动确定最佳观察位置的处理流程图。

一般基于 GIS 的观察位置自动确定这类问题的解决步骤可归纳如下：

（1）采集一定格网的 DEM 数据：根据不同的具体情况可采用不同的采集方式，比如可直接利用解析测图仪立体切准或先测等高线后进行转化，可使用数字摄影测量直接或交互式的获取 DEM，可对现有地图进行扫描矢量化然后转化为格网 DEM 等。

（2）建立 GIS 数据库：包括各种资料的输入，比如地形数据、地质数据、经济数据、社会数据、规划数据等。

（3）建立合理的数学模型：一方面根据具体的情况建立适合专业的数学模型，比如在确定电视塔的定位时，由于电磁波是以其辐射源为中心，以球面波的方式向各个方向传播的，在传播的过程中必然产生衰减效应，如何建立合适的模型来顾及这种情况等。另一方面在综合考虑时需建立分析模型，比如线性回归模型、多元统计模型、加权统计模型、条件统计模型、系统动力学、模糊综合评判模型等。实际应用中采用其中的一个或几个组合。

（4）获取 GIS 数据库中的知识：从数据库中发现知识（Knowledge Discovery from Database，简称 KDD）是一项复杂困难而又极具广阔前景和挑战性的技术。可从 GIS 数据库中发现的主要知识类型有：普通的几何和属性知识、空间分布规律空间关联规则、空间聚类规则、空间特征规则、空间分区规则、空间演变规则、面向对象的知识等。可采用的知识发现方法有：统计方法、归纳方法、聚类方法、空间分析方法、探测性分析、Rough 集方法等。对于一般的应用，从 GIS 数据库中获取的主要是属性信息。由于目前一般 GIS 采用关系数据库来管理属性数据库，故可通过对关系数据库获取数据的方法来获得 GIS 数据库中的知识。

（5）专业人员辅助进行或对各种反馈的数据进行分析。比如某些要素权重的配置是否合适，可视的区域覆盖率（指当某一位置被确定后，从该位置出发，可以"看"到的区域表面积占整个范围的百分比率）是否合理，在一定的投资条件下对位置确定有何影响，在某种特殊条件下（比如必须达到 90%的覆盖率）所需达到的要求等。

（6）人工交互干预，对信息进行反馈。当发现选择的位置达不到预想的要求时，或者发现由于对某些因素的过轻或过重的考虑而导致不合理的结果时，要进行重新调整，重新计算。

图 12.4.3 和图 12.4.4 为可视性分析中最佳电视塔定位的确定性试验。图 12.4.3 为仅考虑地形因素进行可视性分析的结果，图 12.4.4 为考虑多种因素基于 GIS 的可视性分析的结果。尽管图 12.4.3 中所确定的位置覆盖率最高，但经实地考察，此位置为地质条件比较差的地区，不适宜进行修建工作；而图 12.4.4 中确定的位置不是最优的，但它综合考虑了各种情况，因此才是最合理的位置。

图 12.4.3 仅考虑地形因素时的最佳电视塔位置,塔高 = 30m,覆盖率为 76%(图中深色部分为可视区域覆盖范围)

图 12.4.4 考虑地形、地质等其他因素时的最佳电视塔位置,塔高 = 30m,覆盖率为 68%(图中深色部分为可视区域覆盖范围)

参考文献

陈晓勇.1991.数学形态学与影像分析.北京:测绘出版社
黄培之.1988.数字地面模型的应用开发:[硕士学位论文].武汉:武汉测绘科技大学
黄培之.1995.彩色地图扫描数据自动分层与等高线分析:[博士学位论文].武汉:武汉测绘科技大学
柯正谊,何建邦,池天河.1993.数字地面模型.北京:中国科学技术出版社
刘学军.2002.基于规则格网数字高程模型解译算法误差分析与评价:[博士学位论文].武汉:武汉大学
刘友光.1997.工程中数字地面模型的建立与应用及大比例尺数字测图.武汉:武汉测绘科技大学出版社
闾国年,钱亚东,陈钟明.1998.基于栅格数字高程模型提取特征地貌技术研究.地理学报,53(6):562~569
眭海刚,朱庆.1999.基于 DEM 及 GIS 的最佳位置的自动确定.武汉测绘科技大学学报,24(2):138~141

王来生,鞠时光,郭铁雄.1993.大比例尺地形图机助绘图算法及程序.北京:测绘出版社

张祖勋,张剑清.1996.数字摄影测量学,武汉:武汉测绘科技大学出版社

Cazzanti, M., DeFloriani, L. and Puppo, E., 1991. Visibility computation on a triangulated terrain. In: Cantoni, V. et.al (eds.), *Progress in Image Analysis and Processing* II (Proceedings 8th International Conference on Image Analysis and Processing), Singapore: World Scientific, 721~728

Cole, R. and Sharir, M., 1986. *Visibility Problems for Polyhedral Terrains.* Technical Report 32, Courant Institute, New York University

De Floriani, L. and Magillo, P., 1994, Visibility algorithms on triangulated digital terrain models, *International Journal of Geographical Information Systems*, 8(1):13~42

De Floriani, L., Montani, C. and Scopigno, R., 1994. Parallelizing visibility computations on triangulated terrains, *International Journal of Geographical Information Systems*, 8(6): 515~532

Environmental Systems Research Institute (ESRI), 1991, Cell_based Modeling with GRID 6.1, ARC/INFO USER'S GUIDE

Goodchild, M.F. and Lee, J., 1989, Coverage problems and visibility regions on topography surfaces, *Annals of Operations Research*, 20:175~186

Jenson, K. and Domingue, J.O., 1988. Extracting Topographic structure from Digital Elevation Data for Geographic Information System Analysis, *Photogrammetric Engineering and Remote sensing*, 54(11):1593~1600

Monmonier, Mark S., 1982. Computer-Assisted Cartography: principles and prospects, Prentice-Hall, Inc., Englewood

Thibault, D and Gold, C. 1999, Terrain receonstruction from contours by skeleton retraction. Proceedings of the 2nd International Workshop on Dynamic and Multi-dimensional GIS, Oct. 4-6, Beijing. 23~27

Zhou, Qiming, Yang, Xihua and Melville, Mike D., 1997, GIS network model for floodplain water resource management, *Proceedings of GIS AM/FM ASIA'97 & GeoInformatics'97* (Mapping the future of Asia Pacific), Taipei, Taiwan, May 26-29. 821~830

第十三章　数字高程模型的可视化

13.1　可视化的原理与方法

13.1.1　可视化的概念

可视化是一种将抽象符号转化为几何图形的计算方法,以便研究者能够观察其模拟和计算的过程和结果。可视化包括图像的理解和综合,也就是说,可视化是一个工具,用来解释输入计算机中的图像数据和根据复杂的多维数据生成图像。它主要研究人和计算机怎样协调一致地接受、使用和交流视觉信息。

可视化是信息的直观表现,使人们能更容易地理解数据和信息的意义。目前大量的数据没有被有效地利用,原因之一就是这些数据仍以比特的形式或以数字的形式存放,需要可视化的手段使信息和知识得到普及。

毫无疑问,许多人关注的地形模拟最先进和最丰富多彩的形式在于其仿真和可视化领域,比如飞行和雷达仿真。从 DEMs 可以产生地球表面逼真的表示,并能实时模拟飞行员观察地面的动态情况。在军事战场规划与环境影响分析方面,静态的地形仿真也是十分重要的内容。

人类大脑半数以上的神经元细胞都致力于处理光学信息,这意味着人们具有识别和理解视觉图案的天然洞察力。可视化(visualization)是人脑中形成对某件事物(人物)的图像,是一个心智处理过程,促进对事物的观察及概念的建立等。

在人类社会的整个发展过程中,人们一直致力于三维空间的合理表达,并在不同的历史时期尝试了不同的方法,但由于技术及条件的限制,并没有找到一种真正实用的方法。进入 20 世纪中叶后,伴随着计算机科学、现代数学和计算机图形学等的发展,各种数字的地形表达方式也得到了迅猛的发展。在计算机发展的初级阶段,讨论用图形图像来表达现实世界,在技术上和理论上都遇到了很多当时不可克服的困难。从 19 世纪 80 年代(公认为计算机图形学年代的开端)开始,随着计算机软、硬件技术和显示技术的进步,可视化技术有了高速的发展,特别是多媒体技术、网络技术和虚拟现实技术的发展,为 DEM 的可视化提供了更加广阔的发展空间。从 DEM 可视化技术的纵深发展脉络来看,DEM 的可视化技术实际经历了从简单到复杂、从低级符号化到高级符号化、从抽象到逼真的过程,如图 13.1.1 所示。

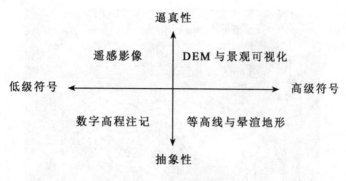

图 13.1.1 地形可视化技术

13.1.2 可视化的方法

常用的地形可视化方法大致有以下几种：

(1) 写景法：在早期地图上(15 世纪到 18 世纪),地貌形态的表示主要采用于原始的写景方法,表现的是从侧面看到的山地、丘陵的仿真图形。其描绘手法比较粗略,大多采用"弧行线"、"鱼鳞状图形"和类似"笔架山"的技法。这种方法对作者的绘画技巧有很大的依赖性,作品的艺术性多于其科学性,且大规模绘制比较困难。尽管后来有了一定的数学法则,也还是在小范围内使用。写景法一般有透视写景法、轴测写景法和斜截面法等。

(2) 半色调符号表示法：采用色调差异在平面上表示地形起伏。可以是不同的高程值对应不同的灰度符号,也可以是不同的坡度/坡向值对应不同的灰度符号。前者可以准确描绘高程等级,后者则具有比较明显的立体感观。

(3) 等高线法：等高线法的基本点是用一组有一定间隔(高差)的等高线的组合来反映地面的起伏形态。从构成等高线的原理来看,这是一种很科学的方法。它可以反映地面高程、山体、坡度、坡形、山脉走向等基本形态及其变化。但等高线的缺点在于无法描绘微小地貌且缺乏立体效果。

(4) 分层设色法：分层设色法是在等高线地形图上的再次加工,其基本原理是根据等高线设置色感高度带(一定的高度范围),按一定的设色原则,给不同的高度带设置不同的颜色。如果直接对等高线数据进行分层设色处理,还能使等高线地形图给人以高程分布和对比更直观的印象,并使等高线具有一定的立体感,不那么单调(见图 13.1.2)。

(5) 晕渲法：晕渲法是目前在地图上产生地貌立体效果的主要方法,其基本原理是:描绘出在一定的光照条件下地貌的光辉与暗影的变化,通过人的视觉心理间接地感受到山体的起伏变化。之所以叫做"间接"是因为其立体感完全是由于读者在日常生活中所积累的视觉经验使然,并非直接产生于生理水平的感知。晕渲法的关键是正确地设置光源和描绘光影。由

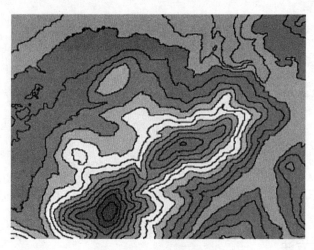

图 13.1.2 分层设色法

此区分出斜照晕渲、直照晕渲和综合光照晕渲三种类型。

（6）拍摄实地景观照片：这种方法的应用主要有两条途径，一条是直接将设计的建筑物涂绘到像片上，另一种基于计算机的应用是通过扫描将像片数字化作为背景，再用"蒙太奇"的方法将建筑物的计算机造型按其设计位置剪辑上去。不管怎样，拍摄像片和进行剪辑在很大程度上取决于艺术技巧而缺乏某种客观性，并且由于视点严格受限，若要得到不同的观察效果必须分别拍摄不同的像片并进行相应的剪辑工作。

（7）建造三维几何相似的实物模型：尽管这种方法可以取得比较全面的观察效果，但由于按比例创建实物模型（如沙盘）非常费时费力，成本很高，加之看起来人工痕迹很浓，有时视角也会因为空间的局限而受到限制，所以，一般仅用于展示最后的设计结果，而不便用来支持对设计进行优化决策。

（8）产生三维线框透视投影图：长期以来，线框形式（line frame）的透视投影图一直被用来表达三维地形模型，以支持计算机辅助设计。由于地形采样的数量非常有限，加之只在线划经过的地方才传递了图形信息，所以线框透视图往往过度平滑了地形表面的许多细节，特别是像断层这一类重要的线性地表特征通常都不很明显。

（9）真实感图形显示：随着光栅图形显示硬件的发展，以真实感图形为代表的光栅图形技术日益成为计算机图形发展的主流。由于自然地形是经过极其复杂的物理过程作用的结果，再加上人类活动的影响，一般都非常不规则且十分复杂，且数据量和费用的限制，导致各种勘测工作不可能完全翔实地获得关于地形各种微小细节的数据，总是有所综合取舍，所以，逼真地形显示一直面临许多困难和问题。现有产生逼真地形显示的方法主要有两种：

一种是将航空像片或卫星影像数据映射到数字地面模型上，建立实际地形的逼真显示。

由于这种方法可以逼真地显示地面各种地物和人工建筑的颜色纹理特征,而表现地形起伏产生的几何纹理特征时却不甚明显,所以,常用来表达地面较平缓、地物丰富和人类活动较频繁地区(如城镇、交通沿线等)的地形。

另一种是用一定的光照模型模拟光线射到地面时所产生的视觉效果,经明暗处理产生具有深度质感的灰度浓淡图像,并用纯数学的方法模拟地形表面的各种微起伏特征(几何纹理)和颜色纹理。基于分形模型的地面模拟目前被认为是最有希望的方法。

13.1.3 数字高程模型可视化的基本原理

数字高程模型可视化的基本原理可以分为两大类,即二维平面表示和三维立体表示。其中,二维表示主要指前面提到的等高线法、半色调符号表示法和分层设色法等。等高线法是基于二维介质平面精确表示三维地貌形态的有效方法,其基本原理在前面章节已有详细的介绍。分层设色法的原理与等高线法很类似,此处不再赘述。半色调符号法主要用于处理栅格形式的数据,直接根据最大最小高程值设定不同的色调进行显示。如图 13.1.3 所示,最低处设定为黑色(RGB 值为:0,0,0),最高处设定为白色(RGB 值为:255,255,255),其他高程值对应的色调则据此线性内插得到。该法实现简单、快捷,但由于显示层次固定(只有 256 个色阶),研究区域高差范围越大,显示的细节层次越少。

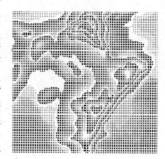

图 13.1.3 DEM 灰阶图像

常用于快速判定地形起伏特征以及粗差检查,有时也可以代替小尺度的等高线图形使用。而采用半色调符号表示坡度/坡向主要是为了方便在早期的打印机上直接输出具有立体感的地形数据,随着计算机图形技术的进步如今已经很少使用,而普遍采用更具真实感的综合光照晕渲方法。

随着计算机图形技术的发展,具有真实感的三维可视化表示越来越成为数字高程模型可视化的主流。三维可视化表示的基本思想是由三维空间到二维平面的变换,其基本原理包括以下两个基本处理过程,即投影变换和消隐处理。

(1) 投影变换

把三维物体变换为二维图形的过程称为投影变换。根据投影中心与投影平面之间的距离的不同,投影可分为平行投影和透视投影。

透视投影变换的原理如图 13.1.4。假如透视投影的投影参考点(即投影中心)为 $P_c(x_c, y_c, z_c)$,投影平面在 Z_{xy} 处,形体上的一点 $P(x,y,z)$ 的投影为 (x_p, y_p),那么应有参数方程:

$$\begin{cases} x' = x - xu \\ y' = y - yu \\ z' = z - (z - z_c)u \end{cases} \quad (13.1.1)$$

参数 u 取值从 0 到 1，坐标位置 (x', y', z') 代表投影线上的任意一点。当 $u=0$ 时，这一点位于 $P=(x, y, z)$ 处；当 $u=1$ 时，该点在线的另一端处。投影中心点的坐标为 $(0, 0, z_x)$，在投影平面上，$z' = z_{vp}$，解关于 u 的方程得：

$$u = \frac{z_{vp} - z}{z_c - z} \tag{13.1.2}$$

将 u 值代入 x' 和 y' 的方程，得透视变换方程为：

$$x_p = x \frac{z_{vp} - z}{z_c - z} = x \left(\frac{d_p}{z_c - z} \right)$$

$$y_p = y \frac{z_{vp} - z}{z_c - z} = y \left(\frac{d_p}{z_c - z} \right) \tag{13.1.3}$$

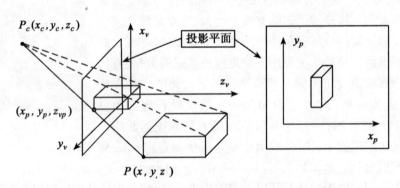

图 13.1.4　透视投影的原理

透视投影的投影中心与投影平面之间的距离是有限的，而对于平行投影，这个距离为无穷大。如果公式（13.1.3）中 $\frac{d_p}{z_c - z}$ 项为常数，就得到平行投影变换方程。

（2）消隐处理

为了增进图像的真实感，消除多义性，在显示过程中应该消除实体中被隐蔽的部分，这种处理叫做消隐。消隐包括隐藏线的消除和隐藏面的消除。

隐藏线的消除可以采用二分法（王来生等，1992）。如图 13.1.5 所示，由 Q 点至 P 点作线的延长，延长线的隐线判断按下面的条件进行：

（1）若两点都可以看见，则延长线是可见的线段。

（2）若两点都不可见，则延长线看不见，是隐线。

（3）若两点 P 和 Q 中一点可见，另一点不可见。如图 13.1.5 所示，设由点 $Q(x_q, y_q)$ 至 $P(x_p, y_p)$ 作延长线，其中 Q 为可见点，P 为不可见点，为此，首先取两点的中心 $R\left(\frac{x_p + x_q}{2}, \frac{y_p + y_q}{2} \right)$

第十三章 数字高程模型的可视化

进行隐点判断。若点 R 可见,再取 RP 的中心点进行隐点判断;若点 R 不可见,取 QR 的中心点进行隐点判断,这样反复进行,直至搜寻到可见点为止,把可见的线段连接起来。用这种方法对所有的延长线进行判断,把可见部分予以表示。

$\bullet Q(x_q, y_q)$ $\bullet R$ $\bullet P(x_p, y_p)$

图 13.1.5　二分法(王来生等,1992)

消隐处理曾是计算机三维图形绘制中的重点研究难题。隐藏面的消除现在已有多种成熟而有效的算法。其中具代表性的算法有画家算法、深度缓冲区算法和光线跟踪法等。

13.2　高度真实感图形的生成

将模拟场景的三维描述变成 CRT 显示的二维灰度阵列的过程称为描绘或者画面绘制(rendering)。描绘的计算机图像是一种连续的灰度曲面,由于这种图像用面来约束模型,因此弥补了在没有数据控制点的地方用传统线划图形表示可能出现的信息缺损。特别是将原始 DEM 通常细分到每个多边形只能用几个像素(pixel)显示的程度,这样也弥补了线性插补可能造成的误差。所以,将经过细分的 DEM 描绘成灰度浓淡图像,能使得实际地形的各种起伏特征一目了然。这种图形因具有像片的观察效果而称为真实感图形或逼真图形。

与线划图形不同,真实感图形的计算机合成需要根据光源的位置和颜色、地面的形状和方位、地面的光谱特性等计算画面中每一点的颜色灰度。通常包括下列步骤:
(1) 将地面模型分割为三角形面片的镶嵌;
(2) 确定视点位置和观察方向,对地面进行图形变换;
(3) 可见面识别;
(4) 根据光照模型计算可见表面的亮度和色彩;
(5) 显示所有可见的三角形面片;
(6) 纹理映射。

13.2.1　地形表面的三角形分割

因为三角形是最小的图形基元,基于三角形面片的各种几何算法最简单、最可靠、构成的系统性能最优,所以,大多数硬件/软件/固件真实感图形描绘系统都是以三角形作为运算的基本单元。TIN 数据结构的 DEM 可以直接进行明暗处理(shading),而栅格结构的 DEM 则先要进行三角形分割。由于每一个栅格数据点的邻域都是已知的,因而可以直接建立三角形结点的线性链表(如图 13.2.1 所示)。当栅格间距很小时(如经分形细分后的 DEM),邻域的不同选择(四邻域或八邻域)如(a,b,d)、(a,c,d)和(a,b,c)、(b,c,d),对于图形显示的影响不大,所以两种分割方式((a)和(b))均可。

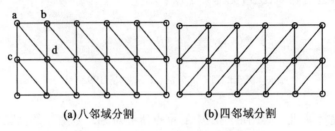

(a) 八邻域分割　　　　**(b) 四邻域分割**

图 13.2.1　栅格 DEM 的三角形分割

13.2.2　图形变换

阴极射线管(CRT)显示的内容完全由观察者的位置(称为视点 viewpoint)和视线方向确定。所以,描绘开始往往先将实际地面从世界坐标系 $O\text{-}XYZ$ 变换到以视点为中心的坐标系——视坐标系(eye-coordinate system)$O_e\text{-}X_eY_eZ_e$,然后再将其投影到显示屏上,这一系列变换统称为图形变换。可见,图形变换是平移、旋转、缩放和投影等变换的组合。

世界坐标系和视坐标系都为右手三维笛卡儿坐标系。视坐标系的原点固定在视点,负 Z_e 轴指向观察方向。针对计算机数字运算的特点,三维空间矢量用三个方向余弦来表示。这使得三维空间变换关系简单明了,有利于两种坐标之间的转换计算。后续的可见面识别、投影变换、明暗处理等都将在视坐标系内进行。图 13.2.2表示了这两种坐标系之间的关系和各视坐标轴的方向余弦。

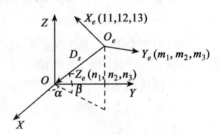

图 13.2.2　三维空间的坐标变换

根据给定的视点坐标 $(X,Y,Z)_{O_e}$ 和观察方向(方位角 α 和俯仰角 β),即可算出视坐标轴的方向余弦。为了简化计算,笔者将从视点到世界坐标系原点的矢量 O_eO 和视线方向合二为一,并把该方向作为将来的投影方向。这样,只要给出视线方向和视距 D_s,便可算出视点的坐标:

$$\begin{bmatrix} X \\ Y \\ Z \end{bmatrix}_{O_e} = \begin{bmatrix} D_S \times \cos\beta \times \cos\alpha \\ D_S \times \cos\beta \times \sin\alpha \\ D_S \times \sin\beta \end{bmatrix} \times x \qquad (13.2.1)$$

根据下列公式便能计算新坐标轴的方向余弦:

令 $r=\sqrt{n_1^2+n_2^2}$,取 X_e 轴方向为水平位置,则

$$n_1 = \frac{X_{O_e}}{D_S}, n_2 = \frac{Y_{O_e}}{D_S}, n_3 = \frac{Z_{O_e}}{D_S} \tag{13.2.2}$$

$$l_1 = -\frac{n_2}{r}, l_2 = -\frac{n_1}{r}, l_3 = 0 \tag{13.2.3}$$

$$m_1 = -n_3 l_2 = -\frac{n_1 n_3}{r}, m_2 = n_3 l_1 = -\frac{n_2 n_3}{r}, m_3 = r \tag{13.2.4}$$

而世界坐标 $\begin{pmatrix} X \\ Y \\ Z \end{pmatrix}$ 与视点坐标 $\begin{pmatrix} X_e \\ Y_e \\ Z_e \end{pmatrix}$ 之间的关系如下：

$$\begin{bmatrix} X_e \\ Y_e \\ Z_e \end{bmatrix} = \begin{bmatrix} l_1 l_2 l_3 \\ m_1 m_2 m_3 \\ n_1 n_2 n_3 \end{bmatrix} \left(\begin{bmatrix} X \\ Y \\ Z \end{bmatrix} - \begin{bmatrix} X \\ Y \\ Z \end{bmatrix}_{O_e} \right) \tag{13.2.5}$$

将三维地面表示在二维屏幕上实际是一个投影问题。为了取得与人类视觉相一致的观察效果，产生立体感强、形象逼真的透视图，在计算机图形处理领域广泛采用透视投影。如果将平行于 $X_e Y_e Z_e$ 平面且离视点的距离等于 f 的平面作为投影面，那么视坐标系中的一点在显示器上的坐标 (x,y) 可由下式进行计算：

$$x = \frac{X_e}{Z_e} \times f \tag{13.2.6}$$

$$y = \frac{Y_e}{Z_e} \times f \tag{13.2.7}$$

其中，f 类似于照相机焦距的作用，表示投影平面（屏幕）离观察者的距离。一般的经验表明，该值取屏幕大小的 3 倍时将获得最佳的视觉效果。

13.2.3 可见面的识别

与线化透视图形的隐藏线消除不同，真实感图形合成面临的是消除隐藏面问题，即识别那些从当前观察者位置可见或隐藏的面片，视场外的面片当然被裁剪掉，而视场内的面片则必须查明被其他面片隐藏的部分，因此，这又称为可见面识别。尽管已开发许多可见面识别的算法，但没有一个对所有情况都是最好的。

所有可见面的识别算法均使用某种形式的几何分类来识别可见面和隐藏面。可见面识别技术分为两类，图像空间算法和物空间算法。前者检查投影图像以识别可见面，后者直接检查物体定义。对于 n 个三角形面片产生 N 个像素，因图像空间法检查每个像素，计算复杂度为 $O(nN)$；相反，物空间法要比较每个面片，计算复杂度为 $O(n^2)$。通过比较属于物空间法的深度排序和属于图像空间法的深度缓冲、面积细分、扫描线四种常用的可见面识别算法。对于三角形个数少于 10 000 的大多数情况来说,深度排序是效率最高的方法。而当三角形多于 10 000 个时,除深度缓冲外,其余方法的效率显著降低。因此,笔者认为,直接描绘 TIN 结构的 DEM 宜采用物空间的深度排序方法;而对于分形细分后的栅格 DEM,则应该用图像空间的深度缓冲方法识别可见面或隐藏面。

所谓深度排序法,即首先将所有三角形根据其到视点的距离(在视坐标空间又称为深度)进行排序,然后再从远到近地处理每一个三角形。这种方法经常也叫做画家算法,因为其类似于画家的创作——首先画出一背景,然后逐步在背景上添加前景物体。显然,近处的物体颜色将覆盖掉远处物体的颜色,最后的结果自然已消除了隐藏部分。由于组成 DEM 的三角形面片均只在各三角形的边界处相交,不存在诸如相互穿插等复杂情况,所以采用深度排序是可靠的。深度缓冲方法的特点是要保留一个二维阵列(Z-buffer)用以存储计算机帧缓冲中当前显示像素的深度(Z_e 值)。三角形面片被分解为像素大小的部分,每一部分(假定为固定深度)的深度将与 Z-buffer 中的相比较。若某一部分比当前的像素更近,它将被写入帧存,Z-buffer 也被新的深度所更新。Z-buffer 的大小取决于所用的显示器分辨率大小,显然,1024×768 的分辨率将比 640×480 的分辨率占用更多的空间和处理时间。

不管用哪种可见面识别方法,处理的结果都只对一定的视点位置和观察方向有效。所以,动态改变视点和视线方向的实时图形显示都受到可见面识别即消隐效率的限制。值得注意的是,在视坐标系内,所有点的深度都是负的。

13.2.4 光照模型

一旦发现可见面,便要把其分解成像素并正确着色,这一过程叫做明暗处理。明暗处理的前提是要模拟各种光源照在地面上的效果,计算每一个像素点的颜色亮度。由于光照在三维物体表面上,各部分的明暗是不同的,因此,三维地面显示的逼真性在很大程度上取决于明暗效应的模拟。物体的反射可见光能量包含了物体空间与光谱两方面的信息,是我们观察和识别物体的根本依据。由于自然地面各种物体的波谱反射特性千差万别,加之各种光源的混合作用,要完全逼真模拟自然景物的光照效果显然是不可能的。

从表面反射的光线可以分为两部分:漫反射和镜面反射。对于理想的镜面反射表面,再辐射光线只有一个方向即反射光方向;而理想的漫反射表面却等量地在各个方向再辐射。实际地面并不是理想的漫反射体,也不是镜面反射体,而是介于两者之间的物体。所以,要创建逼真图像二者都必须模拟。

光照模型就是要建立地面上任一点处光的反射强度与光源及地面特性之间的关系。

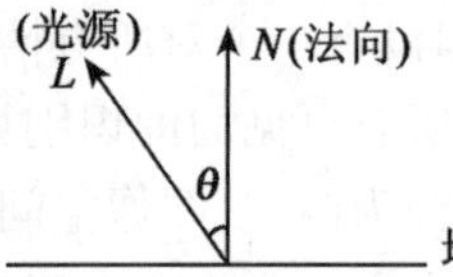

(1) 漫反射光模型

描述漫反射的光照模型是著名的 Lambert 余弦定律。如图 13.2.3 所示,令地面在点 P 处的法向为 N,指向光源的向量为 L,两

图 13.2.3 漫反射

者的夹角为 θ，则 P 点处漫反射光的强度为：

$$I = I_d K_d \cos\theta \tag{13.2.8}$$

其中，I_d 为光源强度，$K_d \in (0,1)$ 为地面的漫反射系数。因漫反射光在所有方向等量反射，所以观察者看到的漫反射光量与视点位置无关。

式(13.2.8)还可以表示成规格化(normalized)矢量的点积形式：

$$I = I_d K_d (\boldsymbol{L} \cdot \boldsymbol{N}) \tag{13.2.9}$$

在大多数情况下，为了增加真实性，环境光也被考虑到。环境光的特点是来自许多光源的光经过多种反射形成的一种漫反射光，一般表示为：

$$I = I_a K_a \tag{13.2.10}$$

其中，I_a，K_a 分别为环境光的强度和地面反射环境光的系数。由于其对整个场景的影响是一样的，所以一般也把它作为一个常数看待，其大小取 $I_d K_d$ 的 0.02~0.2 倍。

若考虑距离因子，离光源距离为 d 处之光强就是 I/d^2。许多经验表明，用观察者离物体的距离 r 加上某一常数 C 来代替 d^2，可以取得更柔和的图像效果。这样，总的漫反射光模型为：

$$I = I_a K_a + I_d K_d \cos(\boldsymbol{L} \times \boldsymbol{N})/(r + C) \tag{13.2.11}$$

(2) 镜面反射光模型

与漫反射相反，镜面反射光只在反射角等于光的入射角的方向被反射。然而，由于实际地面往往并非完全的反射体，其镜面反射也不是严格地遵从光的反射定律。模拟这种镜面反射光最著名的是 B.T.Phong 提出的模型：

$$I = I_s W(\theta) \cos^n \alpha \tag{13.2.12}$$

其中，θ 为入射角；α 为全反射方向与视线之间的夹角，$W(\theta) \in (0,1)$ 为与实际表面特征相关的镜面反射的表面反射函数，通常简化为一个常量 K_s；n 为镜面反射光的会聚指数，表面越光滑，n 越大。如图13.2.4所示。当 $\alpha = 0$ 时，即全反射方向与视线方向一致时，将看到明亮的高光。

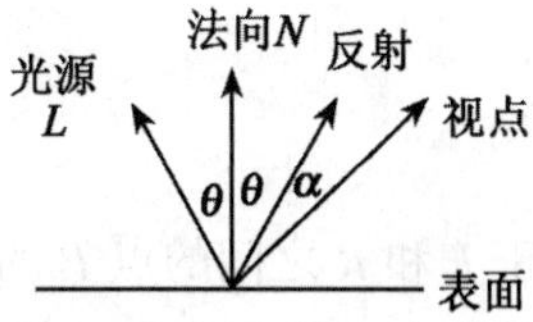

图 13.2.4 镜面反射

(3) Phong 光照模型

综合上述的漫反射光和镜面反射光，可得到实用的 Phong (1975)光照模型：

$$I = K_a I_a + \sum [K_d I_d \cos\theta + K_s I_s \cos^n \alpha] \tag{13.2.13}$$

其中，$\sum$ 表示对所有特定光源求和，$K_d + K_s = 1$。实际上，应用一个点光源一般也能取得较强的真实感，而计算工作却大大简化。这样，I_a，I_d 和 I_s 均可用点光源的强度 I_p 代替。实际应用的难点在于恰当地估计地面的各种反射系数 K_a，K_d 和 K_s。由于自然地面的复杂性，往往只能凭经验得到从美学观点看比较满意的结果。

给定光源的亮度和颜色以及地面的各种光反射系数,对于地面上的某一点,只要算出其法向量 N、光线向量 L、视线向量 V 和全反射向量 R,即可根据(13.2.13)式计算该点的颜色和亮度。

13.2.5　图形描绘

一旦知道如何对一个点着色,我们即可考虑如何去着色一个面片。最简单快捷的方法是使用常值明暗法,既然一个三角形的法向从不改变,那么可以使整个三角形面片仅有一个明暗值——三角形中心的灰度值。这样,用简单的面积填充方法即可进行图形显示。但不幸的是,该方法无法表示有光泽的表面,特别是因为灰度明显不连续,其逼真性大大受到影响。

时间效率和真实感都比较好的方法是著名的 Gouraud (1971)明暗处理。该法首先根据(13.2.13)式确定三角形每个顶点处的灰度,而三角形内部各点的灰度则由这些顶点的灰度内插得到。三角形顶点处的法向(normal)取与其关联的所有三角形面片的法向之平均。灰度内插方法可用扫描线增量法,如图 13.2.5 所示。

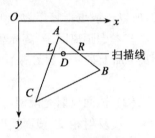

图 13.2.5　扫描线增量法

令 A、B、C 各点的屏幕坐标和灰度值分别为 $(x,y)_i$、gl_i($i=A,C$),那么先用顶点的灰度值线性内插当前扫描线($y=y_k$)与三角形的边之交点(L 和 R)处的灰度值:

$$gl_L = gl_A + \frac{y_k - y_A}{y_C - y_A} \times (gl_C - gl_A)$$

$$gl_R = gl_A + \frac{y_k - y_A}{y_B - y_A} \times (gl_B - gl_A)$$

位于 L 和 R 之间的点 P 的灰度不是用常规的线性内插方法进行计算,而是用增量法沿扫描线从左到右逐像素进行计算。任一点 P 的灰度为:

$$gl_P = gl_{P-1} + \Delta gl \quad (P = 1, \cdots, x_R - x_L)$$

$$\Delta gl = \frac{gl_R - gl_L}{x_R - x_L}$$

由于扫描线增量法充分利用了画面沿扫描线的连贯性质,避免了对像素的逐点判断和反复求交运算,大大减少了计算工作量,因而被广泛用于实时图形生成。

Gouraud(1971)明暗法克服了常值明暗法的局限,但有时也会产生 Mach 带效应(即在光亮度变化不连续的边界处呈现亮带或黑带),高光也因顶点颜色的线性内插而被歪曲。对此 Phong 提出了替代的表面法向内插的方法。由于该法于每一像素处都要按式(13.2.13)计算灰度值,所以很费时。因此,Phong 也只在期望出现高光的地方才执行这一方法,而在其他的地方仍用 Gouraud(1971)明暗法。如图 13.2.6 所示为根据上述原理生成的 DEM 透视图像。

图 13.2.6　DEM 的明暗表示

13.2.6　纹理映射

为了弥补上述灰度图像只是表示地形起伏情况的不足，就需要表现出地表的各要素特征，即可以通过添加表面细节来达成，这种在三维物体上加绘的细节称为纹理。根据纹理图像的外观可将其分为两类：一类是通过颜色或明暗变化来体现表面细节，这种纹理称为颜色纹理；另一类则通过不规则的细小凸凹造成，叫做凸凹纹理。颜色纹理主要用来表现表面较为光滑但有纹理图案的物体，如刨光的木材、从较高的高空观察的地景等。凸凹纹理则用来表现外观凸凹不平的如未磨光的石材、从近处观察的地景（表现地景表面的植被等）或从高空观察的地景（把地球理解为一个表面光滑的球，面的起伏作为纹理）等。

生成颜色纹理的一般方法是在一个平面区域（即纹理空间）上预先定义纹理图案，然后建立物体表面的点与纹理空间的点之间的对应关系，此即所谓的纹理映射(texture mapping)。生成凸凹纹理的方法是在光照模型计算中使用扰动法向量，直接计算出物体的粗糙表面。无论采取哪种方法，一般要求看起来像就可以了，不必采用精确的模拟，以便在不显著增加计算量的前提下，较大幅度地提高图形的真实感。如图 13.2.7 所示为映射航空影像后的 DEM 透视图像。

图 13.2.7 在 DEM 表面映射纹理图像

13.3 虚拟景观

13.3.1 虚拟现实与地形三维显示

随着微处理技术的飞速发展及图形绘制技术、数字信号处理技术、传感器技术、图形硬件(特别是三维交互设备)的发展,20世纪80年代末和90年代初,首先在计算机图形学领域,国内外都出现了对虚拟现实(VR,Virtual Reality)的研究热潮。所谓虚拟现实即利用计算机产生逼真的三维视觉、听觉、触觉等感觉,使得用户可以通过专用设备自然地对虚拟环境(VE,Virtual Environment)中的实体进行交互考察与控制。

虚拟现实技术与一般的计算机图形技术相比有着重要的区别。在普通计算机图形系统中,用户是外部观察者,只能通过屏幕来观察由计算机产生的环境,而虚拟现实技术则通过其各项功能的有机结合,让用户成为合成环境中的一个内部参加者,使人有一种身临其境的感觉。

虚拟现实技术具有两个基本特性,即交互和身临其境。其中身临其境特性要求计算机所创建的三维虚拟环境看起来、听起来和感觉起来都是真的。就虚拟现实的虚拟地形环境而言,其虚拟效果是否逼真,取决于人的感官对此环境的主观感觉,而人的信息感知约有80%是通过眼睛来获取的,所以,视觉感知的质量在用户对环境的主观感知中占有最重要的地位。换句话说,一个虚拟地形环境的好坏取决于其视景系统的好坏。因而,三维地形的实时动态显示作为三维视景仿真和虚拟现实的基础和重要组成部分是产生"现实"感觉的首要条件,舍此便无"现实"而言。因为虚拟地形环境面临的是量的地形数据和地面特征数据,利用这些地理空间数据建立一个逼真、实时、可交互的地形环境并实现具体应用是一个复杂的工作,大范围地形的实时动态漫游显示因此成为十分关键的技术。

13.3.2 数字高程模型与各种地面信息的叠加可视化

我们介绍过在 DEM 模型上使用纹理映射可以反映地表的细节,那么显然在 DEM 模型上叠加各种信息如初步设计的线路、河流、土地利用、植被和影像数据等可以很逼真地反映实际的地表情况。将 DEM 中已有的一些重要的线性要素叠加到灰度图像上并不需要特别地处理,但更好的还是将这些要素叠加到已作了纹理映射的 DEM 模型上。

在 DEM 模型上航空影像即可生成立体景观图,如果在 DEM 模型上叠加影像、矢量图(线划图),并将地表上的地物(如房屋、树木等)"立"起来,加上动画效果,则使人有"身临其境"的感觉。如果缺乏详细完整的颜色纹理,则用分形的方法模拟一些特定的植被纹理以增强图像的逼真效果。如图 13.3.1 所示为在 DEM 表面叠加各种自然和人文特征数据后的逼真表示。

下面将具体介绍在 DEM 模型上叠加航空影像以及地形的彩色显示。

(a) DEM + 纹理影像 + 二维特征

(b) DEM + 纹理影像 + 三维特征

图 13.3.1　虚拟景观

13.3.3 基于数字摄影测量的逼真地形显示

在摄影测量领域,通常使用具有丰富景观信息和准确几何度量特征的正射影像(orthophoto image)。产生正射影像的技术称为正射纠正(orthographic rectification),即改正由于像片倾斜和地形起伏等引起的像变形。然而,正射影像由于受到视点的严格限制,其目视化效果远不能满足多种透视和景观动画的需要。

纹理映射源于对纹理的定义,这定义可以是一个现存阵列或一个数学函数,可以是一维、二维或者三维的。纹理映射意指一个纹理函数到一个三维表面的映射。对于我们的目的而言,纹理函数由一个二维图像阵列——数字化航摄像片数据定义。由于这是一个离散的栅格数据,因此在映射之前,需要在纹理空间(U,V)用这些离散数据构造连续的纹理函数$f(U,V)$。最简单易行的办法是对栅格数据进行双线性内插。纹理映射涉及纹理空间(像片平面)、景物空间和图像空间(屏幕)三个空间之间的映射。首先将纹理映射到三维地面,然后再映射到屏幕图像。从纹理空间到三维地面的映射,最精确的方法自然是根据中心投影原理建立纹理坐标(U,V)与三维视见坐标(X_e,Y_e,Z_e)之间的直接映射。这便是众所周知的从像点坐标到大地坐标的直接线性变换 DLT:

$$U = \frac{a_1 X_e + b_1 Y_e + c_1 Z_e}{a_3 X_e + b_3 Y_e + c_3 Z_e} \tag{13.3.1}$$

$$V = \frac{a_2 X_e + b_2 Y_e + c_2 Z_e}{a_3 X_e + b_3 Y_e + c_3 Z_e} \tag{13.3.2}$$

由于每个像素点都要进行这样的运算,计算工作量太大。实际上,采用一个简单的近似的仿射映射一般也都能取得令人满意的结果。如:

$$U = a_1 X_e + b_1 Y_e + c_1 Z_e + d_1 \tag{13.3.3}$$

$$V = a_2 X_e + b_2 Y_e + c_2 Z_e + d_2 \tag{13.3.4}$$

建立这样一个映射至少需要 4 个已知其纹理坐标和视见坐标的控制点。控制点的选取可以直接利用摄影测量的控制,也可以用一般的 DEM 数据点。对数字摄影测量而言,所有 DEM 点的纹理坐标和物空间坐标均是已知的。而对常规数字化摄影测量来说,控制点对应的纹理坐标则可以在像片扫描数字化时人机交互式地得到,这时要求控制点在像片上的影像易于识别。

值得注意的是,对大多数工程应用来说,用于建立地面逼真重建的影像只有航空影像最合适,因为一般地面摄影由于各种地物相互遮挡,影像信息不全,地面重建受到视点的严格限制;而卫星影像也由于比例尺太小,各种微起伏和较小的地物影像不清楚,只适于小比例尺的地面重建。航空影像则具有精度均匀、信息完备和分辨率适中等特点,因而特别适合于一般大比例尺的地面重建。

将具有纹理特征的三维地面映射到屏幕空间只是一个投影问题。利用具有消隐功能的逆映射——屏幕空间扫描法描绘深度排序的三角形面片。因每个三角形顶点的屏幕坐标和视见坐标均是已知的,便直接用其内插三角形内部各点的视见坐标,而不是用(13.2.6)和(13.2.7)两式的逆映射进行计算。这样处理的结果,计算效率和画面质量都是令人满意的。有了视见坐标,便可根据式(13.3.3)、(13.3.4)计算每个像素点对应的纹理坐标。

另外一种选择是直接计算各三角形顶点对应的纹理坐标,进而双线性内插各像素点的纹理坐标。这样处理虽然可以提高效率,但笔者的实验发现会导致严重的图像混淆现象,即丢失微小细节,使得纹理图案变形,直线图纹变成锯齿状。

13.3.4 彩色显示与三维动画

为了使地形显示图像更加动人,除用单一的黑白灰度进行表示外,当然也可以用其他的颜色灰度。特别地,还可以将不同高度的地形分别用不同的颜色予以表示,这使得三维图像也跟常规的等高线图形一样具有了对地面高程和不同地面之间高差直观的定量感知的功能。颜色的选择即高程分带的粗细只受所用的图形显示模式的限制,比如用 VGA 标准的 320×200+256 色模式,便可以利用四种不同的颜色灰度将地形分为四个不同的高程带进行描述。如图 13.3.2 所示为 DEM 的分层设色透视表示。每个像素点颜色和灰度的确定方法如下:

图 13.3.2 DEM 的分层设色透视表示

(1) 令可用的颜色为 N 种,每种颜色具有 M 阶(一般取 64)灰度,那么对于最大高程差为 ΔH 的一个地区可以均匀(或非均匀)地分为 N 个高程带。对于均匀分带,每个高程带的高差为 $h = \dfrac{\Delta H}{N}$,这样,即可建立起每个高程带与颜色之间的对应关系表:

$$[H_i, H_i + h] \rightarrow color_i, i = 1, 2, \cdots, N \qquad (13.3.5)$$

(2) 在对每个三角形面片进行描绘时,各点的颜色根据扫描线增量法(由顶点高程)内插的高程查表得到,而相应的灰度则根据明暗处理进行计算。

前面讨论的都是将整个地形显示成一幅图像。在实际工作中,对于一个较大的地区或者一条较长的线路,有时既需要把握局部地形的详细特征,又需要观察较大的范围,以获取地形的全貌,使用计算机动画便成为最佳的选择。一个动画序列实际上是一组连续的图像,以足够快的速度放出来,给人一个连续运动的错觉,电影和电视就是依此来愚弄人的眼睛的。我们将在下一节中详细介绍三维动态表达。

13.4 大范围数字高程模型的三维交互式动态可视化

13.4.1 计算机动画

最原始的动画方法是页切换技术(page flipping),即将每一帧(frame)画面存放在计算机内存中,动画程序依次把画面从内存拷贝到显示器,播放动画序列。动画序列图像往往通过沿一定的轨迹移动视点生成,故又称视点动画。根据存储和显示每一帧画面的差别,动画又分为帧动画(frame animation)和图形阵列动画(bit boundary block transfer,简称 bitblt)两种。

(1) 帧动画:也称全屏幕动画和页动画。预先生成一系列全屏幕图像,并把每幅图像存在一个隔离缓冲区中,通过翻动页建立动画。帧动画被认为是复杂的充分浓淡表现的 3D 实体模型动画的最佳选择。

(2) 图形阵列动画 bitblt:即位组块传送,每幅画面只是全屏幕图像的一个矩形块。由于显示每幅画面只操作一小部分屏幕,节省内存,故可以取得极快的运行时间性能(可达到比显示器刷新速率还快的运动速度)。

不论哪种动画,都要预先建立序列图像。为了获得足够快的速度如 30 帧/秒,必须把所有动画帧都存放在内存中。因此,帧的个数和每一帧图像的信息量要受计算机内存总量的限制。所以,基于 RAM 的动画、基于 EMS/XMS(扩展内存/扩充内存)的动画以及基于磁盘的动画等都是经常使用的概念。比如,一个短的、信息量少的动画序列(如 30 帧 160×100+256 色)经常使用 RAM 以产生平滑的动画效果。

与一般美术动画不同,实际地形往往范围较大,并且也需要比较高的图形分辨率和较大的显示比例尺,因此需要特别的数据组织和动态调度机制。有一种观点认为,三维地形的实时显示主要依赖具有高速计算能力和很强三维图形功能的高档工作站,即主要依靠硬件性能,这种看法并不全面。硬件功能固然重要,但算法和软件也有许多工作可做。采用优化算法和软件,可以降低对硬件设备的要求,或在相同硬件平台上,取得更好的是实时动态效果。从另一方面来讲,现今的图形工作站虽然得益于高速发展的 CPU 和专用图形处理器,性能有了很大提高,但距虚拟地理环境的要求仍相当遥远。特别是在我国,高档图形工作站价格十分昂贵,非一般用户所能承受,如何利用中低档微机来实现大范围地形的动态显示,就显得尤为重要。因而,研究基于微机平台的三维地形动态实时显示的技术和方法具有重要意义和广泛应用价值(徐青,2000)。

13.4.2 大范围数字高程模型无缝漫游

随着计算机图形技术的发展,基于个人微机开发面向全球的 DEM 无缝漫游技术已经成为可能。当然,微型计算机系统对于海量 DEM 数据的实时应用来说局限还是十分明显的。其限制主要在于内存空间大小、纹理内存(显存)的多少、CPU 浮点计算的精度、图形显示卡几何渲染的速度及磁盘的数据传输速率等方面。而实时可视化应用对系统交互性、数据脱机处理时间、场景显示的细节精度、图形质量等的要求又很高。影响实时效果的因素有很多,其中视景的逼真度与视景的刷新频率是两个关键。逼真的三维场景能够给用户带来直观的视觉效果,产生身临其境的感觉;而较高的视景刷新率,可以保证视景中运动目标的动作连续性,提高用户与三维场景的交互效果。但是,逼真的视觉效果会增加参与场景生成的数据量,使视景的刷新频率降低,影响三维视景的交互性。因此,怎样在保持一定视觉效果的前提下,尽量减少参与计算的模型数据量是提高三维仿真效果的关键。

值得注意的是,在减少参与视景生成的模型数量和模型复杂程度的同时,应该始终注意保持视景的原有效果。为此,对模型的简化往往需要通过误差量来进行控制,只有当误差小于一定的阈值时才能进行简化操作,从而保证模型的精度。另外一种提高渲染效率的方法是利用细节分层(LOD)的方法。这种方法充分利用了人眼的视觉规律,即不同的观察距离和不同的角度,人眼所能看到的物体的细节不同。因而,在进行视景渲染时,并不是将所有的模型的最详细的细节都参与计算,而根据物体距离视点的远近和偏离视线的角度大小来使用细节详细程度不同的模型参与计算。

大范围的地形数据因为数据量太大而通常不能全部用来参与显示,即使是利用一组 LOD 模型也不行。要实现对地形数据的可交互式实时渲染,每次只能取其模型的一部分来进行;同时,随着视点和视线的变化,参与计算的这一部分的细节详略程度也应动态地相应改变。维持这样一个与视点相关的基于动态三角构网的视景需要一个动态视景更新机制来对数据进行有效的组织与管理。这种机制能使视景中可见的部分进行反复地调入和卸载。视景管理必须通过设定相关参数来决定什么时候及视景的哪些部分将被卸载、更新(重新定义)或即将从数据库中调入。因此,那些包含着地形数据的数据库或数据结构必须能够支持空间数据的快速存取。大部分动态视景更新机制包含着在地形数据上对空间范围的查询功能来调入新的或更新当前视景中的可见部分。

为解决一定精度下大范围地形环境的实时仿真问题,常用的策略是将地形进行分块处理和内存数据分页,即将参与显示的整块地形细分成一定大小的等大数据块,在漫游的过程中根据视点的位置选择当前可见范围内的数据块参与视景生成,并根据数据块与视点的位置及视线的关系分别设定不同的 LOD,减小模型的数量,提高视景显示效率。地形数据经过分块处理后,建立实时显示的分页(paging)机制是非常方便的。假设漫游所涉及的地形数据块大小为16×16,每次参与显示的数据页的大小为8×8,视点始终位于数据页中点附近。在漫游过程中,随着视点的移动,需要不断更新数据页中的数据块。通过判断视点当前位置(x_e,y_e)与数据页的几何中心(x_c,y_c)间的两个方向的偏移量

$$\Delta x = x_e - x_c \tag{13.4.1}$$

$$\Delta y = y_e - y_c \tag{13.4.2}$$

当Δx为正时,视点向x的正轴方向移动,反之则向负轴方向移动。如果当$|\Delta x|>cellSizeX$(数据块的宽)且$\Delta y<cellSizeX/2$时,将移动方向上新的一列数据块读入数据页中,同时将相反方向的另一列数据块从数据页中删除,如图13.4.1所示。

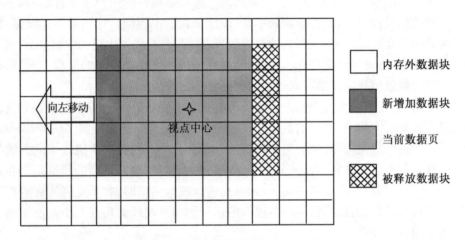

图13.4.1 基于分块数据的动态数据页的建立

同理,根据Δx与Δy将进行八个方向的移动,将移动方向上新的一行或一列数据块读入数据页中,同时将相反方向的另一行或另一列数据块从数据页中删除。

这样,根据视点与数据页几何中心的偏量大小情况,不断更新数据页中的内容,实现大范围内地形的实时漫游。实际上,每次显示的仅仅是数据页范围内的数据,与原始数据的范围无关。因此,利用数据页的动态更新技术,可以实现任意范围的地景实时仿真。

参考文献

陈刚.2000.虚拟地形环境的层次描述与实时渲染技术的研究:[博士学位论文].郑州:解放军信息工程大学测绘学院

王来生,鞠时光,郭铁雄.1992.大比例尺地形图机助绘图算法及程序.北京:测绘出版社

高俊,夏运钧,游雄,舒广等,1999.虚拟现实在地形环境仿真中的应用.北京:解放军出版社

徐青.1995.地形三维可视化技术的研究与实践:[博士学位论文].郑州:中国人民解放军测绘学院

徐青.2000.地形三维可视化技术.北京:测绘出版社

唐荣锡.1990.计算机图形学教程.北京:科学出版社

朱庆.1995.分形理论及其在数字地形分析和逼真地面重建中的应用:[博士学位论文].北方交通大学

Fritsch, D. and Spiller, R. (eds.), 1999, *Photogrammetric Week'99*, Germany: Wichmann

Gouraud, H., 1971. Illumination of computer-generated pictures, *Communication of ACM*, 18(60): 311~317

McLaren, Robin A. and Kennie, Tom J.M., 1989. Visualisation of digital terrain models: techniques and applications. In: Raper, J. (ed.), *Three Dimensional Applications in GIS*, Taylor and Francis, London, 1989.79~98

Phong, Bui-Thong, 1975. Illumination for computer-generated pictures. Communication of ACM, 18(6)

Prunt, B.F, 1973. Hidden line removal from three dimensional maps and diagrams. In: Davis, J. C. and Mccullagh, M.J. (eds.), *Display and Analysis of the Spatial Data*. Lodon: Wiley, 118~209

第十四章 数字高程模型的应用

数字高程模型(DEM)自20世纪50年代末期被提出以后,已得到了越来越多的重视,发展非常迅速,这是与其应用分不开的。DEM主要应用在地球科学及其相关学科领域,如摄影测量、遥感、制图、土木工程、地质、矿业工程、地理形态、军事工程、土地规划、通信及地理信息系统等。

14.1 在工程中的应用

土木工程是DEM应用得最早的一个领域。1957年,Robert建议使用数字高程数据进行高速公路的设计,一年以后,Miller和Laflamme使用这种数据建立了道路的横断剖面模型,并首次提出DEM的概念,随后Robert和他的同事们开发了第一个DEM系统。这个系统不仅能进行沿剖面的内插,还能进行剖面之间填挖土方的计算,并提供一些在土木工程中使用的有用数据。到1966年,麻省理工大学已能提供利用DEM进行道路设计的各种程序,其中大部分都建立在填挖土方计算的基础之上。

为道路工程设计而开发的很多技术已逐渐应用到其他线状工程的设计当中。DEM在土木工程中的另一些应用包括水库与大坝的设计等。

14.1.1 工程项目中的挖填方计算

对于大型工程设计,首先要估算施工的土方量。常规方法是在地面设置适当点距的规则格网,实测每个格网点的高程。设计高程与格网点实测高程的较差,就是这个格点的挖、填方高度。然后,通过线性内插,在格网上划定挖、填方分界的施工零线,计算每个格网的挖、填方量。分别累加所有网格的挖方和填方,若两者不平衡,就要调整地面设计高程,再次计算,直到该地块挖、填方总量的较差不超过预定阈值为止。应用格网点数字高程模型,可提高作业效率。

估算道路、沟渠、管道、输配电线等工程土方量的常规方法,是实测沿线路条形地带的纵、横断面,按照设计坡度和横断面的尺寸,计算相邻两横断面的挖、填方量。分别累加各段的挖方和填方,若挖、填方总量不平衡,一般需调整各段的纵断面设计坡度后再重新计算,直到全线挖、填方平衡为止。线路土方估算中应用格网点数字高程模型可大量节省内、外业工作量,所有数字计算和逻辑判断都由计算机自动完成,使得估算过程达到自动化和规范化水平。

14.1.2 线路勘测设计中的应用

传统的铁路、公路和输电线路等线路设计方法不仅需要大量费时费力的野外勘测工作,而且所设计出的线路还不可避免地具有以下几个方面的缺陷:

(1) 所形成的方案不一定是经济、技术上的最优方案;

(2) 方案受人的主观影响大;

(3) 工作强度大,设计工作繁琐。

线路设计主要涉及平面、纵横断面、土方量、透视图等几个方面。在平面线形大体位置已定的情况下,由所建立的带状 DEM 内插出现状纵横断面,自动绘制公路路线平面地形图。

为线路工程而建立的 DEM 是为了便于求得线路纵、横断面上的地形信息,自动(半自动)地求得最佳线路的设计。对于线形工程(公路、输电线等工程)一般采用带状 DEM。为计算方便起见,可采用分段建立 DEM 的方式,但段与段之间所建立的 DEM 应有一定的重叠性,以保证待插高程点均不处于各 DEM 的边缘,从而内插精度不会因为点所处位置不同而产生明显差异。建议采用顾及地形特征的带状 TIN 的快速建立法以提高效率,具体算法请参见文献。

现行的纵断面设计方法,是把沿中心线测得的中桩地面高程绘制在坐标格网纸上,以设计标准为依据,对原地面线进行拉坡,最后获得纵断面设计曲线。显然,这种方法并不适合计算机的处理。将 DEM 及计算机引入公路纵断面的设计,就是为了先根据平面曲线分测点的平面坐标,利用带状 DEM,采用移动拟合法内插出现状纵断面,再将所获得的现状纵断面以现行设计标准所规定的最小坡长作为起码的平滑范围进行平滑处理。

纵断面线上任一点的设计高可由下式计算:

纵断面直线部分:

$$z = z_i + \frac{z_{i+1} - z_i}{s_{i+1} - s_i}(s - s_i) \tag{14.1.1}$$

竖曲线的曲线部分:

$$z = z_i + \frac{b_{i+1} - b_i}{2c_i}(s - s_i + c_i/2)^2 + b_i(s - s_i) \tag{14.1.2}$$

式中:b_i 为坡度,c_i 为圆弧长,s 为桩号里程。

若已知某点的标高控制高程为 z,桩号里程为 s,可按上述两关系式计算该竖曲线的转坡点的高程。按计算得到转坡点的高程设计的纵断面在此标高控制点的设计高必为 z,从而达到了标高控制要求。

平滑后的初始断面线,通过约束检查与标高控制的处理所得到的新断面线,是供纵断面优化设计的基本纵断面线。同样,由式(14.1.1)和式(14.1.2)可算出纵断面上各分测点的设计高,从而完成纵断面设计的计算与绘图。

利用道路透视图可在道路施工前判断道路的构造是否良好,路线的选择是否合理,也可判断道路施工方案是否适当等。透视图也是中心投影,所以其计算原理与解析空中三角测量相同,且一般 $\phi=0$,视轴取水平,即 $\omega=0$,由此可得到透视转换的坐标,绘出透视图。DEM 为透视图提供了横断面对应的道路中线的三维坐标。

14.1.3 水利建设工程中的应用

一个水利枢纽要经过勘测、规划、设计等阶段,最后才能施工建成。传统的水利枢纽设计中的方案比选,因为涉及大量的重复计算,很难提出较多的方案进行组合选择,而且设计周期较长,结果很可能遗漏了更好的设计方案,致使工程费用增加。采用计算机辅助设计(CAD)技术,可以实现水利枢纽设计半自动化,提高工作效率,在较短时间内对多种方案进行比较分析,从而选出最佳的布置方案。

在水利枢纽规划设计阶段,地形图的主要作用是进行枢纽的布置。利用库区数字高程模型自动绘制库区等高线地形图是 DEM 在水利工程建设方面的应用之一。具体实现方法可参见第八章中等高线的绘制,这里不再赘述。

水库工程规模的选择是库区规划的主要内容之一。为了确定水库的工程规模,需要计算水库的库容,选择水库的各种特征水位,确定输水位和泄水建筑物及其断面尺寸。水库容积和面积是水库的两项重要的特征资料。

传统的库容量计算方法通常有图上量算和实地量测两种,这两种方法不仅工作量大,而且不易实现自动化。在众多方案的比较中,设计人员要进行很多重复性量测工作。采用计算机辅助设计技术,只需一次性将库区地形图进行数字化,建立库区 DEM,针对不同的坝线,就可以快速、精确地计算出各种库容,并自动绘出水位-库容、水位-面积关系曲线。这不仅避免了繁杂的重复性工作,而且可加快设计速度,提高工作效率。计算库容的步骤如下:

(1) 设坝轴线坐标为 (x_A, y_A),(x_B, y_B),则坝轴线方程为:
$$y = kx + b \tag{14.1.3}$$
式中: $k=(y_B-y_A)/(x_B-x_A)$,$b=y_A+kx_A$;

(2) 通过坝轴线方程可计算坝轴线与等高线的交点 (x_i^0, y_i^0);

(3) 由三次样条函数计算插值点的坐标 (x_i, y_i);

(4) 由插值点坐标计算不规则面积:
$$s_k = \frac{1}{2} \sum (x_{i+1} + x_i)(y_{i+1} - y_i) \quad k=1,2,\cdots,m \tag{14.1.4}$$

(5) 计算相邻两面积之间的容积:
$$\Delta V = \frac{1}{3}(s_k + s_{k+1} + \sqrt{s_k \cdot s_{k+1}}) \times \Delta H \tag{14.1.5}$$

式中,ΔH 为相邻两面积间的高差;

(6) 库容计算

$$V = \sum \Delta V \tag{14.1.6}$$

(7) 关系曲线绘制：针对不同水位的库容与面积，可绘制水位与库容、水位与面积的关系曲线。

坝址、坝线与坝型选择是水利枢纽设计的重要内容。其中，坝轴线处河谷断面图是坝型选择的决定性因素之一。在坝型选择与枢纽布置的方案选择时，为了进行多方案优化设计，利用 DEM 快速提供坝轴线处河谷断面图，可使设计人员及时了解该坝轴线处河谷断面图，而且可以在短时间内对多种坝型选择与枢纽布置方案进行分析比较，从而使设计达到既安全又经济的目标。

绘制坝线处河谷断面图是在库区 DEM 上实现的。首先由设计人员提供坝线两端点的坐标，然后建立坝线方程，进而计算该直线与格网的交点坐标，再内插这些点的高程，最后根据交点坐标与相应的高程来绘制断面图。

14.1.4 在环境影响评估中的应用

由于地理数据特有的空间性质和人类对自身生存环境已有的认知，地理数据处理（如 GIS）是可视化技术应用的一个重要领域，特别是三维地形的立体显示对于辅助空间决策有着十分重要的作用。今天，许多国家已颁布法令要求必须对一切大型项目和许多敏感的小项目进行全面的环境影响评估（environmental impact assessment），包括对环境景观的视觉影响分析（visual impact analysis）。特别是那些对于环境有不良影响的工程项目如水坝的建设、发电站的建设、露天采矿等，必须使用多种手段、从不同的角度进行评估。很显然，三维地形显示是评价各种影响的基础。同样，地形的立体显示（如立体透视图、立体剖面图等）可以充分显示出概念上和客观实体间的关系，并可进行立体量测，这对于充分评价勘测成果质量、进行 CAD 优化决策等的影响也是越来越明显、越来越重要。

14.2 在军事中的应用

14.2.1 虚拟战场

虚拟战场是在数字化基础上由计算机生成的另一类战场，是虚拟的，但人却可以"进入"。随着科技的发展，战争形态正由机械化战争向信息化战争演变，信息化战争的战场表现形式是数字化战场。战场环境仿真为作战模拟提供动态、立体的作战环境，重演战斗过程，评估作战成果，总结战斗经验。其中包括 DEM 在内的战场数据是建立战场环境模型的基础，也是战场环境仿真的基础。图 14.2.1 就是虚拟战场环境的例子。

基于军事测绘成果实现战场环境仿真的研究始于 20 世纪 80 年代中期，到了 90 年代中期

图 14.2.1 虚拟战场环境仿真

已大量应用于作战指挥、训练模拟、武器实验以及边界谈判之中。发达国家起步较早,其中尤以美国军方为先。美国利用"奋进"号实施航天地图测绘,目的就是要获取最完整的地球高分辨率信息,以实现"单向透明"的有力保障。由 TEC 开发的军事三维地形可视化软件(Draw Land)可以利用虚拟战场环境,辅助战术决策,在波黑维和行动中发挥了重要作用。DEM 技术在军事测绘中扮演了重要角色,从作战指挥、战场规划、定位、导航、目标采集与瞄准,到搜寻、救援直至维和行动、指导外交谈判等,都发挥了重要的作用。今天,DEM 已成为军事测绘的有机构成,是军事测绘诸要素中不可或缺的基本要素,预计 DEM 将在未来"数字化战场"的建立中发挥更加重要的作用(高俊等,1999)。

(1) 展现战场景观,替代现地勘察:传统的测绘技术为指挥人员提供的了解战场环境的方法无非是地图和资料,为了能够更加真实地了解战场还需要进行现地勘察。但是现地勘察受视野及自然条件的限制,且阅读地图和资料也缺乏真实感,而用虚拟现实技术展现战场或一个地区的面貌,给人的感觉就非常兴奋,因为这种似实而虚的环境与根据自身的经验所建立的"心象"是不同的,犹如一种幻觉,但生理器官的感受却又十分真实,引人入胜。特别是当用户采用自主视点交互时,其真实感就更强。利用虚拟现实技术能够逼真地模拟战场环境,且环境的范围和大小以及详细程度均可以根据受训者的要求发生变化。指挥员可以通过调整视点的位置,从不同的角度、不同的高度对整个战场或局部重点地区进行"现场勘察",既可以达到以往身临战区进行现地观察所得到的效果,又可以实现多种不可能通过实践来完成的勘察。虚拟场景的制作不受区域大小的限制,只取决于使用场合和用途的要求,并考虑保障的条件。

(2) 为战场模拟提供地形环境:利用虚拟现实技术可以轻松自如地了解作战区域的地形状况,包括地貌的特点、水系道路的分布等,了解区域中敌我兵力部署以及各种兵力及战车武器在区域中的行动轨迹和趋势等,并可以在三维的环境中对兵力或任务进行重新部署;完成各种战役战术任务规划,或者构造一个假想的战场,使训练中红、蓝双方的兵力在这种战场中进行各种战术作战对抗,而导演人员可以灵活地为双方设定各种军事设想。

(3) 作战模拟中地形参数的获取：在现代作战模拟领域，地图有两个主要的用途：一是用于显示战场环境，二是为作战模拟提供地形数据。

在用于显示战场环境的应用中，地图所起的作用是：反映作战地区的地形特征、在地图背景上进行标图作业、在地图背景上显示战斗过程。在目前的模拟系统中，显示用的地形底图以扫描地图图像为主。由于图像的局限性，无法对显示区域做进一步的缩放。随着矢量地图数据库的建立，由矢量地图数据直接或间接生成的图形或图像已成为主要的显示用图。所谓的直接生成，是指直接将原始的地图数据与要素符号对应，其间不对地图数据做任何加工处理。由于显示速度以及分辨率的局限，这种方法并未受到普遍认可。有效的方法是对地图数据进行一定的处理，处理的原则是使显示的结果能够符合人们对地图图形、图像的认知规律，处理的方法有对地形要素的分层管理和显示、对三维要素的建模和显示等。

构成现代作战模拟的战场要素有：对抗双方的数量、使用的武器装备、占据的地理环境、所处的气候条件以及一定的交战样式。其中地理环境是非常重要的因素之一，所有陆上作战部队在战场上的活动严格受地形因素的制约。现代条件的地面战斗行动，交战双方都会投入大量的装甲机械化部队，地形因素的影响表现得更为突出，这些影响主要反映在部队的动机、各种武器系统对敌方目标的搜索、射击以及射击的效果上。对这些影响的量化建立在地形信息的量化上，即需要详细表述地形的通视情况、遮蔽情况、运动单位的暴露距离、目标的最近遮蔽距离和作战地域的通行性等主要参数。因此，确定地形处理方法是作战模型得以实现的关键环节。同时，提供恰当的量化地形参数，又是进行地形分析的基本依据。

14.2.2 其他军事工程

DEM 应用于军事工程方面，例如对飞行器飞行的各种模拟，这种模拟能让飞行员对飞行计划进行预先的演习。有些模拟可以非常复杂，其中地形场景是真实世界的再现——山地、起伏的树林、灌木、沼泽以及城市和乡村在这种再现中能以逼真的面目出现。

DEM 在军事中还可用于对基于地形匹配的导引技术，如导弹的飞行模拟、陆基雷达的选址、特定区域对车辆的可达性分析以及炮兵的互视性规划等方面。

14.3 在遥感与制图中的应用

14.3.1 简介

在摄影测量中，DEM 可用于正射影像的制作、单片修测以及航测飞行路线的规划等方面。

对任何航测项目来说，首先需要做的事情就是获取符合特定重叠度要求的航空像片。航空像片的重叠度受很多因素的影响，地形的起伏是其中一个因素。为了确定在任意位置地形对重叠度的影响，可以使用数字高程模型对飞行路线进行模拟。

正射影像图是通过微分纠正技术从透视像片上获取的。微分纠正可消除由于像片压平误差和地形起伏造成的影像位移。通过使用 DEM,像片上任意一点由地形起伏造成的影像位移都可被纠正过来。在正射影像图的制作中,使用 DEM 被证明是一种十分有前途的方法。

另外可将 DEM 与航空相机的外方位元素结合起来,使用单张像片进行地面地物的绘制。这种技术称做单片制图,已被用于地图的修测。

DEM 在遥感中主要用于卫星影像的处理与分析。卫星影像处理的一个方面是卫星影像的排列,这是一种在两个或多个影像的元素中确定对应值,同时变换其中一幅影像以使其与另一幅影像对应排列的技术。影像排列过程可通过自动选择地面控制点而自动完成。在这种情况下,数字地面模型可用于产生对应影像获取时光照环境的地形表面的合成影像,此后使用边界提取技术检测线性地物,用于合成影像与卫星影像之间的变换。

从 DEM 能够派生以下主要制图产品:平面等高线图、立体等高线图、坡度坡向图、晕渲图、通视图、纵横断面图、三维立体透视图、三维立体彩色图、景观图等。

14.3.2 单片修测用于正射影像制作

由于航天遥感探测器自身结构性能未能达到理想水平或偏离设计指标,卫星运行时姿态的随机变化以及地球环境的影响,使遥感图像发生几何畸变。影响图像几何畸变的主要环境因素是地表曲率、地球旋转、大气折光和地面起伏等。消除这些影响的过程叫几何纠正,消除这些影响后的影像叫纠正影像。消除地面起伏影响后的几何纠正也叫微分纠正,产生的影像叫正射影像。

遥感图像几何纠正所采用的数学模型可分为参数法和非参数法两大类。参数法的数学模型通常采用多项式或共线方程。两种方法都需要量取足够数量的控制点,建立用于几何纠正的散点数字高程模型。目前较好的专题制图航天遥感数据源是 SPOT 高分辨率可见光图像。SPOT 图像因地面起伏而引起的畸变按下式计算:

$$\Delta Y_h = h \cdot \tan\theta \tag{14.3.1}$$

式中:ΔY_h 为地面起伏引起的像点位移,h 为相对于基准面的高差,θ 为扫描倾角。

由于扫描倾角范围为 ±27°,当地面高差显著时,误差最大可达数十个像元,因此应该考虑地面起伏对图像畸变的影响。为此采用如下共线方程:

$$\begin{aligned} x &= -f\frac{a_1(X-X_s)+b_1(Y-Y_s)+c_1(Z-Z_s)}{a_3(X-X_s)+b_3(Y-Y_s)+c_3(Z-Z_s)} \\ y &= -f\frac{a_2(X-X_s)+b_2(Y-Y_s)+c_2(Z-Z_s)}{a_3(X-X_s)+b_3(Y-Y_s)+c_3(Z-Z_s)} \end{aligned} \tag{14.3.2}$$

式(14.3.2)与航空摄影测量的共线方程有相同的形式,但字母含义不同。式中:x,y 为图像上某像点的像平面直角坐标;X_s,Y_s,Z_s 为 SPOT 卫星瞬时位置的大地坐标;$a_i,b_i,c_i(i=1,2,3)$ 为坐标变换的旋转矩阵元素,它们是卫星姿态角的函数;f 为探测器的等价主距;X,Y,Z 为与像点对应的地面点大地三维直角坐标。为取得高程 Z,必须在图像覆盖地区建立数字高程模型。

单片修测的原理是先测地物,然后将测得的地物进行几何纠正或微分纠正,使测得的地物数据变成正射投影的结果。其步骤为:

(1) 进行单张像片空间后方交会,确定像片的方位元素;

(2) 量测像点坐标 (x,y);

(3) 取一高程近似值 Z_0;

(4) 将 (x,y) 与 Z_0 代入共线方程计算出地面平面坐标近似值 (X_1,Y_1);

(5) 由 (X_1,Y_1) 及 DEM 内插出高程 Z_1;

(6) 重复 (4)、(5) 两步骤,直至 $(X_{i+1},Y_{i+1},Z_{i+1})$ 与 (X_i,Y_i,Z_i) 之差小于给定的限差。

用单张像片与 DEM 进行修测是一个迭代求解过程。当地面坡度跟物点的投影方向与竖直方向夹角之和大于等于 90°时,迭代将不会收敛。此时可在每两次迭代后,求出其高程平均值作为新的 Z_0,或在三次迭代后由下式计算近似正确高程:

$$Z = \frac{Z_1 Z_3 - Z_2^2}{Z_1 + Z_3 - 2Z_2} \tag{14.3.3}$$

其中 Z_1, Z_2, Z_3 为三次迭代的高程值。此公式是在假定地面为斜平面的基础上推导出来的。

14.3.3 在航天遥感数字图像定量解译中的应用

航天遥感数字图像的定量解译,是指从航天遥感数字图像的灰度像元组合中,提取具有地理位置、长度、方向、面积和体积等准确量度的各种地面特性或地学信息。

数字高程模型在航天遥感数字图像定量解译中的应用,主要是借助数字高程模型提高遥感图像的解译和分类精度。早期的航天遥感图像解译,一般仅利用像元灰度数据。有按训练样本进行监督分类的,也有进行纯客观非监督分类的;有用统计模式识别的,也有用语法结构模式识别的;有结合纹理的,也有不结合纹理的。所有这些解译和分类方法都不容易获得与实际情况有较高符合率的结果。这是因为地物光谱响应深受环境条件干扰,往往会出现同物异谱和同谱异物等复杂现象,难以按地物光谱特性进行可靠的解译和分类。在经过几何纠正的遥感数字图像上,叠加描述地面起伏的数字高程模型,可提高图像解译和分类的准确度,起到相互校核和修正的作用。因为绝大部分有待解译和分类的地面特性,不论属于自然资源环境的,还是属于社会经济范围的,都与地面起伏形态有关,而且叠加数字高程模型,可减弱"本阴"和"遮阴"效应对图像解译的干扰。在一些发达国家,已经有全国范围或区域范围的不同点距的格网数字高程模型产品供用户使用。

14.3.4 在数字制图中的应用

从高程矩阵中很容易得到等高线图,方法是把高程矩阵中各像元的高程分成适当的高程类别,然后用不同的颜色或灰度输出每一类别。这类等高线图与传统等高线图不同,它是高程区间或者可以看做某种精度的等高带,而不是单一的线。实际上两高程类别之间的分界线可视为等高线。这样的等高线图对简单环境制图来说已经满足要求,但从制图观点来看还过于粗糙,必须用特殊的算法将同高度的点连成线。连接等高线时如果原始等高程数据点不规则或间隔过大,必须同时使用内插技术内插到需要的密度。

从不规则三角网(TIN)DEM数据中产生的等高线是用水平面与TIN相交的办法实现的。TIN中的山脊、山谷线等数据主要用来引导等高线的起始点。形成等高线后还要进行第二次处理以便消除三角形边界上人为形成的线划。

坡度定义为水平面与局部地表面之间的正切值。坡度包含两个成分:倾斜度是高度变化的最大比率(常称为坡度);坡向是变化比率最大值的方向。坡度、坡向两个因素基本上能满足环境科学分析的要求(兰运超等,1991)。坡度的表示可以是数字,但人们还不太习惯于读这类数据,必须以图的方式显示出来。为此必须对坡度计算值进行分类并建立查找表使类别与显示该类别的颜色与灰度对应。输出时将各像元的坡度值与查找表对应,相应类别的颜色或灰度级被送到输出设备产生坡度分布图。坡向也用类别显示,因为任意斜坡的倾斜方向可取方位角0°~360°中的任意方向。坡向一般分为9类,其中包括东、南、西、北、东北、西北、东南、西南8个罗盘方向的8类,另一类用于平地。虽然人们都想按照统一的分类定义,但坡度经常随地区的不同而变化,用统一的分类定义后不利于强调地区特征。于是最有价值的坡度和坡向图应按类别出现的频率分布的均值和方差加以调整。按均值、方差划分类别时,一般都这样定义类别:均值加或减0.6倍方差为另两类,均值加、减1.2倍方差再得到两类,其他为一类。这种分类法往往能够得到相当满意的效果。坡度、坡向还可以用箭头长度和方向表示,并能在矢量绘图仪上绘出精美的地图。

晕渲是地形表示的一种方法。传统的地貌晕渲图是凭借制图人员的美学修养由手工操作完成的。在数字制图环境下,可以方便地利用DEM数据实现地貌晕渲图的自动绘制。其基本原理是首选根据DEM数据矩阵计算研究区域各格网单元的坡度和坡向,然后将坡向数据与光源方向比较,面向光源的斜坡赋予浅色调灰度值,相反方向的斜坡则赋予深色调的灰度值,介于上述两者的斜坡则按坡度值大小赋予连续渐变的中间灰度值。

14.4 在地理分析中的应用

在气象学、环境研究以及其他一些应用科学和工程中,需要了解山地和破碎地貌地区有关风向模型的足够信息,比如在研究森林防火和其他一些具有破坏性的自然现象时,就需要准确地预报风向分布。在这样一个复杂的领域,传统的建模方法在分析地表气流的变化及污染物的扩散模式时或者不太适用,或者不能完整地表达整个模型,而DEM则可用于不同的模型研究,比如风向模式的再现、污染物扩散以及空气质量监测等。

气候是一个时段的天气过程综合,以下着重介绍数字高程模型在山地气候分析中的应用。山地气候深受山区地表起伏形态的影响。大山脉的走向和庞大的三维空间尺度对大气产生动力学和热力学的作用,使山脉两侧区域形成截然不同的气候。海拔高度、坡面方位的不同组合以及山脊的遮阴作用,能使山区各部分形成独特的局地气候。在分析山地气候时,不仅需要考虑地理纬度、地区平均海拔高度这些相对保持恒定的要素,而且应特别重视局部高差、坡面方位和遮阴范围等微观地貌因素所起的作用。下面以日照和风场为例,介绍建立在数字高程模型基础上的山地气候分析模型。

14.4.1 山区日照分析模型

一般情况下,山区坡地日照都受到遮阴的明显影响,通常用解析法或图解法确定遮阴坡地在一天中的日照时段。不同起伏形态的地表有不同的解析算法,非常复杂;图解法比较简易,但须以待测坡地的适当点位为中心,按方位角5°或10°间隔实地量取各个方位的可蔽视角,并画出可蔽视角图。从该图量算出坡地中心点位当天总的日照时间,然后按微小时间增量累加计算坡地的昼夜太阳辐射。可见图解法的内、外业工作也是相当繁重的,而且比较粗糙。采用数字高程模型,可提高作业效率和成果精度。格网数字高程模型的每个网格都有海拔高度、坡度和坡向的取值,也能方便地把格点坐标转换成经纬度。阳光入射方向是日期、时刻和格点面元所处经纬度的确定函数。使用计算机能迅速地算出阳光入射方向和格点面元外法线的夹角,并可按三维透视图的隐藏面算法,判定该格网点面元当时是否受到遮阴,从而能准确求得它的瞬时太阳辐射。格点面元日太阳辐射可由积分求得,或取较小的时间增量,将当天日照时段离散化,再用级数求和法累加。采用类似算法,可计算一个格点面元的月、季、年的太阳辐射。一个坡面在某时段的太阳辐射由该坡面内所有格点面元同时段的太阳辐射累加求得。

14.4.2 起伏地区的风场模型

建立起伏地区的风场模型,不仅具有自然地理学理论研究意义,对工程建设、环境保护、灾情监控等方面也有实用价值。

地表起伏形态对气流产生动力学和热力学效应。动力学效应是指庞大山脉在地球自转和重力作用下,迫使气流做各种尺度的波状运动,并引发锋面变化。热力学效应是指山地不同部位的昼夜温差,导致出现山风和谷风等局地环流。风向和风速也随海拔高度、坡度、坡向和地面粗糙度而呈明显变化,形成山区复杂多变的风场。所有这些与山区风场密切相关的地貌因子,都可以从数字高程模型中提取。

利用格网数字地貌模型建立山区风场模型一般有以下数据类型:

(1) 每个格点面元的最低高程、最高高程和平均高程;

(2) 根据具体情况划定的方形地块中的最低高程、最高高程和平均高程;

(3) 每个方形网格的平均坡度;

（4）每个方形网格中所含脊、谷、平地等地貌因素的百分比；

（5）高程和坡度的标准差；

（6）上述第（5）项数据是衡量地貌复杂程度的指标，其余用于描述山区各部位的起伏形态和粗糙度。

14.5 其他应用

（1）在地质和采矿工程中的应用

DEM 可应用到地质当中,绘制二维或三维的透视图,以显示各种地质信息,从而使得复杂的地质结构变得十分容易理解。在制作某一地区的地质示意图时,可以将从 DEM 生成的三维等高线透视图与地质图结合起来,这样便可以提供一幅倾斜的精确"鸟眼"视野图,同时提供丰富的地质与地理方面的信息。

（2）在林业方面的应用

在林业制图中,尽管林业地图的精度要求远低于普通地图的精度要求,但由于这些地区难以到达,因此很难获得航空像片足够的几何控制,这时 DEM 便可应用于此。另外为减少木材管理与自然景观观赏之间的冲突,DEM 也用来制作植被覆盖的透视图。

（3）地形学方面的应用

地形学是地球科学的一个特殊分支,涉及地球表面的形态和演变。DEM 在这一方面可用于坡度图绘制、地形表面(如粗糙度等)分析、排水系统和集水流域的自动绘制、地形的分类以及地表景观的变化监测等。

（4）在通信中的应用

在通信系统中,隐蔽地段或"死角"对通信设备如电台和电视台发射机以及通信网络等的选址具有非常关键的作用,利用 DEM 设计一些算法,可很方便地解决这些问题。

参考文献

高俊,夏运钧,游雄,舒广等.1999.虚拟现实在地形环境仿真中的应用.北京:解放军出版社

柯正谊,何建邦,池天河.1993.数字地面模型.北京:中国科学技术出版社

刘友光.1997.工程中数字地面模型的建立与应用及大比例尺数字测图.武汉:武汉测绘科技大学出版社

兰运超,利光秘,袁征.1991.地理信息系统原理.广州:广东省地图出版社

王来生,鞠时光,郭铁雄.1993.大比例尺地形图机助绘图算法及程序.北京:测绘出版社

祝国瑞,王建华,江文萍.1999.数字地图分析.武汉:武汉测绘科技大学出版社

Catlow, D. R., 1986. The multi-disciplinary applications of DEMs. *Auto-Carto London*, 1: 447~

454

Miller, C. and Laflamme, R., 1958. The digital terrain model-theory and applications. *Photogrammetric Engineering*, 24:433~442

Petrie, G. and Kennie, T. (eds.), 1990. *Terrain Modelling in Surveying and Civil Engineering*, Whittles Publishing, Caitness, England

Roberts, R., 1957, Using new methods in highway location. *Photogrammetric Engineering*, 23:563~569

第十五章　数字高程模型与地理信息系统（GIS）的集成

作为地形表面的主要数字描述，数字高程模型已经成为空间数据基础设施（SDI）重要的框架数据内容。尽管 DEM 有许多直接的用途，如内插等高线、计算坡度等，但更广泛的应用还在于与其他专题数据的联合使用上。特别是随着 GIS 技术的发展，将 DEM 紧密集成到现有的二维 GIS 中，不仅大大扩展了 DEM 的应用潜力，还极大地提高了 GIS 对空间数据的表现能力和分析水平。由于 DEM 的引入，传统 GIS 也扩展了对 DEM 数据的处理功能，如数据输入、数据转换、数据内插和表面可视化等；同时，由于 DEM 不同于一般的矢量数据，也对 GIS 的空间数据模型、数据结构和数据库管理等提出了挑战。

本章主要结合 DEM 在三维可视化方面的特点进一步讨论与其他栅格矢量数据的集成特点。一方面 DEM 为其他 GIS 数据提供了更直观的可视化基础，同时基于 DEM 和影像也为其他三维 GIS 专题数据的在线获取与更新提供了可能。

15.1　结合 GIS 功能的数字高程模型应用

15.1.1　结合 GIS 功能的三维动态交互式可视化模型

所谓可视化，就是将科学计算的中间数据或结果数据，转换为人们容易理解的图形图像形式。随着计算机、图形图像技术的发展，人们现在已经可以用丰富的色彩、动画技术、三维立体显示等手段形象地显示各种地形特征和植被特征模型。而早期由于计算机处理能力的限制，人们只能用平面上的"等值线图"、"剖面图"、"直方图"及各种图表来综合这些特征数据。

在机助地图制图和机助设计等领域，数字地形建模技术已被广泛用来代替传统的等高线图形实现对地形表面的数字描述，以便计算机自动处理。对于当前的二维 GIS 来说，主要基于数字高程模型（DEM）来实现各种表面分析乃至三维表示。换句话说，数字高程建模是后续各项三维数字分析与表示的基础。

基于 DEM 的三维可视化有助于用户对空间数据相互关系的直观理解，但只把三维可视化模型作为信息表示的一种输出媒体是远远不够的。对于各种各样的 GIS 用户来说，往往需要直接将其作为可交互查询的媒体，也就是说，GIS 中的三维模型不仅能可视化，还能交互操作。

基于这样的三维模型,便能提供一个动态的环境,用以在相应空间氛围里逼真创建和显示复杂物体,并为进一步的空间查询与分析服务。特别是诸如环境仿真、设施管理、洪水淹没与火灾蔓延等复杂的模型分析和辅助决策需要三维可交互动态模型的支持。图 15.1.1 所示的便是三维动态交互式可视化模型的框架。

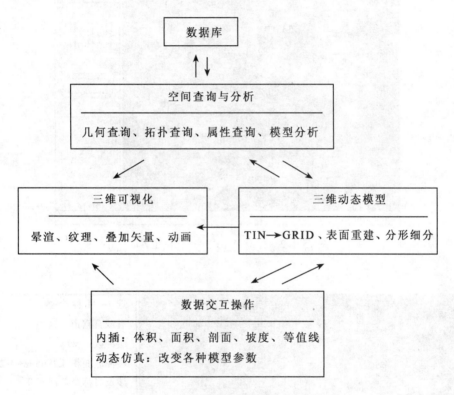

图 15.1.1　三维动态交互式可视化模型框架

如图 15.1.2 所示为三维交互式可视化模型的一个应用界面。这里的三维可视化模型的显著特点是它的可操作性和动态性。GIS 常规的所有任务其实都可以在这样一个动态的真实感环境里完成。二维平面显示与三维透视显示之间可以自由切换,能满足不同的应用需求。图 15.1.3 所示为三维缓冲区分析的结果。可见,我们不仅能得到三维空间静态的逼真表现,而且由于采用了动态建模方法还可以反映模型的动态变化。随着信息技术的发展,大量的信息来源提供了海量的多维信息,包括许多实时和准实时的信息。这些时空信息加上属性信息对现实仿真,使得人们能准确地描述空间关系。

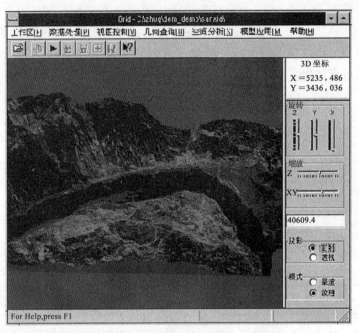

图 15.1.2 三维交互式可视化模型界面

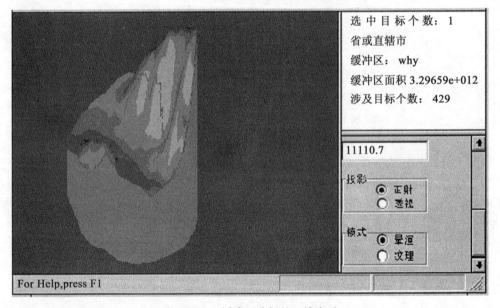

图 15.1.3 缓冲区分析的三维表示

15.1.2 结合 GIS 功能的水文分析应用

在水文分析的实际应用中,很多时候需要考虑水流网络中的水流运动以及这种运动对整个地区的影响,比如在分析集水流域内降水的流动情况,或者某污染源通过水流对这个地区的影响时,都必须对网络中的水流特性进行分析。这里的"网络"可以是由地表形状所决定的自然流水网络,也可以是人工开凿的沟渠和埋设的水管,或者是二者的结合。但是网络分析有时并不是一件很容易的事情。考虑到 GIS 的强大网络分析功能,如果将水文分析与 GIS 的网络分析结合起来的话,应该可以得到所需的结果。而水文分析,正如第十二章所叙述的,当然是以 DEM 为基础进行的各种处理。下面的实例给出了水文分析 GIS 在农业水资源管理和污染物中的应用管线及水渠缺乏的位置分布图(Zhou et al., 1997)。

此研究项目的实验区域为一平坦地区,分布在这个地区的自然和人工水流网络已通过精密地面测量获取。实验的目的在于排水网络的分析和管理,因而其具体的设计任务是:

(1) 评估本地区现有的网络系统;
(2) 确定集水流域出口的等时流量图以及每一条等时流量线所对应的集水流域;
(3) 计算给定集水流域出口的污染物累积量。

在实验中,设计了专门的水文分析系统。该系统从 GIS 数据库中获取各种数据如集水流域参数、网络拓扑结构、地形数据、水渠几何数据、土壤数据、土地利用数据及水质数据等。而 GIS 则从此系统的计算结果中得到有关排水量、水流流动时间以及水流中污染物数量等不同数据。运用网络分析功能进行分析并将其以图表形式进行显示和绘图。对应上述三个主要任务,此次实验得出了下面三种结果数据:

(1) 管线及水渠缺乏的位置分布图,如图 15.1.4 所示;
(2) 水流流向集水流域出口的等值时间图,如图 15.1.5 所示;
(3) 污染物累积示意图,如图 15.1.6 所示。

从这个实验可以看出,将水文分析和 GIS 网络分析结合起来,可以进行农业水资源管理和污染物的动态实时模拟。特别是在那些水流

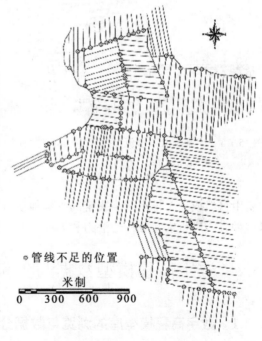

图 15.1.4 管线及水渠缺乏的位置分布图
(Zhou et al., 1997)

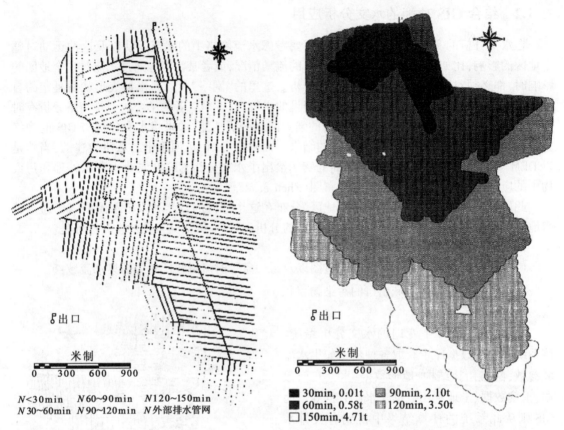

图 15.1.5　水流流向集水流域出口的等值时间图（Zhou et al., 1997）

图 15.1.6　污染物累积示意图（Zhou et al., 1997）

主要由自然或人工排水网络决定的平坦地区,这种结合能得到比较理想的结果,因而也显示了以这种方式进行水文分析的潜力和方向。

15.2　数字高程模型数据与矢量数据和影像的集成应用

15.2.1　数字高程模型库的浏览与数据分发

一个较大的区域如一个省、一个市或者一个流域,往往涉及若干标准图幅范围的数据,如果不进行专门的处理,只是简单地将每一图幅范围的 DEM 保管起来,则有关应用的灵活性和效率将受到图幅分割的严格限制,而没有全局和整体的概念,尽管实际地形是连续的、无缝的。

DEM 建库的目的就是要将所有相关的数据有效地组织起来,并根据其地理分布建立统一的空间索引,进而可以快速调度数据库中任意范围的数据,达到对整个地形的无缝漫游。

由于 DEM 不同于传统的等高线图形,它只是一个数值阵列存放于计算机当中,因此,必须有专门的程序来显示和操作这些数据。我们把有关的二维和三维图形显示称为对 DEM 数据的浏览。DEM 数据库的基本功能就是要为各种用户提供准确、方便的数据提取和浏览手段。既然 DEM 数据已经完整地表示了实际地形表面的地貌特征,数据浏览程序就要根据这些数据力图逼真地重建地形表面。在 DEM 软件 GeoGrid 中,主要有两种不同的表面模型用以表达地形起伏,即灰度浓淡模型和纹理景观模型。前者只是根据 DEM 和特定的光源和视点位置模拟光照效果,产生灰度晕渲的透视模型,后者则直接将航空影像或卫星图像数据叠加到 DEM 表面,产生逼真的地形景观模型。

15.2.2 数字高程模型库与影像库、矢量库的集成

DEM 数据可以以单幅图为文件单位,与 GIS 软件主系统进行集成。影像和 DEM 可以作为一个背景层,用户可以对它进行查询、分析与制图,但这样显然割裂了各类数据间的有机联系,影响了工作效率。将影像和 DEM 建成逻辑上无缝的数据库联合使用,虽然它也是以一个工作区为一个文件单位,但是在此基础上建立了库联结机制,它们通过内部联结,可以相互调用与集成。用户可以在全库里面进行放大、缩小、漫游、复合显示各种专幅范围的数据。特别地,当采用金字塔数据结构时,用户可以根据显示范围的大小灵活方便地自动调入不同层次的数据,既可以一览全貌,也可以看到局部地方的微小细节。

三维数据和以影像为基础的系统之间的结合将产生更逼真的环境表示,比如在山区,地形起伏因素(通过数字高程模型 DEM 表达)对景观的影响处于主导地位,而影像纹理则可以直观地表示不同植被覆盖的分布情况,可以创建一般虚拟陆地景观模型,直接将实地的影像数据如航空影像或卫星图像等映射到 DEM 透视表面。当然,在景观模型表面还可以叠加各种人文的、自然的特征信息如植被覆盖和行政区划边界等空间数据。这类可视化的难点在于解决大范围多尺度 DEM 数据库和影像数据库的管理与无缝漫游问题。如图 15.2.1 所示为 DEM 库、矢量库、正射影像库三库集成的示意图。而关于纹理映射和一般图形显示与交互技术可以借助于诸如 OpenGL 之类的三维图形软件接口实现。

对于建筑物等如果具有高度信息,系统还可以重建简单的三维模型并关联相应的侧面纹理影像,从而基于二维 GIS 数据就可以创建一个初步的虚拟场景。图 15.2.2 显示了基于这种数据的城市虚拟现实。对二维的 GIS,所有的建筑物仅仅拥有地面上的二维边界和高程属性,因此需要建立基于 DEM 的三维建筑物模型。建筑物的屋顶、墙的材质和颜色可以用相应于建筑物的影像纹理来表示(如图 15.2.2 所示)。如果做进一步的工作,则可得到各种动画效果,比如沿任意路径(可以选择地面上的任意路线作为路径)的地面穿行和空中飞行,在行进过程中,人们可得到"身临其境"的感觉。

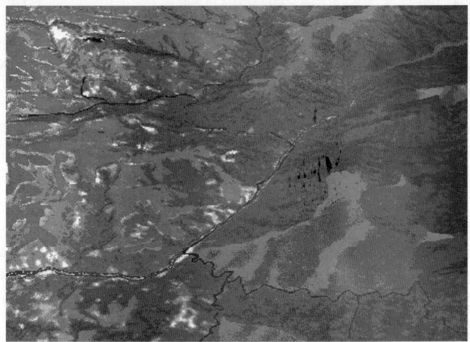

图 15.2.1　DEM 库、矢量库和正射影像库三库集成的示例

图 15.2.2　基于 DEM、二维 GIS 和正射影像集成的城市虚拟现实

美国从1994年起推行"地球空间数据框架(Digital GeoSpatial Data Framework)"的建库方案。该框架以数字正射影像为主，在生产数字正射影像的同时生产数字高程模型，另外再叠加大地控制点、交通、水系、行政边界和公用地籍等矢量数据。这种框架使地理空间数据更新迅速，现势性强，内容直观，可加工性好。从我们的观点看，空间数据框架以影像为基础，将航空像片或卫星图像作为地理参考基础信息，地图仅作为次级的表现内容。DEM、数字正射影像和GIS的集成实际上是空间数据框架的核心。通过这种集成，DEM不仅可以从正射影像或GIS中获取数据，而且可以用来辅助影像理解及增强GIS的空间分析和可视化。

15.3 在GIS中作为背景叠加各种专题信息

非测绘应用的课题，通常都根据各自的具体需要，将某些专题信息如该专题的专业数据或地形信息结合在一起，叠加在数字高程模型上，构成综合的数字地面模型，直接提供辅助决策，以使设计结果从生态环境和社会经济收益角度达到最优。

在前文所讨论的线路工程机助设计中，大多局限于应用格网数字高程模型来估算土方。数字高程模型样点通常从航摄立体像对量取，或从大比例尺地形图采集。从20世纪60年代后期起，已逐步应用各种自然和社会环境地面特性的单项或综合数字地面模型。实际上线路条带下垫面的岩性和地下水位对挖填方的费用和进度有很大影响。因为一立方米岩石要比一立方米泥土的价格高得多；另外地下水位高，会使工程进展缓慢。此外线路通过地区的人口分布、土地利用、现有线路网络、工农业生产布局、生态环境条件等，对线路的选择和确定都有不同程度的影响。所有这些呈空间分布的地面特性都可以数字化为能与格网数字高程模型配准的综合性数字地面模型，从而使每一个网格都可由一个多维向量来描述。通过综合分析，使线路机助设计接近从生态环境和最高社会经济效益角度进行优化的水平。

我国是一个灾害频繁发生的国家，洪水的危害尤其巨大。在防洪减灾方面，数字高程模型是进行水文分析如汇水区分析、水系网络分析、降雨分析、淹没分析等在内的不可或缺的基础。长期以来，由于缺乏DEM数据，大多数分析和应用只能采用模拟的方式进行，有些分析则无法完成，这种状况影响防洪减灾目标的进一步实现。

全国七大江河流域重点防范区数字高程模型数据库，为防洪减灾提供数字形式的测绘信息产品。其中包含各地区的区域环境信息，描述了人口密度、土地利用现状、降水、土壤、气温、日照等相关的特性。各类地面特性从地形图、正射影像图和陆地卫星影像计算机兼容磁带中提取。根据上述大量数据，可以利用计算机在淹没损失、选择淹没区移民新址等应用中提供高效和高精度的辅助决策建议，从而在备选方案中作出最佳选择。

15.4 数字高程模型作为数字地球的载体

数字地球是美国副总统戈尔于1998年1月31日在"数字地球：对21世纪人类星球的认

识"的演讲中提出的。他指出:"我们需要一个数字地球,即一种可以嵌入海量地理数据的、多分辨率的和三维的地球的表示。可以在其上添加许多与我们所处星球有关的地学数据。"数字地球虽然是个新概念,但它涉及的理论、技术、数据和应用都与现有的信息技术直接相关。数字地球是从高层次、系统论和一体化的角度来综合、利用已有的或者正在发展的理论、技术、数据和能力,从而更广泛、更深入、更有效、更经济地为社会提供服务。它实质上是一个信息系统,包括了超巨大的信息容量,并提供了管理查询和分析这些信息的机制。而 DEM 则是构成数字地球海量数据库的最重要的组成部分之一。数字地球功能的绝大部分将以空间数据为基础。DEM 将通过数字地球广泛应用于社会各行业、各部门,如城市规划、交通、航空航天等。随着科学和社会的发展,人们将越来越认识到数字高程模型对于社会经济发展的重要性。

参考文献

高俊,夏运钧,游雄,舒广等.1999.虚拟现实在地形环境仿真中的应用,北京:解放军出版社

李德仁,关泽群.2000.空间信息系统的集成与实现.武汉:武汉测绘科技大学出版社

李德仁,龚健雅,朱欣焰等.1998.我国地球空间数据框架的设计思想与技术路线.武汉测绘科技大学学报,23(4):297~303。

李朋德.1999.省级国土资源基础信息系统的设计与实施:[博士学位论文].武汉:武汉测绘科技大学

Gore, A., 1998. The Digital Earth: Understanding our planet in the 21st Century. *Keynote Address*, *The Grand Opening Gala of the California Science Centre*, Los Angeles, January 31 (http://www.regis.berkeley.edu/roome/whatsnew/goredigearth.html).

Zhou, Qiming, Yang, Xihua and Melville, Mike D., 1997, GIS network model for floodplain water resource management, *Proceedings of GIS AM/FM ASIA'97 & GeoInformatics'97* (Mapping the future of Asia Pacific), Taipei, Taiwan, May 26~29, 821~830

附录 术语汇编

此处列出的中英文术语都与本书内容密切相关,原则上是为本书读者服务的,供阅读相关文献时参考。

2.5D expression 2.5维表示
3D surface modeling 三维表面模拟
3D visualization 三维可视化
4D products 4D产品
a priori 推理的,先验的
absolute accuracy 绝对精度
absolute altitude 绝对高度
absolute coordinate system 绝对坐标系
absolute error 绝对误差
absolute orientation 绝对定向
absolute reference frame 绝对参考坐标系
access 存取,接通
accessibility 可存取性,可通行性
accumulated error 累积误差
accuracy 准确度
address geocoding 地址地理编码
adjacency analysis 相邻分析
adjacency effect 邻接效应
adjoining sheets 邻接图幅
adjustment of observations 测量平差
administrative map 行政区划图
aerial photogrammetry 航空摄影测量
aerial photography 航空摄影
aerial platform 航空摄影平台
aerophotogrammetry 航空摄影测量

aerophotography 航空摄影
affine rectification 仿射纠正
affine transformation 仿射变换
AI（Artificial Intelligence） 人工智能
altitude tinting 分层设色
AM/FM（Automated Mapping/Facilities Managment）system 自动制图/设施管理系统
American Congress on Surveying and Mapping（ACSM） 美国测绘学会
American Society for Photogrammetry and Remote Sensing（ASPRS） 美国摄影测量与遥感协会
American Standard Code for Information Interchange（ASCII） 美国信息交换标准码
analog aerotriangulation 模拟航空三角测量
analog photogrammetry 模拟摄影测量
analysis of variance 方差分析
analytical aerotriangulation 解析航空三角测量
analytical photogrammetry 解析摄影测量
analytical plotter 解析测图仪
angle of field 视场角
angle of incidence 入射角
angle of pitch 俯仰角
angle of reflection 反射角
angle of refraction 折射角
angle of roll 滚动角
angle of tilt 倾斜角
angular field of view 视场角
animation 动画
antenna synthetic aperture 合成孔径天线（雷达）
Application Programming Interface（API） 应用程序界面（接口）
ARC/INFO system ARC/INFO 地理信息系统
architecture 软硬件结构
aspect analysis 坡向分析
attribute data 属性数据
automatic cartography 自动化制图
availability （系统）可利用性
average error 平均误差
azimuth 方位角

B-tree 二叉树,二元树
barometer elevation 气压计高度
barometric altimeter 气压测高计
basic scale 基本比例尺
basin data base 流域数据库
basin planning 流域规划
bathymetric contour (line) 等深线
bathymetric map 等深图
bathymetric surveying 水下地形测量
Bayes estimation 贝叶斯估计
bearing 姿态,方位(角)
Beijing geodetic coordinate system 1954 1954年北京坐标系
best fit approach 曲线拟合
bi-cubic spline 双三次样条
bilinear interpolation 双线性内插
bilinear transformation 双线性变换
Binary Code 二进制码
bird's eye view map 鸟瞰地图
bitmaps 位图
block 数据块,信息组,程序块
block adjustment 区域网平差
block method of adjustment 区域网平差
blunder 粗差,错误
Boole's rule 布尔法则
Boolean algebra 布尔代数
Boolean operator 布尔运算符
border 边缘,界限,边界线,邻接,图廓间
border line 图廓线
boundary mark, boundary point 界址点
boundary representation 边界表示
break lines 断裂线
broadband network 宽带网
broadcast ephemeris 广播星历
browse 浏览,快速查找

buffer 缓冲区
bug 故障,错误
build topology 建立拓扑关系
bundle aerotriangulation adjustment 光束法空中三角测量平差
byte 字节,计算机的数据存储单位,通常为 8 比特
CAD 机助设计/绘图
cache 高速缓冲存储器
cache memory 高速缓冲内存
cache program 高速缓冲程序
cadastral survey 地籍测量
cadastral information system 地籍信息系统
cadastral parcel 地籍块
cadastral survey 地籍测量,土地测量
Canada Geographics Information System,CGIS 加拿大地理信息系统
canal survey 汇水面积测量
Cartesian coordinate 笛卡儿坐标
cartographer 地图制图员
cartographic analysis 地图分析
cartographic annotation 地图注记
cartographic classification 地图分类
cartographic communication 地图传输
cartographic compose 制图构成
cartographic data base management system 地图数据库管理系统
cartographic evaluation 地图评价
cartographic exaggeration 制图夸大
cartographic expert system 制图专家系统
cartographic expression 地图表示法
cartographic features 地图要素
cartographic generalization 制图综合
cartographic projection 地图投影
cartography 地图制图学,地图学
catalog system 目录系统
catchment area 汇水区
categories 类别,种类

Cathode Ray Tube, CRT 阴极射线管
CCD 电荷耦合器件
cell 像元
cell size 像元尺寸
census 人口统计
central map projection 中心地图投影
central meridian 中央子午线
central perspective 中心透视
central point 中心点
Central Processing Unit, CPU 中央处理机
central projection 中心投影
centre of gravity 重心
character set 字符集
character string 字符串
charge-coupled device 电荷耦合器件
choroplethic map 等值区域图
circumference 周长
classification 分类
clearinghouse 交换网站
clockwise angle 顺时针角
close range photography 近景摄影
cluster analysis 聚类分析法
coast 海岸
coefficient of correlation 相关系数
coefficient of refraction 折射系数
coefficient of regression 回归系数
color saturation 色饱和度
colour hue 色调,色彩
column 列,栏
command prompt 命令提示
command window 命令窗口
Compact Disc, CD 光盘
Compact Disk Read Only Memory 只读光盘
compatible 兼容的

compilation   编绘
compression   压缩
computer   计算机
computer storage   计算机存储
Computer Aided Design, CAD   计算机辅助设计
computer architecture   计算机结构
computer assisted cartography, CAC   机助地图学
computer graphics   计算机图形学
computer network   计算机网络
computer science   计算机科学
computer system   计算机系统
computer techniques   计算机技术
computer terminal   计算机终端
computer vision   计算机视觉
concave polygon   凹多边形
contour   等高线,等值线
contour threading   等高线引绘
contrast   反差,对比,对比度,色调
convex hull   凸包,凸壳
convex polygon   凸多边形
coordinates   坐标
covariance   协方差
covariance matrix   协方差矩阵
coverage   图层(ARC/INFO)
Association of Chinese Professionals in Geographic Information Systems-abroad, CPGIS   中国海外地理信息系统学者协会
criteria   判据,标准,准则
cross section   横断面
cross-section profile   横断面图
cubic spline   三次样条函数,三次仿样函数
cumulative distribution   累积分布
cumulative distribution function   累积分布函数
cumulative error   累积误差
currentness   现势性

curve fitting　曲线拟合
customization　用户化
CyberCity　数码城市
data accessibility　数据可达性
data acquisition　数据获取
data analysis　数据分析
database　数据库
data bits　数据位
data block　数据块
data bus　数据总线
data catalogue　数据目录
data category　数据种类
data classification　数据分类
data collection　数据收集
data compression　数据压缩
data conversion　数据转换
data coverage　数据层
data dictionary　数据字典
data file　数据文件
data format　数据格式
data item　数据项
data layer　数据层
data manipulability　数据可操作性
data model　数据模型
data organization　数据组织
data processing　数据处理
data redundancy　数据冗余度
data representation　数据表示
data retrieval　数据查询
data set　数据集
data sources　数据源
data storage　数据储存
data stream　数据流
data structure　数据结构

data type　数据类型
data updating　数据更新
database management　数据库管理
datum　基准
decision makers　决策者
decoder　译码器
decompression　解压缩
Delaunay triangulation　狄洛尼三角网
depth of field　景深,视场深度
derived data　派生数据
destinations　终点
detail　地物,碎部,细节,内容,详述
development permit　开发许可
differential Global Positioning System, DGPS　差分全球定位系统
DIGEST　地理数据转换标准
digital correlation　数字相关
digital earth　数字地球
digital elevation model, DEM　数字高程模型
digital image　数字图像
digital line graph, DLG　数字线划图
digital mapping　数字测图
digital orthoimagery　数字正射影像
digital orthoimage　数字正射影像
digital orthophoto quadrangle, DOQ　数字正射影像图
digital photogrammetric workstation, DPW　数字摄影测量工作站
digital photogrammetry　数字摄影测量
digital rectification　数字纠正
digital terrain model, DTM　数字地面模型
digitization　数字化
discipline　学科
distributed computing　分布式计算
distributed data base　分布式数据库
dump　转储,倾斜,清除,断电源
dynamic　动态

Earth Resource Satellite 地球资源卫星
echo sounder 回声测深仪
echo sounding 回声测深
edge effect 边沿效应,边缘效应
edge matching 接边
efficiency 效率,效能
electro-infrared distance-measuring equipment 电-红外测距仪
electro-magnetic distance measurement 电磁波测距
electro-optical distance-measuring instrument 光-电距离测量仪
electronic chart 电子海图
elevation difference 高程差
encrypt 加密
entity 实体
environment variable 环境变量
environmental analysis 环境分析
environmental assessment 环境评价
error 误差
error distribution 误差分布
Euclidean geometry 欧氏几何学
exponential distribution 指数分布
extended memory 扩展内存
extrapolation 外插法
facilities 设施,装备
feasibility 可行性
feature 特征
feature attribute table 特征属性表
feature class 特征分类
feature codes 特征码
feature extraction 特征提取
feature ID 特征标识符
federal geographic data committee, FGDC 联邦地理数据委员会(美国)
Federation International de Geometres, FIG 国际测量师联合会
feedback 反馈
field of view 视场

finite-element method 有限元法
flood hydrograph 洪水水文过程曲线
flow accumulation 累积流量
fly-through 飞行
form line 地表形态线
Gauss-Kruger projection 高斯-克吕格投影
Gaussian coordinate 高斯坐标
geocoding 地理编码
geodesic coordinate 大地坐标
geographic reference 地理参考
geographic information system,GIS 地理信息系统
Gigabyte,GB 10亿字节
global optimum 全局最优
global positioning system(GPS) 全球定位系统
go-through 穿行
graphic presentation 图形显示
graphics accelerator 图形加速卡
grey level 灰度
grey scale 灰阶
grid 格网
grid cell 网眼
grid interval 网格间距
grometric distortion 几何畸变
gross error detection 粗差检测
gross error 粗差
header file 头文件
height 高度
hidden line removal 隐线消除
hidden surfaces removal 隐藏面消除
hierarchical data base structure 分级数据库结构
hierarchical 分级的,层次的
hydrologic modelling 水文模拟
identification 判读,辨认,确认
image fidelity 影像逼真度(保真度)

image matching　影像匹配
image mosaic　影像镶嵌
index contour　计曲线
index contour line　计曲线
information fusion　信息融合
information infrastructure　信息基础设施
InSAR（Interferometric Synthetic Aperature Radar）　干涉合成孔径雷达
integrated data base　集成数据库
interactive processing　交互式处理
intermediate contour　首曲线,基本等高线
intermediate contour line　首曲线
interpolation　内插法
intervisibility　通视性
ISPRS　国际摄影测量与遥感学会
kriging　基于最小二乘法的内插法
layer system　分层设色法
layer-tinted map　分层设色地图
layered style　分层设色表示法
layered style map　分层设色地图
least square method　最小二乘法
least squares correlation　最小二乘相关
least-squares collocation　最小二乘配置法
levels of detail　细节层次 LOD
Light Detection And Ranging,LIDAR　激光雷达
limited error　极限误差
line smoothing　曲线光滑
linear interpolation　线性内插
linear regression　线性回归
map digitizing　地图数字化
mean sea level　平均海[水]面
mean sea-level datum　平均海[水]面基准
mean square error　中误差
mean square error of height　高程中误差
metadata　元数据

multi-dimensional analysis 多维分析
multi-resolution 多分辨率
multi-scale 多尺度
multidisciplinary approach 多学科方法
multispectral 多光谱的
National Center for Geographic Information and Analysis 国家地理信息与分析中心
national spatial data infrastructure, NSDI 国家空间数据基础设施
nearest neighbor sampling/interpolation 最临近采样
neighborhood analysis 邻域分析
network analysis 网络分析
octatree 八叉树
OEEPE 欧洲实验摄影测量组织
off-line 脱机
off-the-shelf 流行的,现有的
on-line 在线,联机
on-the-fly 快速
optical-fiber transmission 光纤通信
orthographic perspective 正射透射
orthographic projection 正射投影
outlier 超限误差
pair of stereoscopic pictures 立体像对
panchromatic 全色的
pan 漫游
parameterization 参数化
patch-wise 逐片的
permissible error 容许误差
perspective projection 透视投影
Photogrammetric Engineering & Remote Sensing, PE & RS 摄影测量工程与遥感
photogrammetric interpolation 摄影测量内插
pixel 像素,像元
plannar triangle 平面三角形
point-wise 逐点的
polynomial 多项式
pre-processing 预处理

probable error　概率误差,或然误差,概然误差
productivity　生产效率
profile [diagram]　纵断面图
pseudoscopic stereo　反立体,假立体
pyramid hierarchy　金字塔层次结构
quadtree　四叉树
quality control　质量控制
quality assurance　质量保证
RAM cache　随机存取存储器高速缓冲区
random access　随机存取
random error　随机误差
random-to-grid conversion　随机栅格转换
raster data　栅格数据
raster data model　栅格数据模型
raster data structure　栅格数据结构
real time　实时
rectangular Cartesian coordinate　笛卡儿平面直角坐标
rectangular coordinates　直角坐标
rectangular map-subdivision　矩形分幅
recursion　递归,递归式
relational database management system, RDBMS　关系型数据库管理系统
relational database　关系型数据库
relative coordinates　相对坐标
relative elevation　相对高度
relative error　相对误差
relief map　地势图,立体地图
relief model　地形模型,立体地图
relief representation　地貌表示法
relief shading　地貌晕渲法
relief stretching　立体夸大
relief　地形特征
rendering　描绘
residual error　残差
resolution in bearing　方向分辨率

resolution in distance 距离分辨率
resolution in elevation 高程分辨率
resolution limit 分辨极限
retrieval 反演,恢复,检索
root mean square of error, RMSE 中误差
round-off error 舍入误差
rounding error 舍入误差
sample interval 采样间隔
sampling 采样
scalability 可伸缩性,可扩充性
seamless database 无缝数据库
search 查找,搜寻
searching 搜索
slope analysis 坡度分析
slope angle 倾斜角,坡度角
slope/aspect 坡度,坡向
softcopy photogrammetry 软拷贝摄影测量
solid model 三维立体表面模型
solid modeling 三维立体表面建模
spatial correlation 空间相关
spatial database 空间数据库
spatial data framework 空间数据框架
spatial data infrastructure, SDI 空间数据基础设施
spatial data model 空间数据模型
spatial data processing 空间数据处理
spatial data structure 空间数据结构
Spatial Data Transfer Standard, SDTS 空间数据转换标准
Spatial Decision Support System, SDSS 空间决策支持系统
spatial query 空间查询
spatial referencing system 空间参照系
spline 样条,联结,曲线板
standard error 标准误差
stereo image 立体图像
stereomodel 立体模型

stereopair 立体像对
stereoplotter 立体绘图仪 立体测图仪
stochastic process 随机过程
stream network 水系网络
Structural Query Language,SQL 结构查询语言
Sybase 一种关系数据库系统
synthetic-aperture radar 合成孔径雷达
systematic error 系统误差
temporal data base 时态数据库
terrain analysis 地形分析
terrain factor 地形因子
terrain features 地形特性
terrain model 地形模型
terrain unit 地形单元
terrain 地形,地面,领域,范围
thematic attribute 专题属性
thematic data 专题数据
theory of errors 误差理论
Thiessen polygon 梯森多边形
three-dimensional viewing 三维观察
triangulated irregular network,TIN 不规则三角网
tinting method 分层设色法
topographic relief map 地势图
trend surface 趋势面
trichromatic theory of colour vision 视觉三色原理
truncation error 截断误差
updating 更新
Urban Information System 城市信息系统
U.S. Geological Survey,USGS 美国地质调查局
validation/testing 验证/检验
validity 有效性,确定性
vector analysis 矢量分析
vector data model 矢量数据模型
vector data structure 矢量数据结构

vector description 矢量描述
vector to raster conversion 矢量-栅格转换
viewpoint 视点
viewport 观察口
viewshed 视场,可视域
view 视图,观察
virtual landscape 虚拟景观
virtual map 虚拟图
virtual memory (storage) 虚拟存储器
virtual reality 虚拟现实
visibility analysis 可视性分析
visual perception 视觉
visual perceptual processing 视觉处理
visualization in scientific computing 科学计算的视觉化
visual graphics 可视化图形
volume 体积,容积
Voronoi polygon 伏隆诺多边形
voxel 体素
VRML 虚拟现实造型语言
walk-through 穿行
water course 水道,河道
watershed analysis 流域分析
watershed boundaries 流域边界
waterway 水流,水道
weight coefficient 权系数
weight function 权函数
weighted average 加权平均
weighted moving average 加权移动平均值
yaw angle 偏航角
zero 零,零点,原点,归零